海洋地球環境学
生物地球化学循環から読む

川幡穂高 [著]

東京大学出版会

Global Marine Environments
Interpreting from the Biogeochemical Cycle

Hodaka KAWAHATA

University of Tokyo Press, 2008
ISBN 978-4-13-060752-0

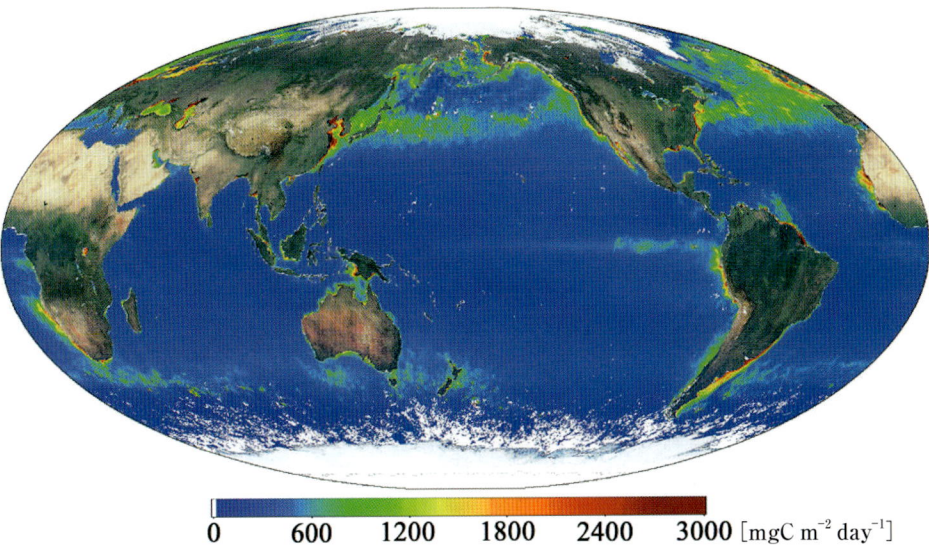

口絵1　GLI（Global Imager）による2003年4-6月平均の地球的規模の一次生産力（6.1.2節参照）
（提供：宇宙航空研究開発機構（JAXA））

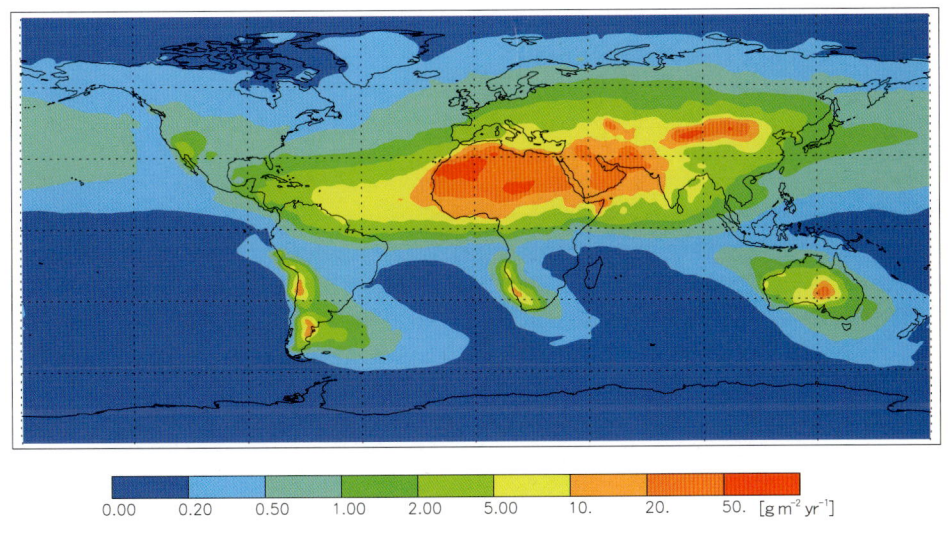

口絵2　風成塵の沈積流量（6.1.5節参照）（Jickells *et al.*, 2005）

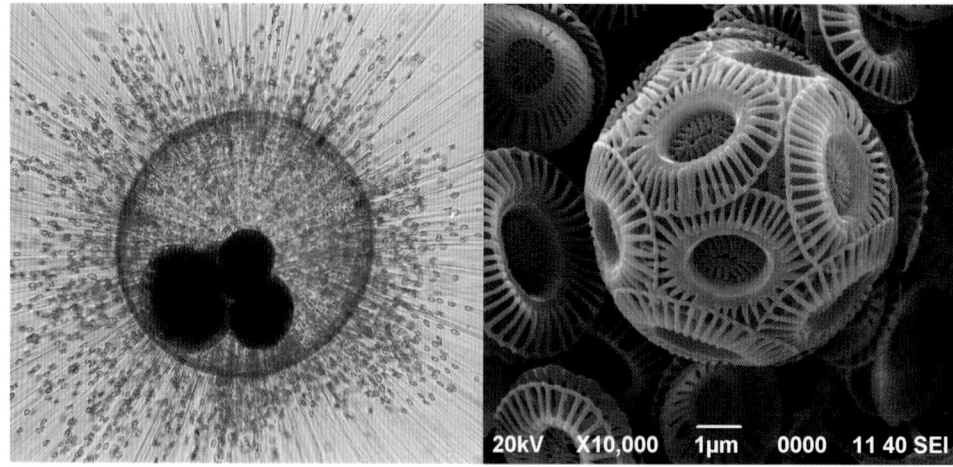

浮遊性有孔虫（*Orbulina universa* d'Orbigny）
（木元克典博士撮影，JAMSTEC 提供）
東シナ海表層10mにて採取．球体の直径が約500μm．

円石藻（*Emiliania huxleyi*）（©田中裕一郎博士撮影／GSJ, AIST 提供）

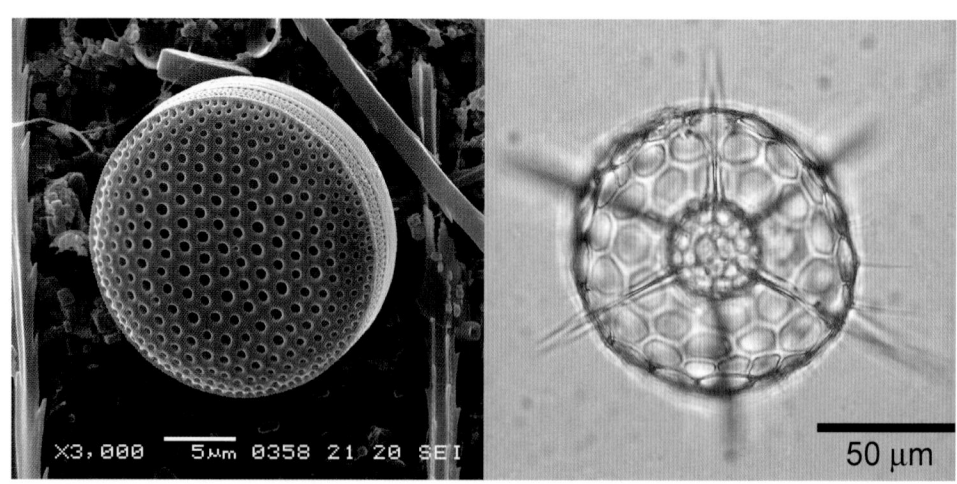

珪藻（*Thalassiosira oestrupii* (Ostenfeld)）の生物殻
（木元克典博士撮影，JAMSTEC 提供）

放散虫（*Hexacontium pachydermum* Jørgensen）
（岡崎裕典博士撮影，JAMSTEC 提供）

口絵 3 古環境解析に用いられる殻を作る代表的なプランクトン（6.2，6.3 節参照）

はしがき

　地球表層の物質輸送は，太陽エネルギーと地球内部からのエネルギーによって支配されている．地球に入射する太陽エネルギーは平均すると約 350 $W\ m^{-2}$ で，実際に地表に達するのは，このうちの 50％程度と推定されている．一方，地球内部からは熱伝導によって地表に約 60 $mW\ m^{-2}$ が運ばれている．この流量は太陽のわずか数千分の 1 である．そこで，地球環境問題などにかかわるタイムレンジで地球表層のエネルギー・物質輸送を考える場合には，通常太陽のエネルギーによって支配されるシステムのみを考えればよいということになる．なお，温室効果気体による温室効果，風成塵やその雲量への影響などの大きさは，太陽入射エネルギーの 1/100 程度のオーダーであるが，このくらいの変化でも気候には大きな影響が出てくると考えられている．

　生物圏に目を転ずると，地上生物圏は基本的に太陽エネルギーによって，地下生物圏の一部は地球内部からのエネルギーによって支えられている．大局的には，前者の生物圏は有酸素環境に基づくシステムに，後者は嫌気性条件でのシステムに対応している．地球史的に見ると，地下生物圏のシステムが最初に，次に地上生物圏のシステムが現れたと考えられる．現在は，エネルギーを物質の中から取り出すシステムを確立した人類の活動が拡大しているということができる．本書では，地上および地下生物圏の土台となる両方の環境を扱った．とくに地上生物圏の環境は，現代の地球環境問題にも直接関係する．また，地下生物圏は生物圏研究においてフロンティアの分野となっており，現在急速に発展している．

　現代の地球表層環境システムは，自然環境に，人類活動による寄与がオーバーラップしたものである．そこで，地球的規模での環境変化が将来どのように変化していくのかを推定するためには，地球システムそのものが持っている環境変遷のプロセスの理解が不可欠である．本書は，とくに海洋での実

例を通じてさまざまなパラメータを整理し，気相・液相と固相との相互作用を理解しながら，現在の地球環境を支配する仕組みを解き明かしていく．とくに固相に残された環境変遷の記録から，何をどのように読み取るかについて，詳しく解説した．

本書のタイトルは『海洋地球環境学』なので，海洋という狭い範囲の環境学の解説書のように一見思われるかもしれない．海洋は地球表層全面積の約70％を占め，地球表層環境の重心として大きな役割を果たしてきた．また，陸域が削剥の場なのに対し，海洋は堆積の場なので，連続的な環境情報は海洋堆積物などに記録されやすい．そこで本書では，海洋という「器」の内部で起こる現象のみならず，最終的に海洋に記録される陸の環境や気候についても言及した．

本書は環境学の中で化学的手法を基本としているので，第2章に基本的な概念や知識をまとめた．とくに，無機炭酸系の溶存物質は炭酸塩の形成や溶解，酸性雨などの問題とも密接に関係しているので，実例を掲げてわかりやすく解説した．また，地球表層環境は基本的にエネルギー輸送と物質循環の両方の側面があるが，地球の特徴である生物活動を含めた物質循環を系統的に解説するよう努力し，読者が生物地球化学循環に関連する環境関連元素に親しめるように，各元素について手短かに特徴をまとめた．

現在の地球表層環境は，変化のスピードが自然状態より2-3桁速いという点に特徴がある．人類の将来の行方にも関係するので，環境学の研究も速いスピードで進展している．教科書はすべて正しく，その知識は覚えるものと考える方もおられるかもしれないが，進展の速さから未知の事象や概念も次々に現れてくると考えられる．そこで，本書を基礎に，理学のみならず工学・環境学などの分野に関しても，より高度の理解・応用を目指してほしいと期待している．

本書を著すにあたり，黒柳あずみ博士，蓑島佳代博士，井上麻夕里博士，大河内直彦博士には原稿のご専門の部分に目を通して下さった．東京大学出版会の小松美加さんにもお世話になった．また，古環境などの系統的な理解を目指してこれまでいくつかの特集を雑誌などに組んできたが，これらを参考にした．これらを執筆していただいた方々，とくに（独）産業技術総合研

究所の鈴木淳博士には研究も含めて大変お世話になった．また，東京大学理学部（大学院理学系）化学専攻と地質専攻では，佐々木行美教授，堀部純男教授，奈須紀幸教授，飯山敏道教授の研究室で学び，学問の幅を広げるのに役立った．とくに本書の特徴である固相の化学などの基礎は，鹿園直建教授，浦辺徹郎教授より私が大学院生だったときに教わった．以上の方々に感謝する次第です．

2008年9月

川幡穂高

目次

はしがき

第1部 地球表層環境システムの概略

1. 地圏・大気圏・水圏・生物圏の概略 …………………………………… 3

    1.1 地圏 5
    1.2 大気圏 8
    1.3 水圏 8
    1.4 生物圏 13

2. 地球環境を支配する化学原理 …………………………………………… 14

    2.1 元素 14
    2.2 元素群 15
        2.2.1 族 15 2.2.2 金属元素・半金属元素 23 2.2.3 レアメタル 23
        2.2.4 貴金属 23
    2.3 化学結合 23
        2.3.1 共有結合 24 2.3.2 イオン結合 24 2.3.3 金属結合 24
        2.3.4 ファンデルワールス結合 24 2.3.5 水素結合 25
    2.4 化学平衡 25
        2.4.1 ギブス自由エネルギー 25 2.4.2 H, S, G の温度依存性 26
        2.4.3 物質の量および濃度, 含有量, 活量, 活量係数 27
        2.4.4 化学反応の自由エネルギー変化と平衡定数 28
        2.4.5 固相, 液相, 気相における非理想の混合物 29
        2.4.6 分配の理論 32 2.4.7 分配係数 33 2.4.8 酸化還元電位 34
        2.4.9 水溶液中の溶存化学種の安定領域 35
        2.4.10 地球表層環境での炭酸系での実例 36

2.5 安定同位体比　42
　　2.5.1 同位体比の定義　42　　2.5.2 水の酸素同位体比　43
2.6 生物起源炭酸塩の酸素・炭素同位体比の記録　44
　　2.6.1 平衡下における方解石とアラレ石の酸素同位体比　44
　　2.6.2 光合成有機物の炭素同位体比　47
　　2.6.3 平衡条件下における炭酸塩の炭素同位体比　48
　　2.6.4 サンゴ骨格中の酸素・炭素同位体比の速度論的効果　49

第2部　地球表層環境サブシステムの仕組み

3. 水と地球表層環境システム　55

3.1 水の特徴　55
3.2 海水の組成　57
3.3 平均滞留時間　59
3.4 水温・塩分と密度　60
3.5 水塊　65
3.6 塩分を支配する要因と蒸発岩　66
3.7 海水の成層化と無酸素水塊　68
3.8 生物起源炭酸塩に記録される塩分の指標　70

4. 温度と地球表層環境システム　73

4.1 太陽エネルギーと地球表層温度　73
4.2 温室効果と地球表層温度　74
4.3 地球大気による散乱と熱収支　76
4.4 生物起源物質に記録される水温の指標　77
　　4.4.1 有孔虫を用いたより正確な水温復元　78
　　4.4.2 有孔虫殻の Mg/Ca 比　79　　4.4.3 変換関数を用いた水温推定　81
　　4.4.4 アルケノン水温計　81　　4.4.5 サンゴ骨格による水温復元　86

5. 陸域環境の海洋環境への影響 ………………………………………… 90

5.1 陸と海の特徴 90

5.2 大陸と風化 90

 5.2.1 地殻を構成する鉱物 90   5.2.2 風化 92   5.2.3 土壌 93

5.3 河川を通じての陸源物質の海洋への運搬 94

 5.3.1 化学風化による大気中二酸化炭素の吸収 94
 5.3.2 河川水 95   5.3.3 河川からの懸濁物の流出 97

5.4 沿岸水による栄養塩と二酸化炭素の放出 98

5.5 大気を通じての陸源物質の海洋への運搬 99

 5.5.1 風成塵 99   5.5.2 黄砂の挙動 101

5.6 現代における二酸化炭素の吸収 103

 5.6.1 人為起源の二酸化炭素放出と陸・海の吸収度 103
 5.6.2 海洋表層における二酸化炭素の吸収 104

5.7 堆積物に記録される河川水と風成塵の指標 107

 5.7.1 河川水の指標 107   5.7.2 風成塵の指標 107

6. 生物生産と地球表層環境システム ………………………………… 110

6.1 有機物の生産 110

 6.1.1 一次生産と新生産 110   6.1.2 一次生産の面的分布 112
 6.1.3 衛星を用いた一次生産の測定 116
 6.1.4 生物生産プロセスに関係した微量元素 120
 6.1.5 鉄と生物地球化学のプロセス 121

6.2 生物起源ケイ質殻 124

 6.2.1 珪藻 124   6.2.2 放散虫 126
 6.2.3 珪藻の繁殖と有機炭素の鉛直輸送 127
 6.2.4 ケイ質プランクトンの生産と溶解 129

6.3 石灰化と生物起源炭酸塩殻 129

 6.3.1 有孔虫 129   6.3.2 円石藻 130   6.3.3 翼足類 131
 6.3.4 サンゴ 131   6.3.5 シャコガイ 136   6.3.6 硬骨海綿 136
 6.3.7 貝形虫亜綱 136   6.3.8 サンゴモ類 137   6.3.9 腕足動物 137
 6.3.10 アンモノイド類 138   6.3.11 真珠と真珠貝 138

6.4 生物起源炭酸塩の生産と溶解　139
　　6.4.1 生物体での石灰化と代謝　139
　　6.4.2 生態系レベルでの石灰化と炭素循環　142
　　6.4.3 炭酸塩の生産と溶解　145
6.5 堆積物に記録される生物生産の指標　147
　　6.5.1 有機炭素含有量データに基づく一次生産の推定　147
　　6.5.2 生物起源オパールによる一次生産の推定　148
　　6.5.3 浮遊性有孔虫による一次生産の推定　149
　　6.5.4 バイオマーカーによる生物生産の推定　149
6.6 無機元素および放射性核種の沈積流量と一次生産　150
　　6.6.1 バリウム　150　　6.6.2 アルミニウム　151
　　6.6.3 モリブデンおよびウラン　151　　6.6.4 トリウム230　152

7. 粒子状物質と地球表層環境システム　153

7.1 粒子状物質と溶存物質　153
7.2 粒子状物質を構成するもの　154
7.3 粒子状物質の鉛直分布　154
7.4 粒子状物質の粒径　155
7.5 沈降粒子と沈降過程　156
7.6 主要成分の粒子束　160
　　7.6.1 有機物粒子束　160　　7.6.2 炭酸カルシウム粒子束　161
　　7.6.3 オパール粒子束　161
7.7 堆積物表層と続成過程　162
　　7.7.1 沈降粒子から堆積粒子へ　162　　7.7.2 生物攪乱　164
　　7.7.3 表層堆積物中の粒子間の間隙　165
　　7.7.4 続成過程と間隙水の組成変化　166
　　7.7.5 ガスハイドレート　169
7.8 沈降粒子束を支配する海洋および気候因子　171
　　7.8.1 海域と沈降粒子の特徴　171　　7.8.2 沈降粒子と気候・環境因子　175

8. 堆積物と地球表層環境システム ……………………………………… 183

  8.1　堆積物の粒度　183
  8.2　堆積物の起源物質　183
    8.2.1　生物起源物質　183　　8.2.2　陸源物質　184　　8.2.3　海成起源物質　188
  8.3　大洋底の堆積物の分布　193

9. 生元素の物質循環 ……………………………………………………… 195

  9.1　炭素循環　195
    9.1.1　地球表層での炭素リザーバー　195
    9.1.2　大気中の p_{CO_2} の変化　196
    9.1.3　海水の熱塩循環と炭酸塩の溶解　198
  9.2　窒素の物質循環　200
    9.2.1　窒素化合物　200　　9.2.2　窒素循環　200
    9.2.3　窒素同位体と海洋における窒素循環　202
    9.2.4　過去の栄養塩の推定　202
  9.3　リンの物質循環　203
    9.3.1　リン化合物の特徴と濃度　203　　9.3.2　リン循環　204
  9.4　ケイ酸の物質循環　206
  9.5　栄養塩型の鉛直プロファイルを示す重金属　207
    9.5.1　栄養塩型の鉛直分布　207
    9.5.2　粒子状物質の鉛直方向の化学組成変化と海水との相互作用　208
    9.5.3　栄養塩型の鉛直分布を示す元素　209
  9.6　溶存酸素　210
    9.6.1　現代の海洋での溶存酸素濃度　210
    9.6.2　溶存酸素濃度を減少させる因子　211
  9.7　堆積物に記録される海水特性の指標　212
    9.7.1　海水中における Cd, Ba 挙動と過去の栄養塩濃度の推定　212
    9.7.2　底生有孔虫の $\delta^{13}C$ 値と栄養塩濃度の指標　213
    9.7.3　生物起源オパール中の Ge 含有量とケイ酸濃度の推定　214
    9.7.4　有孔虫炭酸塩殻の ^{11}B と海水中の pH の推定　214

10. 熱水循環系の環境と地下生物圏 ……………………… 216

- 10.1 海底拡大系における熱水活動と熱水循環系の概略　216
- 10.2 海嶺の熱構造と熱フラックス，鉱床の形成　219
- 10.3 熱水変質岩と二次鉱物　222
- 10.4 熱水の形成　223
  - 10.4.1 岩石-海水の相互作用　223　　10.4.2 高温熱水の化学組成　224
  - 10.4.3 熱水組成の支配因子　225　　10.4.4 海底下での熱水循環系　226
- 10.5 熱水噴出孔周辺の沈殿物　228
- 10.6 塩素濃度と相分離　229
- 10.7 島弧における熱水系　233
  - 10.7.1 沖縄トラフ　234　　10.7.2 黒鉱型鉱床　234
- 10.8 冷湧水循環系　235
- 10.9 熱水・冷湧水活動による地球環境および地上・地下生物圏への影響　236
  - 10.9.1 熱水活動による海洋の物質循環への影響　237
  - 10.9.2 熱水・冷湧水噴出帯の生態系　239

文献　245

索引　263

● 本書で使われている略号・表記など

・元素記号
　裏見返しの表と表2-1を参照．

・二酸化炭素分圧
　p_{CO_2}：大気中の二酸化炭素分圧
　P_{CO_2}：溶液中の二酸化炭素分圧

・単位
　P（ペタ）＝10^{15}
　T（テラ）＝10^{12}
　G（ギガ）＝10^{9}
　M（メガ）＝10^{6}
　K（キロ）＝10^{3}
　m（ミリ）＝10^{-3}
　μ（マイクロ）＝10^{-6}
　n（ナノ）＝10^{-9}
　p（ピコ）＝10^{-12}
　例：1 Pg（ペタグラム）＝1 Gt（ギガトン）＝10^{15} g

・リットル；本書ではL（大文字のエル）で表記した．

第1部
地球表層環境システムの概略

1. 地圏・大気圏・水圏・生物圏の概略

　地球的規模の環境問題は，21世紀を生きる人類にとって最重要課題の一つとなっている．これには，地球温暖化，酸性雨，砂漠化，オゾン層破壊，有害物質による汚染，野生動植物の種の保存などが含まれる．この環境問題を解決するためには，人類活動による環境攪乱の現状の把握とともに，その

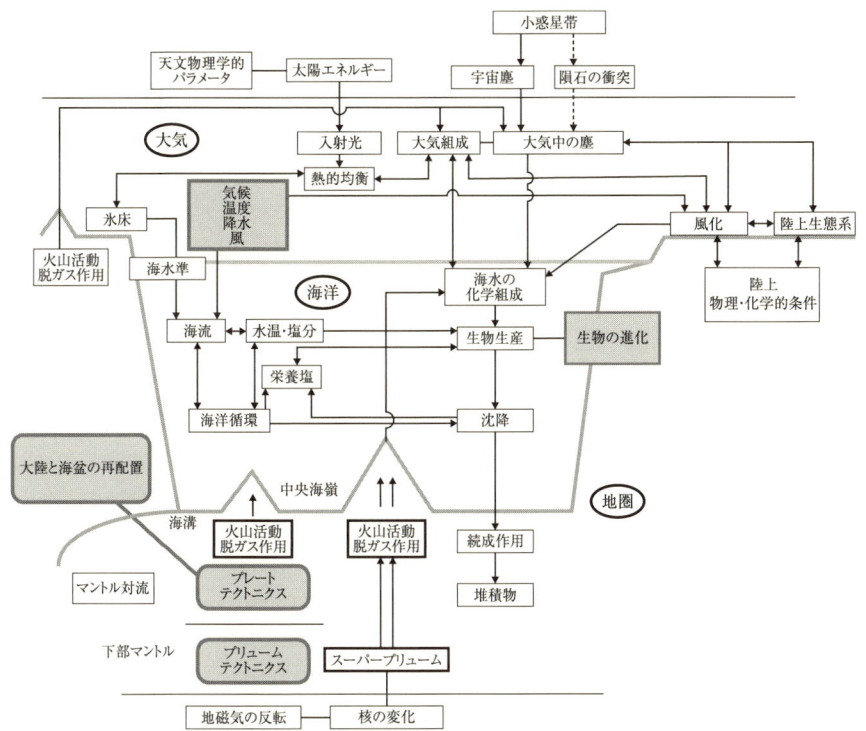

図 1-1　地球表層環境システム，とくに物質循環に関連したシステムを表す模式
　　　図（川幡，1998）
　　　図中大気の部分が大気圏，海洋の部分が水圏，地殻・マントル・核の部分が
　　　地圏となる．生物圏は，大きく陸上生物圏と海洋生物圏に分かれる．

根本の地球表層環境システムの仕組みを系統的に理解することが不可欠である．

　地球表層環境システムは，多種多様な影響力と時間スケールを持つ4つのサブシステムから影響を受けている：①地圏，②大気圏，③水圏，④生物圏（図1-1）．これらのサブシステムはいくつかの共通した特徴を持つとともに，それぞれのサブシステムは相互作用しながら，全体としての地球表層環境システムという集合体を形成している．この地球表層環境システムとサブシステムとの間には，基本的に動的（dynamic）な関係があり，外部あるいは内部からの駆動エネルギーや攪乱にたえず応答しており，時間とともに変化している．この変化とは，完新世*の気候のように比較的安定している場合もあれば，氷期・間氷期のように繰り返しが基本的に卓越したものもあれば，生物の進化のように地球史の中で機能が複雑化してきたものもある．とくに，地球表層システムは無機的な物理・化学プロセスによって決定されるのではなく，生物も関与した生物地球化学循環（biogeochemical cycle）と密接に関係していることが特徴である．たとえば，二酸化炭素（CO_2）は，気温・水温に影響を与える温室効果で代表される物理的な機能ばかりでなく，生体にとって最重要の炭素化合物という点で，生物学的，化学的な観点からも重要である．

　地球表層環境システムの現在を理解し，将来を予測するためには，地球表層環境システムが経験してきたその変遷を定量的に理解する必要がある．そのためには固相の分析・解析が重要である．大気や海水は，それぞれ気相，液相が卓越するので，分子・原子運動が盛んで，ある環境条件下で平衡に達しても，条件が変化するとその状態に呼応して変化してしまい，元の状態が保存されにくい．一方，固相では原子・分子の配列が固定されやすいので，液相あるいは気相と平衡になった固相には，その後状態が変化しても化学組成，同位体比，物性にその記録が残りやすい．地球環境あるいは生物地球化学循環を扱ったこれまでの本は，液相・気相に重点をおいているものが多いが，本書では固相に重点をおいて解説を試みる．さらに，化学組成あるいは

＊　完新世；　私たちが生活している時代で，暦年で1万1100-1万1600年前（^{14}C 年代で約1万年前）から現在まで．

表 1-1　地球の各部分の体積，密度，質量 (Mason, 1966)

	厚さ (km)	体積 (10^{27} cm^3)	平均密度 (g cm^{-3})	質量 (10^{27} g)	質量 (%)
大気圏	—	—	—	0.000005	0.00009
水圏*	3.80 （平均）	0.00137	1.03	0.00141	0.024
地殻	17 （平均）	0.008	2.8	0.024	0.4
マントル	2883	0.899	4.5	4.016	67.2
核	3471	0.175	11.0	1.936	32.4
全地球	6371	1.083	5.52	5.976	100

* ここでは海洋を指す．地下水なども合わせた地球表層の水量全体は，0.00141×10^{27} cm^3 である．

同位体比から定量的な環境復元を行う方法についても言及する．

　地球の大きな特徴は，地球深部から大気上層までの成層構造にある（表1-1）．基本的に地球の内部から外側に向かって，上方に行くに従い密度が低くなっている．密度は，物質組成，温度，圧力，相構造（鉱物組成など）などによって支配されているので，これらの因子のバランスがくずれると動的状態（dynamics）が生じる．地球表層環境システムを理解するために，まず，地圏・大気圏・水圏・生物圏というサブシステムの概略を知ることが必要である．

1.1　地圏

　地球は赤道半径が 6371 km のほぼ球形で，その質量は 5.976×10^{24} kg，平均密度は 5.52 g cm^{-3} である（表1-1）．地球内部の構造は，地殻，マントル，核に分類される．

　地殻は海洋と大陸でその性質は大きく異なる：①厚さ（地殻とマントルの境界面であるモホ面*までの深さ）は海洋地殻で約 6 km，大陸地殻で約 30-60 km である．②海洋地殻は Mg, Fe などに富んだ玄武岩質から構成されている．一方，大陸地殻の上部は Na, K, Si などに富んだ花崗岩質，下部地殻は玄武岩質と言われている．③玄武岩質地殻の方が花崗岩質地殻より密

---

*　モホ面；　地震波速度の不連続面として定義されている．この境界が物質の違いによるのかどうかについては，現在も議論中である．

度は高い．

マントルは岩石質の粘弾性体から構成されているが，地震波速度が低速になる層（低速度層，アセノスフェア；athenosphere）が深さ数十〜200 km（平均100 km付近）に存在する．この層は部分的に溶融していると推定されている．アセノスフェアの上で，地殻と上部マントルの一部からなる層はリソスフェア（lithosphere）と呼ばれており，地球表層はこのような剛体としてふるまう十数個のプレートに覆われている．各々のプレートは地球表面を数 cm yr^{-1} から数十 cm yr^{-1} の速度で別々の方向に移動している．

プレートの境界（plate boundary）は典型的には3種類に分類される：①収束型（convergent）境界，②発散型（divergent）境界，③平衡移動型（translational）境界．①は海溝および造山帯，②は中央海嶺（拡大センター），③はトランスフォーム断層となっている（上田，1989）．一般にプレート境界では地震や火山活動などが多い．

中央海嶺は新たにプレートが作られ，互いに遠ざかる発散型境界である（図10-1参照）．海嶺では，マントル物質が上昇し，圧力の低下によって部分融解して玄武岩質マグマが生成する．マグマは中央海嶺玄武岩（mid ocean ridge basalt；MORB）として噴出し，新しい海洋地殻が形成される．海洋地殻は海嶺の両側に広がっていく．海洋プレートが冷却するにつれプレートの厚さも増加し，海底もプレートの年代とともに深くなっていく（Hayes and Pitman, 1973）．0-80 Ma（Ma＝100万年前）の海底では，水深 d（km）と海底年代 t（my）との間に，$d = 2900 + 270\sqrt{t}$ という経験的な関係がある．西部北太平洋の海底水深が4-6 kmと深い理由は，海底年代が1億年以上と古いことによる．

プレートが互いに近付く収束型境界は，沈み込み帯（subduction zone）と呼ばれる．ここでは，中央海嶺から移動してきた海洋プレートが他のプレートの下に潜り込み，海溝（trench）を形成する．沈み込み帯では海洋プレートが大陸プレートに潜り込む（図1-2）．それは基本的に海洋プレートの方が大陸プレートよりも比重が大きいことによる．

沈み込み帯は海溝から順に，前弧（fore arc），火山弧（volcanic arc），背弧（back arc）に分けられる．そこでは，島弧（island arc）や大陸の山

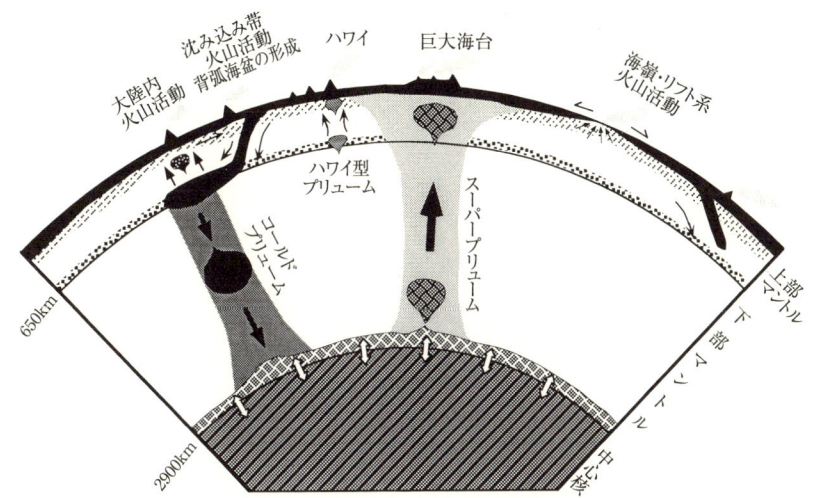

図 1-2　地球断面と固体地球における物質循環の概念図（巽，1995 を簡略化）

脈である陸弧（continental arc）が形成されるが，背弧海盆（back arc）が形成されることもある．なお，現在の海洋底は通常 2 億年以内の年代を示す．これは古い海洋プレートが地球内部に潜り込んでしまい，新しいプレートにより置き換わってきたためである．

　さて，大気中に CO_2 が存在するおかげで，地球は誕生当時から適度な温室効果により平均気温がおおむね 20°C 前後に保たれてきたと推定されている．地球の兄弟星である金星の大気は 90 気圧で，主成分が CO_2（97 %）のため，強い温室効果により表面温度は 430°C になっている．表層気温は両方の惑星で大きく異なっているが，金星大気とほぼ同量の炭素が地球の地殻と上部マントル（深度 120 km まで）に存在しているという試算がある．この説では，その 70 % 以上の炭素が炭酸塩という固相，残りの一部が有機物という固相と CO_2 などの気体として蓄積されているとしている（Degens, 1979）．

1．地圏・大気圏・水圏・生物圏の概略——7

1.2　大気圏

地球では地面より上の部分に大気が存在し,大気圏と呼ばれる.大気圏は,高度 500 km を超える範囲まで広がっているが,宇宙空間との境界は便宜的に高度 80 km から 120 km あたりとされる.最も下の層は対流圏(troposphere)と呼ばれ,平均して約 11 km(赤道付近で約 16 km,高緯度で約 8 km)の厚さを持つ.日常の気象現象をもたらす大気の運動のほとんどすべてはこの対流圏内で起こっている.この圏内では温度は逓減率約 $6.5°C\ km^{-1}$ で高度とともに下がる.高度約 11 km の対流圏界面(tropopause)から 50 km までの範囲は,成層圏(stratosphere)と呼ばれており,温度は高度約 20 km 位までは一定であるが,それより上では上昇する.温度は約 50 km(成層圏界面;stratopause)で最大(約 270 K)となるが,これはオゾンが太陽からの紫外線を吸収するからである.オゾン層はオゾン濃度が高い大気層で,季節そして年変動は大きいものの高度約 10-50 km に分布し,成層圏に属する.その上は中間圏(mesosphere)と呼ばれ,温度は高度とともに再び下がり,80-90 km で極小(約 180 K)となる.この境界は中間圏界面(mesopause)と呼ばれ,さらにその上は熱圏(thermosphere)となる.

1.3　水圏

地球が水惑星であるというのを最も特徴付けるのが水圏である.地球表層環境および生物地球化学循環にとって,水は最も中心に位置する化合物の一つである.地球上では,水(H_2O)は液相の状態で存在することが最も多く,次いで,固相,気相の状態で存在している.もともと水は熱容量が大きいばかりでなく,相が変化するときに熱を放出/発散するので,地球表層の温度の変化を緩和する働きがある(図 1-3).さらに,水蒸気は温室効果気体としても機能しているので,大気中の二酸化炭素とともに地球表層を温暖な状態に維持することに貢献している.地球表層の約 70 % が海で覆われているということ,生物体の重量で約 70 % が水であるということからも,水が生物化学反応を含めた生物地球化学循環で媒体として重要な働きを果たしてい

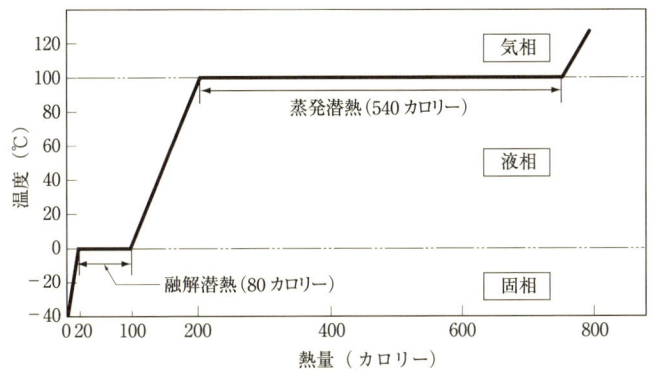

図 1-3 水の相転移と温度に対応した熱容量
斜めのラインの傾きは比熱を表す．

ることは明らかである．

　地下水を除くと，地球上の海水の量は約 13.7×10^{17} m³ で，地球上の水分の 97% を占めている．淡水は 3% にすぎず，そのほとんどが氷河や氷山として存在している．基本的に地球上の水はたえず循環している．たとえば，海面からは 3.61×10^{14} m³ yr⁻¹ の水分が蒸発し，3.24×10^{14} m³ yr⁻¹ が降雨となって海洋に戻る．一方，陸地では 0.62×10^{14} m³ yr⁻¹ の水分が蒸発し，0.92×10^{14} m³ yr⁻¹ が降雨となって陸域に戻り，残りは地下などに浸透する．そこで陸域での余剰降水分として 3.7×10^{13} m³ yr⁻¹ が河川を通じて陸より海洋に流れ込む．

　水が海洋に留まる時間（＝平均滞留時間）は，海水の体積（13.7×10^{17} m³ yr⁻¹）を海水の蒸発量（3.61×10^{14} m³ yr⁻¹）で割って求めることができ，その値は約 4000 年となる．また，大西洋の蒸発量は降水量より 3 割ほど大きいので，大西洋の平均塩分は太平洋よりかなり高くなっている．とくに北太平洋と北大西洋を比較すると，水温はほぼ同じであるが，相対的に北太平洋側の方が蒸発に比べて降雨が多いので，北大西洋の方が塩分が高くなる．そのため，北部北大西洋の表層水の密度が高くなり，結果として深層水の誕生に寄与することとなる（後述）．大気中の水分（36×10^{12} m³ yr⁻¹）を全蒸発量（4.23×10^{14} m³ yr⁻¹）で割ると，大気中の水の平均滞留時間は約 31 日間

となる.

　さて,水は無機物質を溶解させる能力が高く,海水1リットル (L) に約35g程度の「塩」が溶けている.このため海水は淡水と異なる特徴を持っている.海水の密度は水温と塩分によって決まるが,水温に対する依存性が強いため,高緯度域を除くと,等密度線は等温度線とほぼ一致している.水深数百mのところに水温が深さの方向に急激に変化する層が存在しており,これは温度躍層 (thermocline) と呼ばれている.便宜上,躍層付近を中層,それより上を表層,下を深層と分類する.日本海溝における海水の密度の鉛直変化を示すが (図1-4),それによると水深が増加すると密度が上昇することが明らかである.

　この密度に支配された対流が深層循環である.全海洋の平均水深は3800

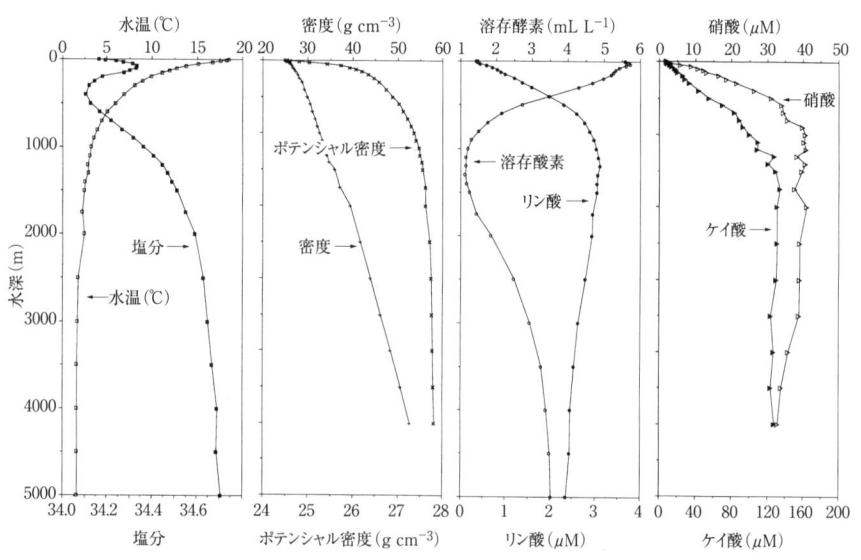

図1-4　水深方向における海水の水温,塩分,密度,ポテンシャル密度,溶存酸素,リン酸,硝酸,ケイ酸の変化
　　例として日本海溝におけるデータを表す.第6章,第7章で説明するように,リン酸,硝酸,ケイ酸の濃度は海洋表層で低く,深層で高い.溶存酸素極小層は,通常1000m付近に現れる.ポテンシャル密度とは,ポテンシャル温度 (ある深さの水を断熱的に海面まで持ち上げた時の温度,減圧効果で膨張し,温度が下がる) と塩分から計算した密度のこと.

mであるが，このかなりの部分の海水の三次元的な循環は密度により支配されている（図1-5）．密度は水温と塩分に支配されているので，この循環は別名「熱塩循環」（thermo-haline circulation；THC）と呼ばれている．この循環ではまず高緯度の表層水が冷却されて密度が上昇し，沈降する．水深4000 m以上の深海まで沈み込めるほど密度の高い海水が大規模に生産されているところは，全海洋において2カ所：①グリーンランドの東方，②南極海のウェッデル海，である．前者は深層水と呼ばれ，大西洋の西側を通って，赤道を越えて南下し，南極海周辺海域で湧昇する．南極海のウェッデル海では，海水が再度冷却された底層水となって各大洋に流入し，北上する．この密度に起因する深層までの循環の時間スケールは1500年程度* なので，平均の速度は$1\text{-}3 \text{ m hour}^{-1}$程度となる．循環の最終局面である北部北太平洋では，年齢の古い海水が広い海域で上昇し，表層水とも混合しながら，そ

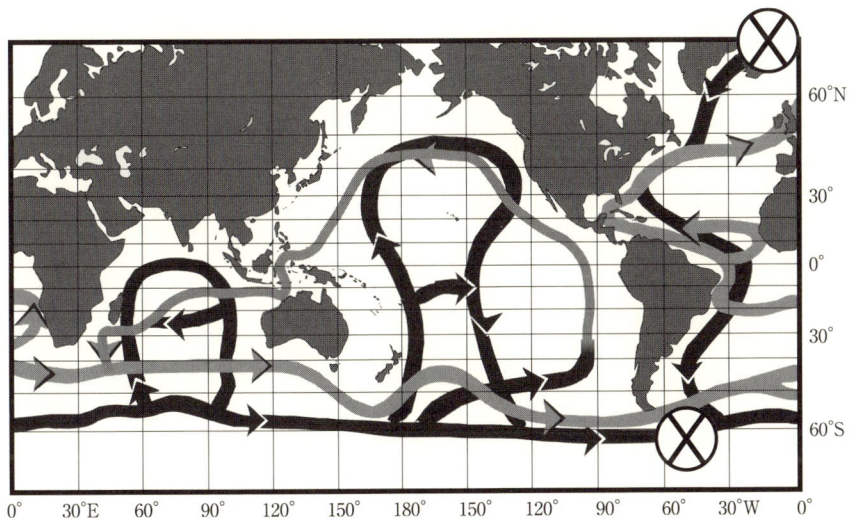

図1-5 北部北大西洋を出発点とする海洋熱塩循環（THC）の模式図（Schmitz, 1995を改変）
　海水が沈み込む場所⊗は，主に北部北大西洋と南極海のウェッデル海である．暗色は深層循環，明色は表層循環を表す．

---

* 最新の結果では，循環のスケールは1000年強と短いことが提案されている（Matsumoto, 2007）．

の一部はインドネシア多島海を通過してインド洋に入り，最終的に北部北大西洋に戻っていくが，その詳細な経路には議論が多い．

世界の表層循環系を模式的に示す（図1-6）．これを支配する因子は熱塩循環とはまったく異なっているが，表層循環系は各大洋で似ている．東西非対称であり，黒潮（北太平洋）あるいは湾流（gulf stream）（北大西洋）などの強い海流が大洋の西側境界に沿って見られる．表層循環は一般に洋上を卓越する風系によって大きな影響を受ける．たとえば，北赤道海流，黒潮，北太平洋海流から構成される北太平洋亜熱帯循環では，中緯度では偏西風による西風が，低緯度域では貿易風による東風が卓越している．北太平洋の水がこの表層循環によって太平洋を一巡する時間スケールは6年程度である（鳥羽編，1996）．

海洋循環と大気循環は，気候と密接に関係していると考えられている．太陽からの熱エネルギーは低緯度にふりそそぎ，高緯度に運搬される．そこで，低緯度域はいわば気候システムにとって「熱エンジン」に相当する．一方，

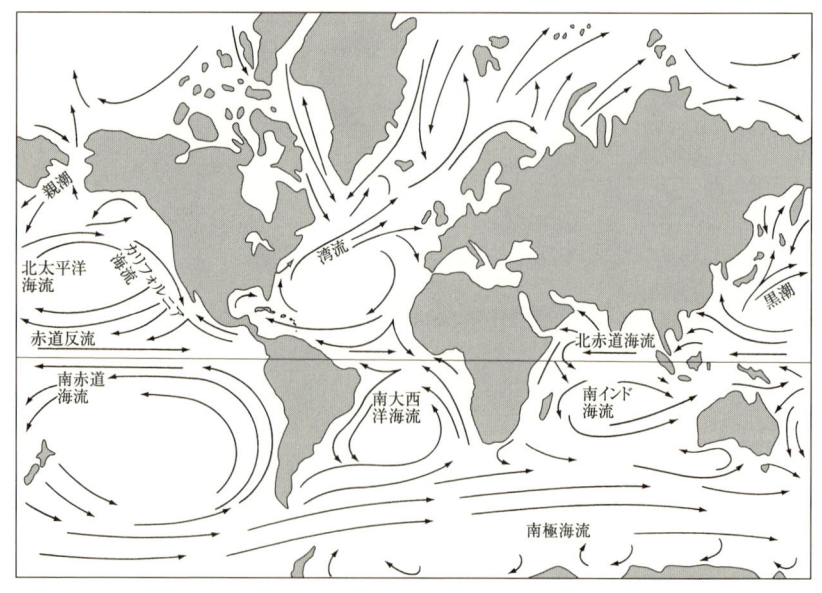

図1-6　海洋の表層循環

炭素の貯蔵などを支配する深層大循環での海水の沈み込みは高緯度の環境に支配されるので，高緯度域は「気候のスイッチ」として機能しているとの考えがある．

1.4 生物圏

現存している生物の総量はバイオマス（biomass）と呼ばれている．地球全体の現存量は炭素（C）に換算して約 828×10^{15} gC と推定されているが，推定値の幅も大きく 560×10^{15} gC との報告もある．このうち陸域には 827×10^{15} gC，海洋にはわずか 1.7×10^{15} gC と，バイオマスは圧倒的に陸域に存在している．これは，陸域バイオマスの中で重要な森林においては，幹，枝など植物体の貯蔵部分にたくさんの炭素が存在しているからである．

一方，光合成量を表す一次生産（primary production）は海と陸とでほぼ匹敵している．砂漠も含めた面積は海：陸で約7：3であることを考慮すると，単位面積あたりの一次生産は海の方が2.3倍大きいことになる．また，バイオマスに対する一次生産の比率は海の方が数百倍高い．海洋表層では生産された有機物は，生物の代謝あるいは食物連鎖によってわずかな時間の間に消費されて CO_2 に分解されてしまうため，炭素循環の速度は非常に速い．海洋における植物と動物のバイオマスの比率はだいたい4：1で，植物が卓越している．

2. 地球環境を支配する化学原理

　地球環境あるいは生物地球化学循環を理解するには，基本的な化学原理を知ることが第一歩である．元素はそれぞれ個性を持っているが，一方で共通の性質を持ち，類似した挙動を示すことが多い．また，化学反応を熱力学的性質とともに理解することは，生物起源炭酸塩の化学組成や同位対比より水温などを推定する原理の根本である．

2.1　元素

　化学反応に関与する最小の粒子は原子で，陽子，中性子，電子から構成されている．陽子は正電荷を，電子は陽子と絶対値が同じ負電荷を持つ．一方，中性子には電荷がない．陽子と中性子は質量はほぼ同じで，電子の質量は陽子の1/1836である．原子は，原子番号Zと同数の陽子と電子を持っており，Zの値が元素の種類を決定し，その相対質量は質量数（$=Z$（陽子の数）$+N$（中性子の数））と呼ばれる．Zが同じでNが異なったものは同位体と呼ばれるが，化学的性質はZで決定されるので化学的な差はほとんどない．

　放射性核種（radionuclide）*は，α線（ヘリウムの原子核），β線（電子），γ線（電磁波）などの放射線を放出して，親核種から別の核種（娘核種）に変換していくが，これは放射壊変と呼ばれる．α壊変では，$\Delta Z=-2$，$\Delta N=-2$と変化する．原子核内に中性子が多い元素は，中性子を陽子と電子に変え，高エネルギーの電子（β^-）を出してβ崩壊するが，この場合$\Delta Z=+1$，$\Delta N=0$となる．γ崩壊の場合には，余剰のエネルギーが高エネルギーの電磁波として放出される．なお，上記のような壊変をしないものは

---

*　核種；　固有な核の種類を表すためには「核種」（nuclide）という用語が用いられる（たとえば，同位体^{16}O，^{14}C，^{12}Cは核種である）．放射性同位体（radio-isotope）という用語は，放射性の核種を表す用語として広く知られているが，放射性核種（radionuclide）という用語がより適切である．

安定同位体と呼ばれる．

　元素の周期は周期律（periodic law）表の行（row）に対応し，行をつみあげると列（column）ができる（裏見返し）．列それぞれは族（group）と呼ばれ，一番左の列は1族，アルカリ金属がプロットされ，右に向かって2族，3族と順に呼ばれる．一番右側の端は，18族で不活性な希ガス（rare gas, noble gas, inert gas）が存在する．

2.2　元素群

　主要な元素について，環境化学や生物地球化学に関係した特徴を簡単にまとめたのが表2-1である．また，元素群はグループに分け，分類されることがある．

2.2.1　族
　元素表の族は，電子の配置などで類似点があるため化学的性質も類似することが多い．これについて以下にまとめる．
(1) 1族（アルカリ金属）[Li, Na, K, Rb, Cs, Fr]
　アルカリ金属の特徴の中で最も典型的なものは，金属元素であることである．基本的にどれも単体は軟らかい銀白色の金属で，空気中で酸化されやすい．アルカリ金属の原子の電子配置は，すべて最外殻のs軌道に電子を1個持つ点で共通性がある．このs電子は放出されやすく，放出すると1価の陽イオンとなる．原子核から束縛されている電子が離れるのに必要なエネルギーはイオン化エネルギーと呼ばれるが，これはアルカリ金属では一般に小さい．炎色反応もアルカリ金属の特徴で，Liでは赤色，Naでは黄色，Kでは赤紫となる．
(2) 2族（一部アルカリ土類金属）[Be, Mg, Ca, Sr, Ba, Ra]
　2族元素は，以前はアルカリ土類金属と同義であったが，IUPAC（The International Union of Pure and Applied Chemistry；国際純正および応用化学連合）は無機化学命名法においてCa, Sr, Ba, Raをアルカリ土類金属と呼ぶと定義したので，今日ではBeとMgはアルカリ土類金属に含まれ

表 2-1 元素の特徴（Cox, 1995；Emsley, 1998；Rudnick, 2005；山口, 2007；玉尾, 2007）

番号	記号	名前	原子量	大陸地殻* での含有量	電子配置**	環境化学や生物地球化学循環に関係した元素の特性の概要
1	H	水素	1.00794	—	$1s^1$	最も軽い ^1H は、一つの陽子と一つの電子で構成されており、原子の中で唯一中性子を持たない。pH や酸化還元でも重要な役割を演ずる。水素結合を通じて水の物性に大きな影響を与え、タンパク質の三次、四次構造を作り出している。
2	He	ヘリウム	4.002602	—	$1s^2$	無色、無臭で、最も軽い希ガス元素である。不活性の単原子ガスとして存在する。海嶺付近の海水中の $^3He/^4He$ 比は熱水起源の海水の輸送などについて情報を与える。
3	Li	リチウム	6.941	17	$(He)+2s^1$	イオン化傾向が大きく、酸化還元電位は全原子中で最も低い。同じアルカリ金属の Na、K と比べて反応性は劣る。
4	Be	ベリリウム	9.012182	1.9	$(He)+2s^2$	金属元素の一つで、銀白色の金属。^{10}Be の生成量変化は太陽活動の指標として用いられることがある。
5	B	ホウ素	10.811	11	$(He)+2s^2 2p^1$	植物の必須元素の一つであり、98% は細胞壁に存在する。炭酸塩中の B 同位体比は過去の海水の pH などの間接指標として使用されることがある。
6	C	炭素	12.0107	—	$(He)+2s^2 2p^2$	炭素化合物は 1000 万種を超えると言われている。有機物とともに、二酸化炭素、メタン、炭酸塩なども含めて炭素化合物は地球環境に大きな影響を与えている。アボガドロ数などの基礎的な定数はこの元素を基準に算出される。
7	N	窒素	14.0067	56	$(He)+2s^2 2p^3$	大気中濃度は地上でおよそ 78%。アミノ酸、尿素をはじめ、多くの生体物質中に含まれており、すべての生物にとって必須の元素である。硝酸は、リン酸、ケイ酸と並び海洋での 3 つの主要栄養塩の一つである。
8	O	酸素	15.9994	46.36%	$(He)+2s^2 2p^4$	酸素は地球の地殻に最も多く含まれる元素であり、岩石中では酸化物・ケイ酸塩・炭酸塩などの形で存在する。単体では酸素分子（O_2）あるいはオゾン（O_3）として存在する。ただし、地球の初期には大気・海洋中に遊離酸素は存在しなかったと推定されている。
9	F	フッ素	18.9984032	553	$(He)+2s^2 2p^5$	全元素中最も大きな電気陰性度を持ち、化合物中では常に -1 の酸化数をとる。天然には、蛍石や氷晶石として存在する。反応性が高く、He、Ne 以外の元素と反応する。岩石試料の溶液化のときに使用される HF は皮膚などにふれると痛みを感じるので、取り扱いに注意が必要である。
10	Ne	ネオン	20.1797	—	$(He)+2s^2 2p^6$	単原子分子として存在する。単体は常温常圧で無色無臭の気体。
11	Na	ナトリウム	22.989769	2.28%	$(Ne)+3s^1$	非常に反応性の高い金属で、水と激しく反応する。最も身近な化合物は NaCl で、海洋、生体内液の重要な電解物質である。Na、K、Mg、Ca、P、S、Cl は人体にとって主要ミネラルと呼ばれる。
12	Mg	マグネシウム	24.3050	2.81%	$(Ne)+3s^2$	植物の光合成色素であるクロロフィルの構成元素である。有孔虫の Mg/Ca 比は過去の水温復元に用いられる。また、海水中の Mg/Ca 比は顕生代を通じて大きく変化したと言われ、生物起源炭酸塩の鉱物種や生産速度にも影響を与えたとの説がある。
13	Al	アルミニウム	26.981539	8.41%	$(Ne)+3s^2 3p^1$	地殻の構成成分として、O、Si に次いで第 3 位。長石、雲母などの主要鉱物の構成元素、酸化アルミニウムとして、鋼玉（コランダム）として産するが、微量の Cr_2O_3、TiO_2 を含むものは、それぞれルビー、サファイアと呼ばれる。

番号	記号	名称	原子量	存在度	電子配置	説明
14	Si	ケイ素	28.0855	28.30 %	$(Ne)+3s^2 3p^2$	天然には単体の状態で産出しない。二酸化ケイ素は、SiO_4の正四面体が結晶構造の単位となり、石英などの鉱物を作る。また、珪藻や放散虫の殻は$SiO_2 \cdot nH_2O$でできており、生物起源オパールと呼ばれる。
15	P	リン	30.973762	0.057 %	$(Ne)+3s^2 3p^3$	生体内にも重要な構成要素であり、体内のエネルギー源であるATPや遺伝情報の要であるDNAやRNAの構成にも大きくかかわる。リン酸はカリウム、窒素などとともに陸上の肥料の主要成分である。また、海洋では硝酸、ケイ酸とともに主要栄養塩と呼ばれる。
16	S	硫黄	32.065	404	$(Ne)+3s^2 3p^4$	天然には数多くの硫黄鉱物（硫化物、硫酸塩鉱物）として、また、単体でも産出する。深海では熱水噴出口付近で鉄などの金属と結合した硫化物を作る。人体では硫黄を含むシステインや必須アミノ酸のメオチオンとして存在する。大気中での二酸化硫黄は酸性雨の原因となる。
17	Cl	塩素	35.453	244	$(Ne)+3s^2 3p^5$	天然には単体として存在しないが、化合物としてはNaCl、KCl、$MgCl_2$、$CaCl_2$などの金属化合物として広く多量に存在し、その種類は非常に多い。海水は塩素の宝庫であるが、岩塩には、NaClの他に、$CaSO_4$、$CaCl_2$、$MgCl_2$、KClなどを含むものが多い。
18	Ar	アルゴン	39.948	—	$(Ne)+3s^2 3p^6$	希ガスで、空気を構成し、N_2、O_2についで第3位の濃度（0.93 %）である。
19	K	カリウム	39.0983	1.50 %	$(Ar)+4s^1$	窒素やリンと同様に、植物体内における含有量が多い元素であり、これら3つの元素を含む化合物は植物に与える肥料に含まれることが多い。
20	Ca	カルシウム	40.078	4.58 %	$(Ar)+4s^2$	Caはリン酸カルシウム、炭酸塩カルシウムとして、脊椎動物の骨に含まれている。Caは骨の形成以外に、筋肉が収縮するときにも必要である。Ca化合物として、炭酸カルシウム$CaCO_3$、生石灰CaO、消石灰$Ca(OH)_2$、さらし粉$CaCl(ClO)H_2O$、カーバイト（アセチレンの原料）CaC_2などがある。
21	Sc	スカンジウム	44.955912	21.9	$(Ar)+3d^1 4s^2$	化学的性質はAlに類似する。鉱物としてはトルトバイト石（$(Sc,Y)_2Si_2O_7$）として産出するが、産業的にはウラン精練の副生成物として得られる。
22	Ti	チタン	47.867	0.43 %	$(Ar)+3d^2 4s^2$	地殻の構成元素として9番目に多く、遷移元素としては鉄に次ぐ。金紅石（TiO_2）やイルメナイト（またはチタン鉄鉱、$FeTiO_3$）といった鉱石の中に多数含まれる。チタンはプラチナ（白金）とほぼ同等の強い耐蝕性を持つことから、海洋測機などに用いられることが多い。
23	V	バナジウム	50.9415	138	$(Ar)+3d^3 4s^2$	富士山麓地下水はVに富むが、玄武岩由来と考えられている。Vは人体内でインスリン（インシュリン）に似た働きをする（血糖値を下げる）ため、糖尿病治療薬になるのではないかと注目されている。生物のホヤの中には、血液（血球中）にバナジウムを高濃度に含む種類がある。
24	Cr	クロム	51.9961	135	$(Ar)+3d^5 4s^1$	ルビーの赤色、エメラルドの緑色の原因はCrが不純物として入っているためである。Crそのものは、人体にとって必須の元素であるが、6個の電子を失ったものが六価クロムで、反応性が高く、人体に有害で、土壌汚染でしばしば問題となる。
25	Mn	マンガン	54.938045	0.077 %	$(Ar)+3d^5 4s^2$	Mnは単体としては産出せず、二酸化マンガン（軟マンガン鉱：MnO_2）、菱マンガン鉱（$MnCO_3$）などとして産出する。深海底には、MnおよびFeなどの金属酸化・水酸化物を主体としたマンガン団塊（マンガンノジュール）が存在している。人体にとっての必須元素．骨の形成や代謝に関係している。

原子番号	記号	名前	原子量	大陸地殻*での含有量	電子配置**	環境化学や生物地球化学に関係した元素の特性の概要
26	Fe	鉄	55.845	5.21%	$(Ar)+3d^6 4s^2$	レアメタルの反語であるコモンメタルの代表的な金属。鉄は人体にとって必須の元素である。鉄分が欠乏すると、血液中の赤血球数やヘモグロビン量が低下し、貧血などを引き起こす。近年海洋プランクトンにとってFeは微量栄養塩として必須であることが明らかになりつつある。
27	Co	コバルト	58.93320	26.6	$(Ar)+3d^7 4s^2$	ビタミンB_{12}はコバルトを構成元素に含み、人体にって必須元素である。主に海山域に分布するCoに富むMn-Fe沈殿物は、コバルトクラストと呼ばれる。
28	Ni	ニッケル	58.6934	59	$(Ar)+3d^8 4s^2$	隕鉄に平均数%含有されており、地球の核には大量のNiが存在すると考えられている。なお、海洋における溶存Niの鉛直プロファイルは栄養塩に類似している。
29	Cu	銅	63.546	27	$(Ar)+3d^{10} 4s^1$	光合成活動に必要とされ、植物に必須の元素である。一方で、過剰摂取は毒性を示すとされる。海洋における鉛直プロファイルは栄養塩に類似している。
30	Zn	亜鉛	65.38	72	$(Ar)+3d^{10} 4s^2$	生体では鉄の次に多い必須微量元素で、加水分解酵素の活性中心である。DNAやRNAのリン酸エステルを加水分解によって切断するので、細胞分裂にも大きな役割を演ずる。人体でZnが欠乏すると味覚障害を引き起こすとされる。円石藻の石灰化にも関係する元素と提案されている。海洋における鉛直プロファイルは栄養塩に類似している。
31	Ga	ガリウム	69.723	16	$(Ar)+3d^{10} 4s^2 4p^1$	融点が27.8℃と、Hg、Csについで融点が低い。発光ダイオード(LED)原料として使用される。
32	Ge	ゲルマニウム	72.64	1.3	$(Ar)+3d^{10} 4s^2 4p^2$	海洋における鉛直プロファイルは栄養塩に類似している。生物起源オパールのSiを一部置換しているのではないかとされる。
33	As	ヒ素	74.92160	2.5	$(Ar)+3d^{10} 4s^2 4p^3$	生体に対する毒性が強い。一方で、ヒ素化合物は生体内にごく微量が存在しており、人体にとっても微量必須元素とも言われている。バングラデシュなどの有機物に富む地層中では、地下水が還元的になりAs濃度が上昇し、慢性ヒ素中毒の原因となる。
34	Se	セレン	78.96	0.13	$(Ar)+3d^{10} 4s^2 4p^4$	反応性に富む元素で、ほとんどの元素と結合することができる。人体に必須で、珪藻のケイ酸摂取にも重要な役割を果していると言われている。海洋における鉛直プロファイルは栄養塩に類似している。
35	Br	臭素	79.904	0.88	$(Ar)+3d^{10} 4s^2 4p^5$	単体は常温、常圧で液体(暗赤色)で、反応性は塩素より弱い。金属と反応して塩を作る。
36	Kr	クリプトン	83.798	—	$(Ar)+3d^{10} 4s^2 4p^6$	非常に不活性な元素と言われてきたが、最近ではいくつかの希ガス化合物が作られている。
37	Rb	ルビジウム	85.4678	49	$(Kr)+5s^1$	^{87}Rbは、半減期488億年の放射性同位体で、β崩壊して^{87}Srとなる。これを使って、しばしば数十億年前の年代測定に使われる(Rb-Sr年代決定法)。
38	Sr	ストロンチウム	87.62	320	$(Kr)+5s^2$	Caを置換してさまざまな鉱物に含まれる。サンゴ骨格のSr/Caは水温の指標として用いられる。海の生物起源炭酸塩中の^{87}Sr/^{86}Sr比は風化と熱水活動の相対間接指標として用いられる。放射性同位体として^{90}Srはチェルノブイリ事故で放出した放射能に含まれていた。
39	Y	イットリウム	88.90585	19	$(Kr)+4d^1 5s^2$	最初に発見された希土類元素。
40	Zr	ジルコニウム	91.224	132	$(Kr)+4d^2 5s^2$	ジルコン($ZrSiO_4$)を作る重要な元素である。ジルコンは通常花崗岩のようなケイ長質の火成岩に含まれ、安定なために、年代決定に用いられることが多い。

41	Nb	ニオブ	92.90638	8	$(Kr)+4d^4 5s^1$	Nb はパイロクロア{$(Ca,Na)_2(Nb,Ta)_2O_6(OH,F)$} という鉱物の主要元素で、カーボナタイトが風化して形成された漂砂鉱床で世界のほとんどが生産されている.
42	Mo	モリブデン	95.96	0.8	$(Kr)+4d^5 5s^1$	微生物の窒素固定に関しての酵素(ニトロゲナーゼ)にも深く関わっており、生物地球化学循環の中でも重要であると推定されている.
43	Tc	テクネチウム	(98)	―	$(Kr)+4d^5 5s^2$	世界最初の人工放射性元素.
44	Ru	ルテニウム	101.07	0.57	$(Kr)+4d^7 5s^1$	白金族元素の一つ.
45	Rh	ロジウム	102.9055	―	$(Kr)+4d^8 5s^1$	白金族元素の一つ.
46	Pd	パラジウム	106.42	1.5	$(Kr)+4d^{10}$	白金族元素の一つで、パラジウム合金は自身の体積の 900 倍以上もの水素を吸収することができる.
47	Ag	銀	107.8682	56	$(Kr)+4d^{10} 5s^1$	電気および熱伝導率は金属中で最大である. Cd 同様、海洋における鉛直プロファイルは栄養塩に類似しているが、生体にとって必須なのか不明である.
48	Cd	カドミウム	112.411	0.08	$(Kr)+4d^{10} 5s^2$	Cd は亜鉛鉱に含まれているので、Zn と一緒に産出する. Cd の環境汚染ではイタイイタイ病が有名である. 生物活動に微量の Cd が必要だとの説も、不要であるとの説がある. 海洋における鉛直プロファイルは栄養塩に類似している.
49	In	インジウム	114.818	0.05	$(Kr)+4d^{10} 5s^2 5p^1$	2006 年に休山になってしまったが、過去には北海道豊羽鉱山がこの元素に関する世界一の鉱山であった.
50	Sn	スズ	118.710	1.7	$(Kr)+4d^{10} 5s^2 5p^2$	Sn と Cu の合金が青銅, Sn と Pb の合金はハンダ、薄い鉄板にスズをメッキしたのがブリキで広く使用される. 有機スズ化合物を利用した塗料は、船底に貝が付着することを効果的に防止する塗料として広く用いられたが、海洋生物に対する蓄積毒性、環境ホルモン作用により先進国では現在使用禁止となっている.
51	Sb	アンチモン	121.760	0.2	$(Kr)+4d^{10} 5s^2 5p^3$	輝安鉱は Sb の鉱物で古くはエジプト王朝時代から化粧品として利用されてきた鉱物. アンチモナイトとも呼ばれる硫化鉱物は、Sb_2S_3 で表される.
52	Te	テルル	127.60	―	$(Kr)+4d^{10} 5s^2 5p^4$	
53	I	ヨウ素	126.90447	0.7	$(Kr)+4d^{10} 5s^2 5p^5$	海藻類はヨウ素を海水から濃縮する. 千葉県は世界で 1, 2 位を争うヨウ素の生産地である. 人体内で甲状腺ホルモンを合成するのに必要なため必須元素である.
54	Xe	キセノン	131.293	―	$(Kr)+4d^{10} 5s^2 5p^6$	一般に希ガスは最外殻電子が閉殻になっているため反応性がほとんどないが、Xe くらいに原子が大きくなると、フッ素や酸素との化合物を作ることがある ($Xe^+PtF_6^-$).
55	Cs	セシウム	132.90545	2	$(Xe)+6s^1$	セシウム 133 はセシウム原子時計に使われ、きわめて正確である (2000 万年に 1 秒以内).
56	Ba	バリウム	137.327	456	$(Xe)+6s^2$	重晶石(硫酸バリウム)、炭酸バリウムなどの鉱石として産出する. 前者は無毒だが、後者は非常に毒性が強く「毒重石」と呼ばれている. 硫酸バリウムの値は過去の一次生産の間接指標として用いられることがある.
57	La	ランタン	138.9055	20	$(Xe)+5d^1 6s^2$	ランタノイドの一つ.
58	Ce	セリウム	140.116	43	$(Xe)+4f^1 5d^1 6s^2$	地殻に存在するランタノイドの中で最も量が多い.
59	Pr	プラセオジム	140.90765	4.9	$(Xe)+4f^3 6s^2$	ランタノイドの一つ.
60	Nd	ネオジム	144.242	20	$(Xe)+4f^4 6s^2$	希土類元素の一つで、アルミノケイ酸塩の起源地などの議論の際に用いられることが多い.
61	Pm	プロメチウム	(145)	―	$(Xe)+4f^5 6s^2$	ランタノイドの一つ.
62	Sm	サマリウム	150.36	3.9	$(Xe)+4f^6 6s^2$	ランタノイドの一つ. 天然に存在する ^{147}Sm の α 崩壊で生成する ^{143}Nd を利用して年代測定(Sm-Nd 法)に利用されている.
63	Eu	ユウロピウム	151.964	1.1	$(Xe)+4f^7 6s^2$	ランタノイドの一つ.

番号	記号	原子 名前	原子量	大陸地殻*での含有量	電子配置**	環境化学や生物地球化学に関係した元素の特性の概要
64	Gd	ガドリニウム	157.25	3.7	$(Xe)+4f^7 5d^1 6s^2$	ランタノイドの一つ.
65	Tb	テルビウム	158.92535	0.6	$(Xe)+4f^9 6s^2$	ランタノイドの一つ.
66	Dy	ジスプロシウム	162.50	3.6	$(Xe)+4f^{10} 6s^2$	ランタノイドの一つ.
67	Ho	ホルミウム	164.93032	0.77	$(Xe)+4f^{11} 6s^2$	ランタノイドの一つ.
68	Er	エルビウム	167.259	2.1	$(Xe)+4f^{12} 6s^2$	ランタノイドの一つ.
69	Tm	ツリウム	168.93421	0.28	$(Xe)+4f^{13} 6s^2$	ランタノイドの一つ.
70	Yb	イッテルビウム	173.054	1.9	$(Xe)+4f^{14} 6s^2$	ランタノイドの一つ.
71	Lu	ルテチウム	174.9668	0.30	$(Xe)+4f^{14} 5d^1 6s^2$	ランタノイドの一つ.
72	Hf	ハフニウム	178.49	3.7	$(Xe)+4f^{14} 5d^2 6s^2$	同位体は,地殻とマントルの進化,コアの形成に関する研究に用いられる.
73	Ta	タンタル	180.9479	0.7	$(Xe)+4f^{14} 5d^3 6s^2$	
74	W	タングステン	183.84	1	$(Xe)+4f^{14} 5d^4 6s^2$	Wを含む鉱物としては,鉄マンガン重石が有名である. 化学式は(Mn, Fe)WO$_4$で,Mnが入っていないものは鉄重石,Feが入っていないものはマンガン重石. Wは融点が高いのでフィラメントなどに用いられる.
75	Re	レニウム	186.207	0.19	$(Xe)+4f^{14} 5d^5 6s^2$	ReはOsのマグマ等の液相への分配係数の違いを利用してRe-Os法で隕石の年代が推定されている. Reはより大陸地殻に濃集しやすい.
76	Os	オスミウム	190.23	0.041	$(Xe)+4f^{14} 5d^6 6s^2$	白金族元素の一つで,すべての金属の中で最も融点が高く,蒸気圧も低い. 地球ではOsのほとんどはコアに存在していると考えられている.
77	Ir	イリジウム	192.217	0.037	$(Xe)+4f^{14} 5d^7 6s^2$	白金族元素の一つで,常温では王水にも溶けない. 白亜紀と第三紀の境界の地層中に大量のイリジウムを含んだ層があり,地球外物質の地球への衝突の根拠の一つとされている.
78	Pt	白金	195.084	0.5	$(Xe)+4f^{14} 5d^9 6s^1$	化学的に非常に安定である.
79	Au	金	196.96657	1.3	$(Xe)+4f^{14} 5d^{10} 6s^1$	金属結合により,可鍛性,延性がある. イオン化傾向がきわめて小さく化学反応は非常に限られ,王水,塩素,フッ素と反応をする.
80	Hg	水銀	200.59	0.03	$(Xe)+4f^{14} 5d^{10} 6s^2$	常温,常圧で液体である唯一の金属元素である. 有機水銀(水銀原子に炭化水素が結合した化合物)は無機水銀に比べ毒性が非常に強い. 自然界に存在する無機水銀は微生物によって有機水銀に変えられ,食物連鎖を通じて高次のものに濃縮する傾向がある.
81	Tl	タリウム	204.3833	0.50	$(Xe)+4f^{14} 5d^{10} 6s^2 6p^1$	摂取すると神経障害を起こすので,暗殺用の薬品としても用いられた.
82	Pb	鉛	207.2	11	$(Xe)+4f^{14} 5d^{10} 6s^2 6p^2$	最重安定同位体である元素で,これより原子番号の大きなすべての同位体は放射壊変する. 強い毒性を持ち,生物の体表や消化器官に対する曝露中毒症状を起こす. ガソリンのオクタン価を高めるために四エチル鉛$((C_2H_5)_4Pb)$が添加され,地球的規模で鉛汚染が進行した.
83	Bi	ビスマス	208.98040	0.18	$(Xe)+4f^{14} 5d^{10} 6s^2 6p^3$	天然には硫化物(輝ビスマス鉱)として主に産出する.
84	Po	ポロニウム	(209)	—	$(Xe)+4f^{14} 5d^{10} 6s^2 6p^4$	安定同位体は存在しない. 2006年ロシアのリトビネンコ中毒死事件で有名になった元素で,^{210}Poが体内に入るとα線被爆を起こす.
85	At	アスタチン	(210)	—	$(Xe)+4f^{14} 5d^{10} 6s^2 6p^5$	人工的に作られた元素で半減期8.1時間のものが最も長い.
86	Rn	ラドン	(222)	—	$(Xe)+4f^{14} 5d^{10} 6s^2 6p^6$	安定同位体は存在しない. Raのα崩壊によって生成する. Rnは不活性気体でしかも,^{222}Rnは半減期3.8日でα崩壊しPoとなるので,短時間での水の混合に関する解析などに用いられる.
87	Fr	フランシウム	(223)	—	$(Rn)+7s^1$	安定同位体は存在しない. ^{223}Frがほぼ100%であるが,半減期は22分と短い.

88	Ra	ラジウム	(226)	—	(Rn)+7s^2	安定同位体は存在しない．この元素は，1898年にキュリー夫妻によって，発見された．放射線の能力を放射能と命名するに至った最初の放射性核種である．Ra, Rn 温泉などは放射能泉とされるが，その効能は科学的にあまりないとされている．
89	Ac	アクチニウム	(227)	—	(Rn)+6d^{1}7s^2	アクチニウム系列は，7回のα崩壊，4回のβ崩壊を繰り返し ^{207}Pb になる．この系列に属する各核種の質量数は4で割ると3余るので，$4n+3$系列とも呼ばれる．
90	Th	トリウム	232.0381	5.6	(Rn)+6d^{2}7s^2	アクチノイドの中でも最も豊富に存在する元素．^{232}Th から ^{208}Pb に放射壊変する系列はトリウム系列と呼ばれ，核種の質量数が $4n$（n は整数）で表され，$4n$系列とも呼ばれる．
91	Pa	プロトアクチニウム	231.03588	—	(Rn)+6d^{3}7s^2	
92	U	ウラン	238.0289	1.3	(Rn)+5f^{3}6d^{1}7s^2	^{238}U から ^{206}Pb に放射壊変する系列はウラン系列と呼ばれ，核種の質量数が $4n+2$（n は整数）で表され，$4n+2$系列とも呼ばれる．
93	Np	ネプツニウム	(237)	—	(Rn)+5f^{4}6d^{1}7s^2	
94	Pu	プルトニウム	(244)	—	(Rn)+5f^{6}7s^2	Pu は核分裂連鎖反応をを起こすので原子爆弾の原料となる．α線を放出するため，プルトニウムの粒子を吸い込んだとき，強い発がん性を持つ．

（　）に入った原子量の数字は不確定な値を表す．
* 単位は%以外は $\mu g\,g^{-1}$．文献は Rundnick *et al*. (2005).
** 電子配置：電子が原子をとりまく様子．（　）で示されているところは（　）内の元素と同じ電子配置が入る．たとえば，K の場合「(Ar)+4s^1」とあるのは，Ar の電子配置に加えて 4s 軌道に一つ電子が入っていることを意味する．

ないことになった．Be と Mg は，その他の 2 族元素に比べて塩基性（金属性）が弱く，12 族の Zn, Cd, Hg と似た性質があるので，このように区別して扱われる．

　2 族元素はイオン化傾向が大きいので，単体として産出しない，アルカリ金属に次いで軽く軟らかいなどの特徴がある．原子価は 2 価で，金属性が一般的に強いので陽イオンになりやすく，その水酸化物はアルカリ金属に次いで強塩基性を示す．アルカリ金属同様に炎色反応を示すものがあり，Ca では橙赤色，Sr では深赤色，Ba では緑色となる．

(3) 3～11 族（遷移元素）[Sc, Ti, V, Cr, Mn, Fe, Co, Ni, Cu]

　遷移元素の特色は以下の通りである：①周期表の第 4 周期以後に位置し，3～11 族に属する．②最外殻の電子は 1 個もしくは 2 個である．③原子の電子配置は，原子番号の増加につれて，最外殻ではなく内殻の d 軌道に電子が満たされていく．④また，それらの電子が常に結合に使われるわけではないので，同一元素でいくつかの酸化数を持つものが多い．⑤一般に密度が大きく，Sc を除き重金属である．融点・沸点も高く，融解熱も大きいし，比較的硬い．⑥有色の化合物が多い．⑦単体のイオン化傾向は比較的小さく，

また反応性も小さい．⑧さまざまな錯イオンを形成する．なお，遷移元素の融点が高く硬いのは，d軌道電子を含む多数の電子が金属結合に参加するためと考えられている．

(4) 12族 [Zn, Cd, Hg]

遷移金属に性質が似る．最外殻の電子が2個であるので，2価のイオンになることが多い．

(5) 13族 [B, Al, Ga, In, Tl]

半金属であるB以外は金属である．最外殻の電子が2個不足する酸素とは，3価の化合物を作る．周期表の真ん中に位置するために，$Al(OH)_3$で代表されるように両性という特徴を持つ．

(6) 14族 [C, Si, Ge, Sn, Pb]

C, Siは代表的な共有結合性化合物を作る．Cの化合物は有機物として1000万種以上の化合物が記載されている．Siの酸化物は岩石圏にとって重要なケイ酸塩を作る．Si, Geは半金属で，Sn, Pbは金属である．

(7) 15族 [N, P, As, Sb, Bi]

N, Pは共有結合物質としてふるまう．As, Sb, Biは共有結合物質と金属との性質を併せ持つ物性を示し，半金属と呼ばれる．水素化物を形成するが，原子量から推定される傾向よりもアンモニアは高い沸点を示す．これは水素結合のためとされる．

(8) 16族（カルコゲン）[O, S, Se, Te, Po]

カルコゲンはO, S, Se, Teの総称であるが，酸素は常温で気体，Poは放射性核種のみで半金属と性質を異にしているので，S, Se, Teの3つのみをカルコゲンと呼ぶこともある．これらの水素化合物の沸点，融点は，原子量に応じて系統的に変化するが，酸素の水素化合物である水のみが水素結合により，沸点，融点が高くなっている（図3-1参照）．なお，カルコゲン3元素の水素化物はいずれも，刺激臭を有する．

(9) 17族（ハロゲン）[F, Cl, Br, I, (At)]

ハロゲンという言葉は，ギリシア語のHalo（塩）とgen（素）から作られたものである．Fは電気陰性度最大で，ほとんどの元素と室温で反応する．水とは激しく反応し，Pt, Auとも500°C以下で反応する．

(10) 18族（希ガス）[He，Ne，Ar，Kr，Xe，Rn]

存在量が少ないことから希ガスと呼ばれる．全部の電子が完全に軌道をうめて，価電子を持たず，化合物を作らないので「不活性ガス」と言われてきた．単原子分子として存在する．ただし，最近はいくつかの希ガス化合物が報告されている（$XePtF_6$）．分子間力も非常に小さいので，融点・沸点ともに極端に低い．

2.2.2 金属元素・半金属元素

金属元素とは，名前の通り光沢，導電性など金属としての性質を有する元素である．元素の3/4が金属元素である．半金属元素とは，金属と非金属の中間の元素で，性質として光沢・導電性・延性・展性がないこと，概して陰イオンになりやすく，常温で液体や気体として存在するものが多い．

2.2.3 レアメタル

Fe，Cu，Pb，Zn，Sn，Alというコモンメタル（普通金属）に対して，レアメタルとは非鉄金属のうちで量的に希少であるが，産業上さまざまな用途に少量ずつ用いられる金属を指す．重要なレアメタルの種類は時代や技術開発とともに変化していくが，現在問題となっているのは希土類（Sc，Y，ランタノイド），Ti，V，Cr，Mn，Co，Ni，Ga，Ge，As，Zr，Nb，Mo，In，Ta，W，Pt，Ru，Rh，Pd，Re，Osなどである（浦辺，2007）．

2.2.4 貴金属

一般的には，第5，6周期の8～11族に属する元素で，Au，Agに加えて，Pt，Pd，Rh，Ir，Ru，Osの8つの元素を貴金属と称す．概して産出量は少なく，耐腐蝕性があるといった特徴がある．

2.3 化学結合

He，Ne，Arなどの希ガスは例外的に原子1個で安定となり分子を作り，単原子分子と呼ばれている．

2.3.1　共有結合 (covalent bond)

O_2, N_2 分子などの原子同士の結合は，原子同士で互いの電子を共有することによって生まれ，共有結合と呼ばれる．結合は大変強い．結合は原子の最外殻電子が関係する．F_2, O_2, N_2 は，各々の原子から1個，2個，3個ずつ電子を出しあって，一重，二重，三重結合になる．水や有機分子も，このような共有結合が基本である．

2.3.2　イオン結合 (ionic bond)

塩化ナトリウム（NaCl）などの無機結晶では，陽イオン（Na^+）と陰イオン（Cl^-）同士の静電引力による結合でイオン結合と呼ばれる．イオン結合によってできた分子，たとえばNaClなどは，水のように極性の高い溶媒によく溶ける．周期表で希ガスを中心に，電子が1-3個多い原子は，電子を放出して1価，2価，3価の陽イオンになる．逆に，電子が1-3個少ない原子は，電子をもらって1価，2価，3価の陰イオンになる．4価より多くの電子の出し入れは難しいので，そのような原子は共有結合を作りやすい．たとえば，4個の電子を放出した Si^{4+} イオンは，半径が小さくて正電荷の密度が高いため，O^{2-} イオンと結合したときのSi-O結合は共有結合性がかなり高くなる．

2.3.3　金属結合 (metallic bond)

金属結合とは，金属結晶の格子点に存在する正電荷を持つ金属の原子核と，結晶全体に広がった負電荷を持つ自由電子との間のクーロン力で結び付けられている．最外殻電子など電子の一部は，特定の原子核の近傍にとどまらず結晶全体に非局在化しており，自由電子と呼ばれている．金属の特性として，高い電気伝導性や熱伝導度は自由電子の存在に起因している．

2.3.4　ファンデルワールス結合 (van der Waals bond)

電荷を持たない中性の原子，分子間などに働く凝集力はファンデルワールス力と呼ばれ，分子間に形成される結合はファンデルワールス結合と呼ばれる．この力のポテンシャルエネルギーは距離の6乗に反比例するので，到達

距離は非常に短く，弱い．電荷的に中性であっても，平均状態から乖離した瞬間では非対称な分布となる場合があり，これにより分子の電気双極子（双極子モーメント）同士と相互作用することによって凝集力を生じるとされる．

2.3.5 水素結合（hydrogen bond）

水素結合とは，酸素等の電気陰性度の大きな電子吸引性の高い原子と電子供与性の水素が共有結合することで，分子間距離の減少により，分子間の結合引力が増大したために生じる結合である．水素結合は，ファンデルワールス力よりは強く，共有結合よりは弱い．水素結合は，水の他にもアンモニア，フッ化水素など低分子に顕著であるが，タンパク質や核酸からなる生体高分子の高次構造を作ったり，酵素機能が発現される上でも重要とされる．

2.4 化学平衡

2.4.1 ギブス自由エネルギー

一定の温度・圧力で正味の仕事として有効に使うことのできるエネルギーとして，ギブス（Gibbs）の自由エネルギー（G）がある．Gはエンタルピー（H），エントロピー（S）と次の式で表される．

$$G = H - TS \qquad (\text{式 2-1})$$

ここで，Tは絶対温度（K）である．ある反応式

$$a\mathrm{A} + b\mathrm{B} \rightleftarrows c\mathrm{C} + d\mathrm{D} \qquad (\text{式 2-2})$$

の場合，自由エネルギーの変化（ΔG）は，

$$\Delta G = \Delta H - T\Delta S \qquad (\text{式 2-3})$$

となる．ΔHとΔSは，反応式の右辺の反応生成物と左辺の反応物の全モル比までを考慮した全エンタルピーと全エントロピーの差である．$\Delta G<0$の場合には反応は自発的に右方向に進行するが，$\Delta G>0$の場合には左方向に進行する．このΔGの絶対値は反応の進行する潜在的な推進力を表しているのであって，絶対値が大きいからといって反応速度が大きくなるということにはならない．ちなみに，閉鎖系で系が平衡である場合には，$\Delta G=0$となる．

標準 G, H は標準の温度および圧力条件下での，元素などの最も安定な単体をゼロとして，計算に使用する化合物をその単体から合成した時の標準生成自由エネルギーと反応熱を表す．また，S では 0 K におけるすべての単体（元素）のエントロピーをゼロとする．標準状態の温度および圧力は，通常 25°C（298.15 K），1 bar（10^5 Pa）あるいは 1 気圧（1.01325×10^5 Pa）であることが多い．

温度および圧力と成分 i 以外の組成を一定に保った状態で，1 モルあたりのギブス自由エネルギーは化学ポテンシャル（μ_i）と呼ばれ，下式で表される．

$$\mu_i = (\partial G/\partial n_i)_{p,T,n_j} \qquad \text{(式 2-4)}$$

逆に，ある反応系において各成分の化学ポテンシャルの総和は，n_i を化合物 i のモル数とすると，ギブス自由エネルギーとなる．

$$G = \sum_i n_i \mu_i \qquad \text{(式 2-5)}$$

2.4.2 H, S, G の温度依存性

エンタルピー（H）の温度変化は，定圧モル比熱 C_p と次のような経験式で表される．

$$(\partial H/\partial T)_p = C_p = a + bT + cT^2 + dT^{-1/2} + eT^{-2} \qquad \text{(式 2-6)}$$

a, b, c, d, e はある温度範囲で一定の値を持つ．温度 T でのエンタルピーはこれらの積分から求まる．

$$H_T = H^\circ_{298} + \int_{298}^{T} C_p dT \qquad \text{(式 2-7)}$$

エントロピーの場合には

$$(\partial S/\partial T)_p = C_p/T \qquad \text{(式 2-8)}$$

であるので，温度 T におけるエントロピーは次式で与えられる．

$$S_T = S^\circ_{298} + \int_{298}^{T} C_p/T \, dT \qquad \text{(式 2-9)}$$

これらを総合する G_T は次式で与えられる．

$$G_T = H^\circ_{298} + \int_{298}^{T} C_p dT - T \left(S^\circ_{298} + \int_{298}^{T} (C_p/T) \, dT \right) \qquad \text{(式 2-10)}$$

閉鎖系における自由エネルギーの温度・圧力変化は

$$dG = Vdp - SdT \qquad (式2\text{-}11)$$

で与えられる．相変化，すなわち，相1から相2へという相変化の場合，温度－圧力が変化したときの $\varDelta G$ の変化は，

$$dG_2 - dG_1 = (V_2 - V_1)dp - (S_2 - S_1)dT \qquad (式2\text{-}12)$$

となり，平衡では $dG_2 - dG_1 = 0$ なので，

$$dp/dT = (S_2 - S_1)/(V_2 - V_1) = \varDelta S/\varDelta V \qquad (式2\text{-}13)$$

となり，温度－圧力の座標での相1と相2の安定境界の傾きをこれより求めることができる．この式はクラウジウス・クラペイロン（Clausius-Clapeyron）の式として有名である．

一方，温度一定（$dT=0$）のときのギブス自由エネルギーと圧力変化への応答は下式で与えられる．

$$(\partial G/\partial p)_T = V \qquad (式2\text{-}14)$$

固相は気相や液相と比べてはるかに圧縮されにくい性質があり，地球表層環境システムを対象としたような圧力範囲の場合，圧力が多少上昇しても圧縮率は常温（298 K）時とほぼ同じで，体積変化を $\varDelta V_s$ とすると，圧力 p のとき，次式となる．

$$\varDelta G = \int_{10^5}^{p} \varDelta V_s dp = \varDelta V_s (p - 10^5) \qquad (式2\text{-}15)$$

2.4.3 物質の量および濃度，含有量，活量，活量係数

原子や分子の一つ一つは非常に小さい．そこで，便宜上，アボガドロ定数（Avogadro constant，6.0221367×10^{23} 個）だけ集まったものを1モル（mol）と呼び，1モルのある原子・分子の重さが原子量や分子量となっている．12 gの炭素12（^{12}C）の中に存在する原子数を1モルというのが定義で，^{13}C は1モルで13.0034となり，炭素の同位体の存在量を考慮した炭素の平均原子量は12.0107となる．

物質の濃度（concentration）はmolを使って表す．体積あたりだと体積モル濃度（molarity；mol L^{-1}），重量あたりだと質量モル濃度（mol kg^{-1}）と呼ばれる．質量モル濃度は，温度でその値が変化しないために便利であるが，基本的に希薄溶液の場合には，水の比重が1なので両者は同じ値となる．

しかし，海水の密度は約 1.026 なので，容量モル濃度と質量モル濃度との間に乖離ができる*．体積をリットル（L）で測定する mol L^{-1} は国際単位系（SI）ではないが，化学論文などで多用されている．

なお，慣習的に固体の中でのある物質の割合は，含有量（content）と呼ばれる．たとえば，堆積物 100 g 中に鉄が 20 g 含まれている場合の鉄の含有量は 20 重量%（20 wt.%）となる．

濃度と類似したものに活量（activity；a）がある．これは，混合物を構成する粒子の総数のうち，ある成分粒子の占める割合（モル分率）と，実際の効用がずれるためで，次のように決められる．

気体：分圧（単位 atm）を活量の代表とする．
溶質：モル濃度（単位 mol L^{-1}）を活量の代わりに用いる．
溶媒：希薄溶液の溶媒は定義通り活量 $a=1$ となる．
固体：純粋な固体は定義通り活量 $a=1$ となる．

化学反応や平衡に実際に関係するのはイオンの総濃度でなく，自由なイオンの濃度なので，その割合（値は 0-1 の範囲）を活量 a というもので表し，モル濃度を活量係数 γ で補正すると次式で与えられる．

$$\text{活量 } a = \text{モル濃度 } c \times \text{活量係数 } \gamma \qquad \text{（式 2-16）}$$

イオンの活量係数 γ は，単純な水溶液なら実験や理論計算で求まるが，海水のように複雑な水溶液についてきちんと決めるのは難しい．活量係数は濃度が薄くなると 1 に近付くので，雨水のような希薄溶液なら，モル濃度をそのまま使っても誤差はほとんどない．基本的に平衡定数は活量について与えられるので，濃度は活量係数で補正する必要がある．

2.4.4 化学反応の自由エネルギー変化と平衡定数

2 つの成分が反応して，2 つの生成物が生じる反応式は式 2-2 で表される．反応に関わっている成分 i の化学ポテンシャルは，次式のように書くことができる．

---

* 濃度； 海水の溶存酸素の濃度が 100 μM の場合，100 μmol L^{-1} である．1 kg あたりの濃度で表示した場合には，塩分 35 の海水中での Na 濃度は 10.773 g kg^{-1} となる．通常海水 1 L は 1.026 kg であるため，重量と容量濃度は若干異なる．

$$\mu_i = \mu_i^\circ + RT \ln a_i \qquad \text{(式 2-17)}$$

したがって，上記の反応式に関係している成分 A のギブス自由エネルギーは，i の化学量論係数を v_i とすると

$$G_i = v_i \mu_i^\circ + v_i RT \ln a_i \qquad \text{(式 2-18)}$$

となる．圧力 p，温度 T の条件で反応が左から右へ進むときのギブス自由エネルギーの変化は次式となる．

$$\Delta G = \sum_i v_i \mu_i^\circ + RT \sum_i v_i \ln a_i \qquad \text{(式 2-19)}$$

平衡条件の下では，$\Delta G = 0$ なので，標準状態のギブス自由エネルギーを ΔG° とすると次式となる．

$$\Delta G^\circ = \sum_i v_i \mu_i^\circ = -RT \sum_i v_i \ln a_i = -RT \ln \prod_i a_i^{v_i}$$
$$= -RT \ln K \qquad \text{(式 2-20)}$$

ΔG° は標準状態では一定の値となるので定数となる．平衡定数 K は式 2-2 の場合下式となる．

$$K = (a_C^c \cdot a_D^d)/(a_A^a \cdot a_B^b) \qquad \text{(式 2-21)}$$

2.4.5 固相，液相，気相における非理想の混合物

固相間の反応の場合でも，反応が水溶液で起こる場合でも，平衡定数は式 2-21 と同じになる．ここで，非理想溶液の性質をまず固相について説明する．

固相の場合には，その標準状態は，前述したように，ある温度 T，圧力 p の条件下にある純物質となる．その場合の活量は $a = 1$ である．そこで，固溶体を形成するような固相のみの活量を表せばよいということになる．ちなみに固溶体とはある鉱物について一部の元素が置換して，あたかも溶液のような性質を示す固体で，炭酸塩鉱物，長石，輝石などによく観察される．X_i を固溶体のモル分率とすると，活量は

$$a_i = \gamma_i X_i \qquad \text{(式 2-22)}$$

で表される．純物質に近くなると X_i も 1 になるが，γ_i も 1 に近付いていく．X_i が小さい場合には，希薄溶液と同じで次式となる（図 2-1）．この関係はヘンリー（Henry）の法則，k_H は定数でヘンリー定数と呼ばれる．

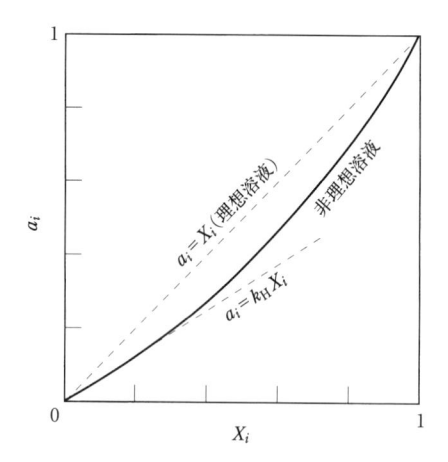

図 2-1 溶液における $a_i = X_i$ の関係
　実線は理想溶液（$a_i = X_i$）からの負のズレを示す．希薄溶液ではヘンリーの法則（$a_i = k_H X_i$）が成立する．

$$a_i = k_H X_i \qquad (式\ 2\text{-}23)$$

　次に，液相の場合も式は同じであるが，その標準状態（ある T, p）条件下で基準となるものが純物質ではないことに注意が必要である．というのは，イオンが溶解した溶液などの場合には，純物質を仮定することが非現実的であるからである．河川水などの水溶液の場合には，標準状態は無限希釈における基準状態を 25°C (298.15 K)，1 bar において 1 重量モル濃度まで溶質濃度を外挿したときに溶質 i が示すべき活量を $a_i = 1$ としている（図 2-2）．

　固体の場合と同様に活量が定義される．これは次式で表される．

$$a_i = \gamma_i c_i \qquad (式\ 2\text{-}24)$$

ここで c_i はモル濃度となる．

　単独のイオンの活量係数推定の中でも最も利用されるのは拡張デバイ・ヒュッケル（Debye–Hückel）式で，これは $0.1\ \mathrm{mol\ kg^{-1}}$ までの溶液に適応される．

$$\log \gamma_i = -A z_i^2 \sqrt{I} / (1 + B a_i^\circ \sqrt{I}) \qquad (式\ 2\text{-}25)$$

で示される．ここで，A および B は溶媒の密度，誘電率および温度に依存する因子である．水溶液について，たとえば 298 K の場合には，$A = 0.5092$，$B = 0.3283$ となる．z_i はイオンの電荷，I はイオン強度である．a_i° はイオ

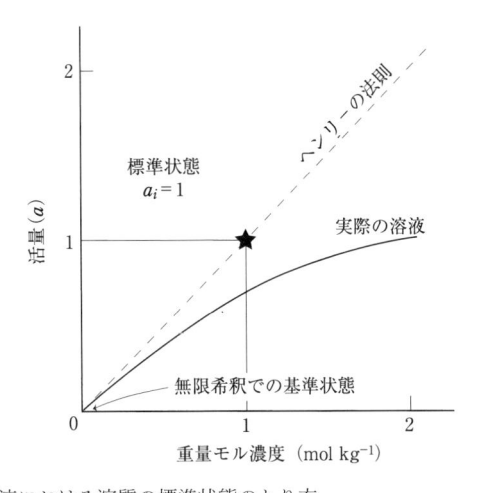

図 2-2 水溶液における溶質の標準状態のとり方
　　$m=1$ における実際の活量は 1 ではないが，ヘンリーの法則が $m=1$ まで成立する時の仮想的活動度を $a=1$ として標準状態とする．

ンに固有の値で，長さの次元を持つことから水溶液中のイオンの有効半径と呼ばれる．

　海水の場合 $I=$ 約 $0.8\ \mathrm{mol\ L^{-1}}$ で，淡水では通常 $I=10^{-4}\sim10^{-3}\ \mathrm{mol\ L^{-1}}$ となる．イオンの活量係数を求める方法は，この他にもいくつか提案されている（表 2-2）．

　なお，気体の場合にはフガシティー*（f）と活量の関係が次式で定義される．

表 2-2　イオン活量係数の計算式（Stumm and Morgan, 1981 を簡略化）

近似式	計算式	おおよその適用範囲 [イオン強度（M）]
デバイ・ヒュッケル	$\log \gamma = -Az^2\sqrt{I}$	$<10^{-2}$
拡張デバイ・ヒュッケル	$= -Az^2 \dfrac{\sqrt{I}}{1+Ba\sqrt{I}}$	$<10^{-1}$
ギュンテルベルグ	$= -Az^2 \dfrac{\sqrt{I}}{1+\sqrt{I}}$	$<10^{-1}$ いくつかの電解液に有用
デイビス	$= -Az^2 \left(\dfrac{\sqrt{I}}{1+\sqrt{I}} - 0.2I\right)$	<0.5

$$a_i = f_i/f_i^\circ \qquad \text{(式 2-26)}$$

ここで，f_i は成分 i のフガシティー，f_i° は温度 T における標準圧力の気体 i のフガシティーで，通常標準状態を 10^5 Pa とするときには $f_i^\circ = 1 \times 10^5$ となる．気体が混合物のときには，気体 i の化学ポテンシャルは次式で同様に与えられる．

$$\mu_i = \mu_i^\circ + RT \ln a_i = \mu_i^\circ + RT \ln f_i/f_i^\circ \qquad \text{(式 2-27)}$$

2.4.6 分配の理論

　炭酸塩および熱水性沈殿物の鉱物の多くには，微量成分が取り込まれている．この機構としては，表面吸着，包有物，および固溶体生成などが考えられる．ここでは，最も一般的な固溶体生成を取り上げ，その含有量からその固相を沈殿させた溶液の組成を推定する方法を述べる．また，溶液の組成が既知の場合には，平衡定数 K に温度依存性があるので，固相の分析から溶液の温度などを求めることができる．

　いま，ある鉱物が端成分 AX と BX の固溶体，すなわち (A, B)X で与えられる組成を持つと仮定する．ここで A と B は陽イオン，X は陰イオンを表している．地球表層環境システムでは A と B はいずれも，+2 価，X が −2 価（たとえば CO_3^{2-}）である場合が多い．純粋な AX から固溶体 (A, B)X となる場合には，AX の中の A を B で置換することになり，反応式は次式となる．

$$\text{AX} + \text{B}_{aq} \rightleftarrows \text{BX} + \text{A}_{aq} \qquad \text{(式 2-28)}$$

この式で AX と BX は固相，記号を簡略化するためにイオンの電荷は省くと A_{aq}，B_{aq} は水溶液中のイオンを表している．この反応式はイオン交換と同じ意味となる．その平衡定数を K とすると，

$$K = (a_{BX} a_{Aaq})/(a_{AX} a_{Baq}) = (a_{BX}/a_{AX})/(a_{Baq}/a_{Aaq})$$
$$= \exp(-(\mu_{BX}^\circ + \mu_{Aaq}^\circ - \mu_{AX}^\circ - \mu_{Baq}^\circ)/RT) \qquad \text{(式 2-29)}$$

となる．この式は溶液中における A と B の活量比が与えられれば，それに応じて固相中の AX，BX の活量比が決定されることを示している．すなわち，微量成分 B の溶液と固相の間の分配を記述する関係式である．ここで，

＊ フガシティー；　化学ポテンシャルについて理想気体からのずれを示す係数．

端成分 AX と BX の溶解度積をそれぞれ $K_{SP}(AX)$, $K_{SP}(BX)$ とすると，

$$K_{SP}(AX) = a_{Aaq} a_{Xaq}/a_{AX} \quad (式2\text{-}30)$$

$$K_{SP}(BX) = a_{Baq} a_{Xaq}/a_{BX} \quad (式2\text{-}31)$$

であるから，これらと式 2-29 から次式が得られる．

$$K = K_{SP}(AX)/K_{SP}(BX) \quad (式2\text{-}32)$$

ただし，この式が有効であるためには，AX と BX が同じ結晶構造であることが必要である．

式 2-32 は理論的取り扱いには適しているが，実用的には不便である．そこで，活量のかわりに，固相ではモル分率 x，溶液ではモル濃度 m を用いて，分配係数 D としたものが次式で，与えられた温度では定数となる．

$$D = (x_{BX}/x_{AX})/(m_{Baq}/m_{Aaq}) \quad (式2\text{-}33)$$

分配係数 D が既知であれば，炭酸塩などの分析値からその固相を沈殿した液相の B/A 比をモル比（重量比）で計算できる．固相全体が均一でこの式に従う分配はネルンスト（Nernst）分配と呼ばれる．

次に D と K の関係については，各々について活量係数 γ を導入すると次式が得られる．

$$K = (\gamma_{BX} x_{BX}/\gamma_{AX} x_{AX})/(\gamma_{Baq} m_{Baq}/\gamma_{Aaq} m_{Aaq}) \quad (式2\text{-}34)$$

固相中の BX の量が非常に少ないときには，固相はほぼ純粋な AX となるので，$a_{AX} = \gamma_{AX} x_{AX} = 1$ とおくことができる．溶液中の A，B も同じ価数のイオンとすると $\gamma_{Aaq} \fallingdotseq \gamma_{Baq}$ となり，この式は簡略化され，次式となる．

$$K = \gamma_{BX} D \quad (式2\text{-}35)$$

γ_{BX} はしばしば温度によらず一定であることが知られており，その場合は D の温度変化は K のそれに依存することになり，次式で与えられる．

$$\log D = a + b/T \quad (式2\text{-}36)$$

ここで，a, b は定数，T は絶対温度である．有孔虫殻の Mg/Ca 比やサンゴ骨格中の Sr/Ca 比から過去の水温が推定できるが，これらの温度依存性も基本的にはこのような固溶体の性質を反映したものである．

2.4.7 分配係数

実際の分配係数の測定法には 2 つある：

①溶液と結晶とを与えられた条件下で長時間反応させ，溶液と結晶の間で微量成分の分配が平衡に達するのを待って結晶と溶液を分離し，それぞれについて主成分 A と微量成分 B を分析し，これを式 2-33 に代入して D を求める．この方法は溶解度の大きい結晶に対して効果的である．

　②これに対して溶解度の小さい結晶の場合には，再結晶の速度が遅く，結晶全体が均一になるのに非常に長時間を要する．この場合には，一定量の A と B を含む溶液に沈殿物 X をできるだけゆっくりと加えて結晶（A, B）X を析出させ，結晶の表面だけが微量成分 B の分配について式 2-33 と類似の関係を保つとすると仮定する場合である．

$$\lambda = (\Delta m_{Baq}/\Delta m_{Aaq})/(m_{Baq}/m_{Aaq}) \qquad (\text{式 2-37})$$

ここで Δm_{Aaq}, Δm_{Baq} は，それぞれ時間 Δt の期間に析出した A, B の量で，そのときの結晶表面の化学組成を表している．また，結晶成長を伴う非平衡条件下であることを区別するために D のかわりに λ が使用される．これらを微分形式に書き換えて積分すると

$$\log((m_{Baq})_0/m_{Baq}) = \lambda \log((m_{Aaq})_0/m_{Aaq}) \qquad (\text{式 2-38})$$

となり，A と B の初濃度をそれぞれ $(m_{Aaq})_0$, $(m_{Baq})_0$ とすると，λ が計算できる．この関係式に従う分配は対数分配，またはドーナー・ホスキンス（Doerner-Hoskins）分配と呼ばれる．ここで λ は結晶成長に関するパラメータを含んでいるため D とは等しくない．ただし，結晶成長速度が非常に遅いときには $\lambda \fallingdotseq D$ となる．また，一般に $D>1$ である系では $D>\lambda>1$ が，$D<1$ である系では $D<\lambda<1$ となる．そこで，$D \fallingdotseq 1$ である系では，D と λ の差は小さい．地球環境でよく使用される炭酸塩についての分配係数 D を表 2-3 に示す．

2.4.8　酸化還元電位

　水素イオン指数（potential hydrogen；pH）と酸化還元電位（oxidation-reduction potential；Eh）は溶液化学の最も重要なパラメータである．

$$\text{pH} = -\log a_{H^+} \qquad (\text{式 2-39})$$

ここで，a_{H^+} は溶液中の水素イオンの活量である．一方，酸化体（Ox）と還元体（Red）との酸化還元反応，酸化還元電位は下の式で与えられ，

表 2-3　水溶液と炭酸塩との間の微量成分の分配係数（一国，1978）

		イオン半径 (Å)	分配係数（温度°C）
$CaCO_3$（アラレ石）	Sr	1.12	1.17 (16°C), 0.88 (80°C), 0.58 (99°C)
$CaCO_3$（方解石）	Fe	0.78	3 (50°C)
$CaCO_3$（方解石）	Mg	0.72	0.057 (25°C), 0.078 (50°C), 0.12 (90°C)
$CaCO_3$（方解石）	Mn	0.83	16.2 (40°C), 12 (175°C), 2.0 (235°C)
$CaCO_3$（方解石）	Sr	1.12	0.055 (40°C), 0.06 (100°C), 0.16 (250°C)
$CaCO_3$（方解石）	Zn	1.75	3.2 (50°C)

$$\mathrm{Ox} + m\mathrm{H}^+ + ne^- \rightleftarrows \mathrm{Red} + \mathrm{H_2O} \qquad (式 2\text{-}40)$$

$$Eh = Eh° - (RT/nF)\ln a_{\mathrm{Red}}/(a_{\mathrm{Ox}}/a_{\mathrm{H}^+}^m) \qquad (式 2\text{-}41)$$

ここで，$Eh°$ はこの系の標準酸化還元電位，R は気体定数，T は絶対温度，F はファラデー（Faraday）定数，a_{Red} と a_{Ox} は酸化体（Ox）と還元体（Red）の活量，m，n は反応に関係した化学量論係数である．25°C，1気圧の場合，次式となる．

$$Eh = Eh° - (0.059 m/n)\mathrm{pH} - (0.059 m/n)\log(a_{\mathrm{Red}}/a_{\mathrm{Ox}}) \qquad (式 2\text{-}42)$$

電位の基準には次の電極反応を用いる

$$2\mathrm{H}^+ + 2e^- \rightleftarrows \mathrm{H_2} \quad Eh° = 0\ \mathrm{V} \qquad (式 2\text{-}43)$$

水が分解する反応は，以下のように書くことができる．

$$2\mathrm{H_2O} \rightleftarrows \mathrm{O_2} + 4\mathrm{H}^+ + 4e^- \qquad (式 2\text{-}44)$$

図2-3において，O_2 が H_2O と共存している場合には，pH 0のとき $Eh = 1.23\ \mathrm{V}$ なので，$Eh = 1.23 - 0.059\,\mathrm{pH}$ となる．このライン上の値より電位が高くなると，水より酸素の方が安定となる．逆に，水の安定領域の下限は H^+ が水素に還元される場合で，H_2 の活量を1とすると $Eh = -0.059\,\mathrm{pH}$ となる．

2.4.9　水溶液中の溶存化学種の安定領域

図2-3は水溶液中に溶存している硫黄化学種の安定領域を酸化還元電位（Eh）とpHの軸上にプロットしたものである．この図中で任意の点で表示された化学種は，記載された化学種が最も重要（量的に多い）であることを

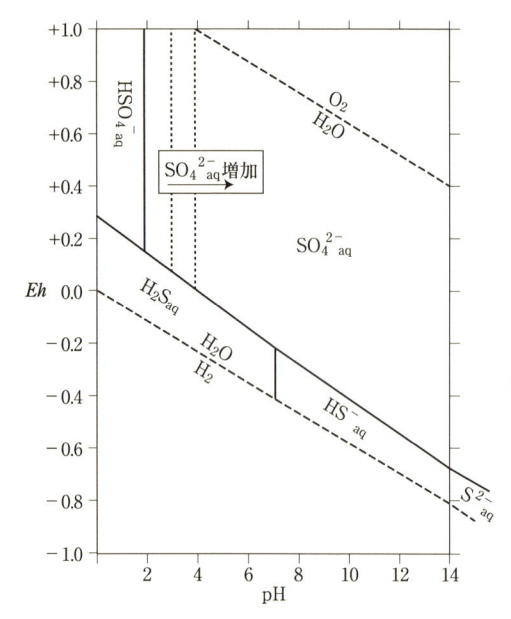

図 2-3 25°C, 1気圧下における溶存硫黄種の Eh-pH 図 (Garrels and Christ, 1965 に加筆)

図中に表したイオン種は，溶液中で最も重要なものを挙げた．O_2-H_2O, H_2-H_2O のラインではさまれた部分は，水の安定な領域を表す．

示すが，これのみが存在するということではない．たとえば，HSO_4^- と SO_4^{2-} について見ると，

$$HSO_4^- \rightleftarrows H^+ + SO_4^{2-} \quad (式 2\text{-}45)$$

$$K = a_{H^+} a_{SO_4^{2-}} / a_{HSO_4^-} \quad (式 2\text{-}46)$$

なので，温度 298 K の場合には $10^{-1.9}$ となり，変形すると

$$\log K = -1.9 = -\text{pH} + \log(a_{SO_4^{2-}}/a_{HSO_4^-}) \quad (式 2\text{-}47)$$

となる．図 2-3 中での HSO_4^- と SO_4^{2-} の境界線は両者の活動度（希薄溶液の場合には濃度）が等しいときの pH を表し，それより pH が大きくなった場合には両者は共存するものの SO_4^{2-} の濃度が増加することを意味している．点線は SO_4^{2-} 濃度が HSO_4^- 濃度よりも高いことを意味し，たとえば，pH が 2.9, 3.9 のときは SO_4^{2-} は HSO_4^- のそれぞれ約 10 倍，100 倍多く存在するということになる．

2.4.10 地球表層環境での炭酸系での実例

ここでは基本的に淡水を扱うので，計算を簡略化するため活量 a の代わ

りにモル濃度を使用する．
(1) 溶解度積

炭酸塩（方解石，アラレ石）の飽和溶解度が問題となる．この反応は次式となる．

$$CaCO_{3s} \rightleftarrows Ca^{2+}{}_{aq} + CO_3{}^{2-}{}_{aq} \quad (式2\text{-}48)$$

ここで添字の s は固相（solid）を表す．この平衡定数は，

$$K = a_{Ca^{2+}aq} a_{CO_3{}^{2-}aq} / a_{CaCO_{3s}} \quad (式2\text{-}49)$$

となる．ここで，$CaCO_{3s}$ は純相なので，$a_{CaCO_{3s}} = 1$ となる．そこで，

$$K_{SP} = a_{Ca^{2+}aq} a_{CO_3{}^{2-}aq} \quad (式2\text{-}50)$$

となる．方解石またはアラレ石の場合 K_{SP} は 25°C で 3.31×10^{-9} mol^2 L^{-2}，4.61×10^{-9} mol^2 L^{-2} となる．上記の場合 Ca^{2+} と $CO_3{}^{2-}{}_{aq}$ は同じ濃度 S で溶解するので，$a_{Ca^{2+}aq} = [Ca^{2+}]$，$a_{CO_3{}^{2-}aq} = [CO_3{}^{2-}]$，$[Ca^{2+}] = [CO_3{}^{2-}]$ とすると，

$$S = \sqrt{K_{SP}} = \sqrt{3.31 \text{（あるいは} 4.61\text{）} \times 10^{-9} \text{ mol}^2 \text{ L}^{-2}}$$
$$= 5.7 \text{（あるいは} 6.8\text{）} \times 10^{-5} \text{ mol L}^{-1} \quad (式2\text{-}51)$$

となる．実際のイオン活動度の積を溶解度積 K_{SP} で除した値を，固体の飽和指数（saturated index）と呼び，記号 Ω で表す．$\Omega = 1$ なら飽和，$\Omega > 1$ なら過飽和，$\Omega < 1$ なら未飽和となる．一般に，表層海水は方解石およびアラレ石に関して過飽和（Ω は 5-6 程度）であるが，中深層水では，圧力効果により K_{SP} が増大するので，$\Omega < 1$ となり未不飽和となる．なお，アラレ石の方が方解石より K_{SP} が大きいので，溶解しやすくなる．

(2) 炭酸系の主要な溶存種と pH

炭酸系の主要な溶存種には H_2CO_3，$HCO_3{}^-$，$CO_3{}^{2-}$ があるが，その存在割合は pH と強い関係がある．電離平衡は下の 2 つの式で表される．

$$H_2CO_3 \rightleftarrows H^+ + HCO_3{}^- \quad (式2\text{-}52)$$

この電離定数は

$$K_1 = [H^+][HCO_3{}^-]/[H_2CO_3] = 10^{-6.3} \quad (式2\text{-}53)$$

となる．次に，

$$HCO_3{}^- \rightleftarrows H^+ + CO_3{}^{2-} \quad (式2\text{-}54)$$

この電離定数は

$$K_2 = [\text{H}^+][\text{CO}_3^{2-}]/[\text{HCO}_3^-] = 10^{-10.3} \quad \text{(式 2-55)}$$

となる．海水 pH 8（$[\text{H}^+] = 10^{-8}$）の場合には，

$$[\text{HCO}_3^-] = [\text{H}^+][\text{CO}_3^{2-}]/K_2 = 10^{-8}[\text{CO}_3^{2-}]/10^{-10.3}$$
$$= 10^{2.3}[\text{CO}_3^{2-}] = 200[\text{CO}_3^{2-}] \quad \text{(式 2-56)}$$
$$[\text{HCO}_3^-] = K_1[\text{H}_2\text{CO}_3]/[\text{H}^+] = 10^{-6.3}[\text{H}_2\text{CO}_3]/10^{-8}$$
$$= 10^{1.7}[\text{H}_2\text{CO}_3] = 50[\text{H}_2\text{CO}_3] \quad \text{(式 2-57)}$$

となり，HCO_3^- は CO_3^{2-} より 200 倍も，H_2CO_3 より 50 倍も多く存在することになる．現在の表層水の pH は 8.11 なので，主要な溶存種は HCO_3^- ということになる．

pH 5 の場合には，

$$[\text{HCO}_3^-] = K_1[\text{H}_2\text{CO}_3]/[\text{H}^+] = 10^{-6.3}[\text{H}_2\text{CO}_3]/10^{-5}$$
$$= 10^{-1.3}[\text{H}_2\text{CO}_3] = 0.0501[\text{H}_2\text{CO}_3] \quad \text{(式 2-58)}$$
$$[\text{HCO}_3^-] = [\text{H}^+][\text{CO}_3^{2-}]/K_2 = 10^{-5}[\text{CO}_3^{2-}]/10^{-10.3}$$
$$= 10^{5.3}[\text{CO}_3^{2-}] = 2 \times 10^5[\text{CO}_3^{2-}] \quad \text{(式 2-59)}$$

となり，HCO_3^- は H_2CO_3 のたった 5%，CO_3^{2-} より 20 万倍以上の存在量となってしまう．これは，主要な溶存種が H_2CO_3 であることを意味している．この pH 5 という値は，雨水より若干酸性側の水である．さらに pH 4 となった場合には，この傾向はさらに加速され，HCO_3^- は H_2CO_3 のたった 0.5%，CO_3^{2-} より 200 万倍以上の存在量となり，溶存種は圧倒的に H_2CO_3 となってしまう．これら 3 種類の溶存種の濃度を pH 全般にわたってプロットしたのが図 2-4 である．

最近大気中の p_{CO_2}* が増加している．CO_2 は酸性化気体なので海水の酸性化（pH が下がる）をまねく．すると，海水中の $[\text{CO}_3^{2-}]$ を減少させ，Ω を下げ，今世紀末にも南極海ではアラレ石について海水が未飽和になり，生物起源炭酸塩の形成などが困難になるのではないかと危惧されている（Kleypas *et al*., 2006）．

(3) 通常の雨水と酸性雨の pH

気体が水滴に溶けると水滴の pH が変わる．CO_2 については溶解平衡と電

---

* p_{CO_2}；小文字の p_{CO_2} は大気中の二酸化炭素分圧を，大文字の P_{CO_2} は溶液中の二酸化炭素分圧を表す．

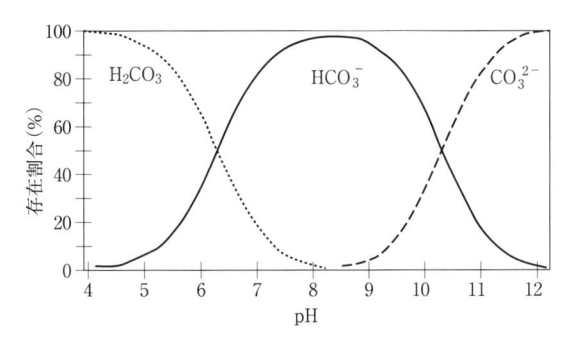

図 2-4　H_2CO_3，HCO_3^-，CO_3^{2-} の相対的な存在割合と pH の関係

離平衡が成立し，大気中では HCO_3^- まで解離し，式 2-54 の反応まで考慮することはないので，次の 2 つの反応が重要である．

$$CO_2 + H_2O \rightleftarrows H_2CO_3 \quad (式\ 2\text{-}60)$$

$$H_2CO_3 \rightleftarrows H^+ + HCO_3^- \quad (式\ 2\text{-}61)$$

この場合，他の酸が関与しないと $[H^+]=[HCO_3^-]$ となるので，

$$K' = [H^+][HCO_3^-]/[H_2CO_3] = [H^+]^2/[H_2CO_3] \quad (式\ 2\text{-}62)$$

となる．溶解平衡 $K_H=[H_2CO_3]/p_{CO_2}$ を代入すると，

$$K' = [H^+]^2/(K_H \cdot p_{CO_2}) \quad (式\ 2\text{-}63)$$

となり，これを整理すると，

$$[H^+] = \sqrt{K' \cdot K_H \cdot p_{CO_2}} \quad (式\ 2\text{-}64)$$

平衡定数 $K_H=0.04\ \text{mol L}^{-1}$，$K'=4.0\times 10^{-7}\ \text{mol L}^{-1}$ と，大気中の CO_2 分圧（380 ppm＝3.8×10^{-4} atm）を代入すると，$[H^+]=2.47\times 10^{-6}\ \text{mol L}^{-1}$，すなわち pH＝5.6 となる．

酸性雨の原因物質として有名な二酸化硫黄（SO_2）でも，考え方はまったく同じである．式 2-64 において平衡定数 $K_H=2.0\ \text{mol L}^{-1}$，$K'=2.0\times 10^{-2}\ \text{mol L}^{-1}$ と，大気中の SO_2 分圧（5 ppb＝5×10^{-9} atm）を代入すると pH＝4.9 となる．大気中の二酸化硫黄濃度は二酸化炭素濃度の 10^{-5} 倍しか存在しないが，解離定数などが大きいために結果として水素イオンの生成が促進され，より酸性となる．通常，地球表層環境では純水であっても，大気中の二酸化炭素が溶解して pH 5.6 となっている．そこで，酸性雨とはこれより pH の低い雨のことを表すことが多い．

(4) 全アルカリ度 (alkalinity)

海水に溶存している成分を電荷バランスとして書くと下式となる．ここでは，弱電解質で最も重要な炭酸系のイオンのみを記載してある．

$$[強電解質の陽イオン] + [H^+]$$
$$= [強電解質の陰イオン] + [HCO_3^-] + 2[CO_3^{2-}] + [OH^-]$$
(式 2-65)

全アルカリ度 (A) は次式で表現される．

$$A = [強電解質の陽イオン] - [強電解質の陰イオン]$$
$$= [HCO_3^-] + 2[CO_3^{2-}] + [OH^-] - [H^+] \quad (式\ 2\text{-}66)$$

強電解質のイオンはあまり変化しないため A は準保存量となる．

さて，水の全アルカリ度を測定するには，一定量の水に HCl などの強酸を加えて pH 4 (4.8 のこともある) にする．その条件では下の反応はいずれも右側に進みきって，炭酸水素（重炭酸）イオンと炭酸イオンの生む全アルカリ度（炭酸アルカリ度 A_c）は溶存二酸化炭素（H_2CO_3）に転化する（溶存種の比率は前出のように pH 4 のとき，$[H_2CO_3]:[HCO_3^-]:[CO_3^{2-}]$ $= 1:5 \times 10^{-3}:2.5 \times 10^{-9}$）．

$$HCO_3^- + H^+ \rightleftarrows H_2O + CO_2\ (\fallingdotseq H_2CO_3) \quad (式\ 2\text{-}67)$$
$$CO_3^{2-} + 2H^+ \rightleftarrows H_2O + CO_2\ (\fallingdotseq H_2CO_3) \quad (式\ 2\text{-}68)$$

CO_3^{2-} の中和に必要な H^+ は HCO_3^- の 2 倍なので，$A_c = [HCO_3^-] + 2[CO_3^{2-}]$ となる．消費された酸の量を全アルカリ度として表示する．pH が海水とほぼ同じ 7.5-8 の場合には，A_c の大部分は HCO_3^- となるため，ミリ当量（meq L^{-1}）でなく，$[HCO_3^-]$ の濃度で表示する場合もある．

なお，厳密に全アルカリ度を計算するときには，炭酸系の他にホウ酸系などのイオンを考える必要がある．また，全炭酸（total carbon dioxide；ΣCO_2）は次式で与えられる．

$$\Sigma CO_2 = [H_2CO_3] + [HCO_3^-] + [CO_3^{2-}] \quad (式\ 2\text{-}69)$$

サンゴ礁などで炭酸カルシウムが 1 mmol 沈積した場合には，溶液から CO_3^{2-} が 2 mmol 除去されるので全アルカリ度は 2 ミリ当量 (meq) だけ減少し，炭素は 1 mmol 除去されるので全炭酸は 1 mmol 減少する．

(5) 緩衝溶液

　イオン種のどれかが増減したとき，それを打ち消す変化が起きて，水のpHをかなり狭い範囲に保つ働きがある．これは緩衝作用と呼ばれている．言い方を変えると，溶液中に酸や塩基を加えた場合に起こる水素イオン濃度の変化（つまりpHの変化）が，純水に加えた場合よりも小さくなるようにした溶液が緩衝溶液である．

　酢酸 CH_3COOH をHA，酢酸ナトリウム CH_3COONa をNaAと書いた場合，両者の電離反応は次のように書くことができる．

$$HA \rightleftarrows H^+ + A^- \quad (式2\text{-}70)$$
$$NaA \rightleftarrows Na^+ + A^- \quad (式2\text{-}71)$$

ここで，活量を濃度で記載すると，平衡定数 K は次の式で書ける．

$$K = [H^+][A^-]/[HA] = 10^{-4.75} \quad (式2\text{-}72)$$
$$[H^+] = 10^{-4.75} \times [HA]/[A^-] \quad (式2\text{-}73)$$

ここで，HAおよびNaAをそれぞれ $0.1\,mol\,L^{-1}$ 加えた場合には，HAは弱酸なのでほとんど電離せず，また，NaAはほとんど電離してしまうので，[HA]，[A^-] もそれぞれ $0.1\,mol\,L^{-1}$ となる．よって [H^+]=$10^{-4.75}$，すなわちpH=4.75となる．これに，NaOHを $0.01\,mol\,L^{-1}$ の濃度で加えた場合には，NaOHは完全に電離するので，水素イオンと反応し，式2-70の電離が進行して，HAの濃度は $0.01\,mol\,L^{-1}$ だけ減少する．また，A^- の濃度は増加して $0.01\,mol\,L^{-1}$ だけ増加するので，

$$[H^+] = 10^{-4.75} \times (0.1-0.01)/(0.1+0.01) = 1.46 \times 10^{-5}$$
$$(式2\text{-}74)$$
$$pH = -\log(1.46 \times 10^{-5}) = 4.84 \quad (式2\text{-}75)$$

となる．もし，最初の溶液が純水で，これにNaOHを加えて $0.01\,mol\,L^{-1}$ の濃度になったとすると，pH 7からpH 12にまで5も増加するが，緩衝溶液だと，加えた OH^- を十分に存在する酢酸分子HAが対応するので，pHはたった0.09しか変化しない．

　なお，少量の酸を加えた場合には，大量に存在する A^- イオンの一部が酸 H^+ と結合して酢酸分子になるので，やはりpHは動かない．海水や血液などは一種の緩衝溶液となっており，外界からの物質の溶解によって急激に

pH が変化しないようになっている．

2.5　安定同位体比

前述したように元素の化学的性質は一般に外核電子の数で決定されるが，H，B，O，C，N，S 等の生物活動にも関係した軽元素の場合，わずかな質量差に起因して反応性が異なるために，同位体分別と呼ばれる同位体の分離が見られる．代表的な同位体分析に用いられる標準物質[*]としては，水の D/H と $^{18}O/^{16}O$ では V-SMOW，炭酸塩の $^{18}O/^{16}O$ では V-PDB，NBS19，NBS18 などが使用されてきた．なお，安定同位体については酒井・松久（1996）に詳しい解説がある．

2.5.1　同位体比の定義

通常，同位体組成はそれぞれの元素について存在度が最も大きい同位体に対する比率で表されることが多い．その際，同位体比の絶対値よりも，物質の同位体比の変動を問題にする場合が多いので，軽元素の安定同位体の場合，ある元素について適当な標準物質を選び，その偏差を千分率で表した δ 値（‰）で定義されることが多い．

$$\delta = (R_X/R_{ST} - 1) \times 1000 \qquad (式\ 2\text{-}76)$$

ここで，R_X と R_{ST} は試料 X および標準物質の同位体比である．同一の元素を含む 2 つの物質，たとえば A と B の間で，同位体値が異なるときには同位体分別が存在する．各々の同位体比を R_A と R_B と書くと，A-B 間の同位体分別係数 α_{A-B} は次のように書ける．

$$\alpha_{A-B} = R_A/R_B = (1 + 10^{-3}\delta_A)/(1 + 10^{-3}\delta_B) \qquad (式\ 2\text{-}77)$$

$|x| \ll 1$ のとき，$\ln(1+x) \fallingdotseq x$ と近似できるので，δ_A，δ_B が小さい場合には下式となる．

$$10^3 \ln \alpha_{A-B} \fallingdotseq \delta_A - \delta_B \qquad (式\ 2\text{-}78)$$

---

[*] 標準物質： V-SMOW：Standard Mean Ocean Water（標準平均海水），V-PDB：Peedee Belemnite．アメリカ合衆国サウスカロライナにある Peedee 層に産出する白亜紀の矢石化石（ベレムナイト）．

拡散，蒸発などの非可逆的化学反応によって生じる動的同位体効果では，たとえば水蒸気の場合，水分子の分子量 18 と 16 とは，軽い方が分子の平均運動速度が 1.054 倍大きいので，液体表面上の拡散層を分子量 16 の方が速く拡散する．また，化学反応が進行する場合，化学結合の断裂を伴うが，一般に軽い同位体を含む結合の方が重い同位体を含む結合よりも容易に切れやすい．

化学平衡にある系での化合物 A，B について，同位体 X_1，X_2 が存在する場合，その同位体交換は次式のように書ける．

$$AX_1 + BX_2 \rightleftarrows AX_2 + BX_1 \qquad (式 2\text{-}79)$$

反応定数 K は下の式で与えられる．

$$K = ([AX_2]/[AX_1])/([BX_2]/[BX_1])$$
$$= (X_2/X_1)_{AX}/(X_2/X_1)_{BX} = \alpha_{AX-BX} \qquad (式 2\text{-}80)$$
$$1/2 CO^{16}O_2 + H_2{}^{18}O \rightleftarrows 1/2 CO^{18}O_2 + H_2{}^{16}O \qquad (式 2\text{-}81)$$

同位体交換は，同時に交換する原子数が 1 であるように記載する限り，$K = \alpha$ となる．なお，同位体交換に伴う ΔG の変化は 100-200 J mol^{-1} 程度であり，通常の化学反応のそれの 1000 分の 1 以下である．

2.5.2 水の酸素同位体比

水は H_2O で表される通り，水素と酸素から構成されている．それぞれ中性子の数が異なる同位体が存在している．水素の場合，中性子を持たない ^1H，中性子 1 個の ^2H（これは D で表されることもある），中性子 2 個の ^3H が，99.985：0.015：10^{-16}〜$^{-17}$ の比率で存在している．一方，酸素は中性子 8 個の ^{16}O，9 個の ^{17}O，10 個の ^{18}O が 99.762：0.038：0.200 の比率で天然に存在している．この中で ^3H と ^{17}O の存在比は大変小さいので量的に無視すると，地球上の H_2O のほとんどは，分子量 18 の $^1H^1H^{16}O$，19 の $^1H^2H^{16}O$，20 の $^1H^1H^{18}O$ の 3 種類の水分子が考えられ，天然水の 97.2％を占める海水では，その存在比は 99.48：0.32：0.24 となる．

海水中の酸素同位体の 18 と 16 の比率は，大陸氷床の規模を反映して大きく変動してきたことが知られている．より軽い分子量の水の方が蒸発しやすいので，水蒸気はその場の海水よりも軽い酸素同位体比が低くなる．そして，

このような水蒸気の一部が極域に運ばれて氷床に貯蔵されている．そこで，氷床の水の $\delta^{18}O$ 値は海水より小さい．海水の $\delta^{18}O$ 値は，氷床が発達した氷期には増加し，氷床が減少する間氷期には減少する．このような地球的規模の海水の平均 $\delta^{18}O$ 値に加えて，降雨・蒸散作用などにより，海水の $\delta^{18}O$ 値には地域的な変化も見られる．

2.6　生物起源炭酸塩の酸素・炭素同位体比の記録

2.6.1　平衡下における方解石とアラレ石の酸素同位体比

生物起源炭酸塩は以下の2つが主要な鉱物である：①方解石，②アラレ石．両者ともに化学式は $CaCO_3$ であるが，結晶構造が若干異なり，1気圧，常温の条件では熱力学的には方解石が安定である（図2-5）．

一般に有孔虫，円石藻，ホタテガイ等は方解石を，サンゴ，シャコガイ，真珠層を作るアコヤガイはアラレ石を作る．ここではまず，平衡下で海水より析出した有孔虫等の方解石の酸素同位体比について述べる．水温と海水の酸素同位体比に依存し，以下の式で表される（Craig, 1965）．

$$\mathrm{SST} = a + b(\delta^{18}O_C - \delta^{18}O_W) + c(\delta^{18}O_C - \delta^{18}O_W)^2 \quad \text{（式 2-82）}$$

ここで $\delta^{18}O_C$ は炭酸塩（carbonate）の酸素同位体比，$\delta^{18}O_W$ は水の酸素同位体比を表す．

SSTは水温（℃），a，b，c は定数で研究者によりさまざまな値が報告されている（図4-8）．方解石の場合，表2-4のA-Fの値となる．$\delta^{18}O_C$ は炭酸塩試料の $^{18}O/^{16}O$ 比の標準ガスの $^{18}O/^{16}O$ 比に対する偏差を次の式により

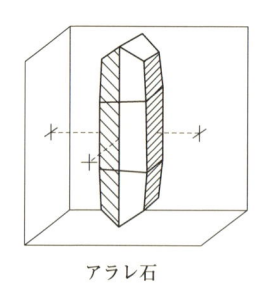

図2-5　方解石とアラレ石の結晶構造

表 2-4 方解石とアラレ石について測定された酸素同位体比水温計の関係式（式 2-82）の係数（図 4-8 参照）

文献	a	b	c
方解石			
A) McCrea (1950)	16.0	−5.17	0.092
B) Epstein and Mayeda (1953)	16.5	−4.3	0.14
C) Craig (1965)	16.9	−4.2	0.13
D) O'Neil et al. (1969)	16.9	−4.38	0.10
E) Horibe and Oba (1972)	17.04	−4.34	0.16
F) Erez and Luz (1983)	17.0	−4.52	0.028
有孔虫・軟体動物のアラレ石			
G) Grossman and Ku (1986)	20.6	−4.34	—
サンゴのアラレ石			
1) McConnaughey (1989 a)	2.84	−4.79	—
2) Wellington et al. (1996)	3.97	−4.48	—
3) Leder et al. (1996)	5.33	−4.52	—
4) Abe et al. (1998)	−2.2	−6.17	—

ここで，$\delta^{18}O_C$，$\delta^{18}O_W$ ともに PDB スケールの同位体比が用いられるべきであり，水の酸素同位体比が SMOW スケールによって測定されている場合は，−0.222 (Friedman and O'Neil, 1977) の補正が必要であるが，サンゴの関係式では未補正のものが多く，これは 0.3℃程度の誤差に相当する．

千分偏差として表示したもので，単位は per mil (‰) が用いられる．

$$\delta^{18}O_C = (R/R_{std} - 1) \times 1000 \qquad \text{(式 2-83)}$$

ここで，R は炭酸塩試料に 100％リン酸を反応させて得られた二酸化炭素ガスの酸素同位体比（$^{18}O/^{16}O$）で，R_{std} は PDB から作られた標準試料から同様の方法で発生させた二酸化炭素ガスの酸素同位体比である．また，$\delta^{18}O_W$ は炭酸塩が析出した海水と 25℃で同位体平衡に達した二酸化炭素ガスの δ 値である．

通常，水の同位体比は SMOW（標準平均海水）スケールで測定されるが，式 2-82 は，基本的に PDB スケールで成立しているので，SMOW スケールから PDB スケールに換算する必要がある（図 2-6）．標準物質 PDB からリン酸添加によって生成した二酸化炭素は，水標準物質 SMOW と平衡に達した二酸化炭素の酸素同位体比より 0.22‰ 大きな値を示す．25℃において水と二酸化炭素の間の同位体分別* 係数は，1.0412 で二酸化炭素の方が水より

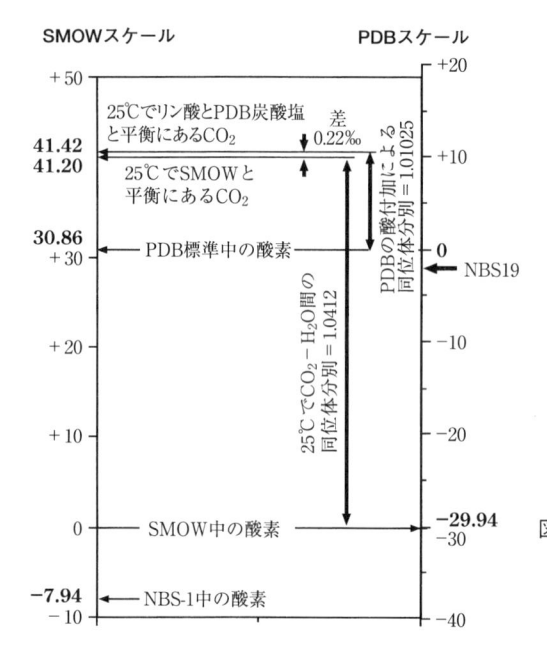

図2-6 酸素同位体の測定に用いられる2つのスケールの補正に関する概念図 (Wefer and Berger, 1991を一部改変)

41.2（‰）高い値を示す．さらに，リン酸添加による二酸化炭素生成に伴う分別効果については，25℃における同位体分別係数は1.01025で二酸化炭素はPDBより10.25（‰）高い値を示す．このような値に基づくSMOWとPDBスケールとの換算式は以下のようになる．

$$\delta^X_{SMOW} = 1.03086\, \delta^X_{PDB} + 30.86\ (‰) \quad (式2\text{-}84)$$

あるいは

$$\delta^X_{PDB} = 0.97006\, \delta^X_{SMOW} - 29.94\ (‰) \quad (式2\text{-}85)$$

しかしながら，現在PDB，SMOWともに最初の標準物質は枯渇してしまったために，炭酸塩標準試料としてはNBS 19が使用されており，$\delta^{18}O_{PDB} = -2.20$，$\delta^{13}C_{PDB} = 1.95$という値が推奨されている．

有孔虫に適用できる a，b，c の値は表2-4の中の方解石の係数である．目安としては，酸素同位体比の1‰の違いを水温のみに帰すると，これは約

---

* 同位体分別： 物理学的・化学的・生物学的プロセスにより同位体比が変化することを指す．基本的にプロセスに依存するので，実際の物質の同位体比を解析すると，その物質に関与したプロセスを明らかにすることができる．

4.5°Cの水温の違いに対応している．また，誤差に関しては，酸素同位体比の測定機器のみの誤差はずっとよいが，試料の不均一性なども考慮すると実際の誤差は±0.1‰なので，最終的に求められる温度計の精度は約±0.4°Cとなり，高精度で水温の復元が可能である．なお，セジメントトラップ観測などによって捕集される浮遊性有孔虫を1個体ごとに測定した場合，そのばらつきは1.0‰以上にもなってしまうので，十数個体以上を分析し，平均値を求めることが多い（Ohkushi $et\ al.$, 2000；Kawahata $et\ al.$, 2002）．

また，シャコガイなどのアラレ石の殻を持つ場合には，以下の関係式

$$SST = 20.6 - 4.34\ (\delta^{18}O_C - \delta^{18}O_W) \quad (式2\text{-}86)$$

が求められている（表2-4 G；Grossman and Ku, 1986）．ここで$\delta^{18}O_C$はアラレ石の，$\delta^{18}O_W$は海水などの水の酸素同位体比を表す．硬骨海綿 $Ceratoporella\ nicholsoni$ からは

$$SST = (20.0 \pm 0.2) - (4.42 \pm 0.10) \times (\delta^{18}O_C - \delta^{18}O_W)$$
$$(式2\text{-}87)$$

が求められている（Böhm $et\ al.$, 2000）．この式の適応温度は$3°C < T < 28°C$である．なお，方解石の平衡曲線から-0.24‰シフトさせて，計算する場合も多い（Tarutani $et\ al.$, 1969）．

2.6.2 光合成有機物の炭素同位体比

炭素には3つの同位体が知られており，存在量が最も多い^{12}C（存在比0.98888），存在比1.112％の^{13}Cおよび存在比1.2×10^{-10}％の放射性核種^{14}Cとなる．この中で，最後の^{14}Cは放射性核種であるが，^{12}Cと^{13}Cは安定同位体である．炭素同位体比の表示は，標準物質であるPDBの$^{13}C/^{12}C$比に対する相対値で表される．

$$\delta^{13}C\ (‰) = [(^{13}C/^{12}C)_{試料}/(^{13}C/^{12}C)_{標準} - 1] \times 1000 \quad (式2\text{-}88)$$

安定同位体の比を変えるプロセスにはいくつかあるが，光合成で生成される有機物は大気中に比べて^{13}Cが少ない．植物は，C3植物，C4植物，CAM植物の3つのグループに大きく分類される．この中で，C4植物およびCAM植物は，高温，乾燥，あるいは低い二酸化炭素分圧に適応すべく進化してきたと言われている．

地球上の90％以上の植物（例；イネ，コムギ）はＣ３光合成回路を用いて大気中の二酸化炭素を固定している．これらの植物の有機物は−20〜−30‰というδ^{13}C値を示す．このＣ３光合成回路では，炭酸固定酵素であるRubisco（リブロース２リン酸カルボキシラーゼ）が使用されているが，二酸化炭素に対する親和性が低いために，光合成反応は非効率的である．

一方，Ｃ４植物（例；トウモロコシ，サトウキビ）は，PEPC（ホスホエノールピルビン酸カルボキシラーゼ）という酵素の働きで高い光合成能力を獲得している．二酸化炭素は葉肉細胞内のＣ４光合成回路に取り込まれ，Ｃ４化合物（リンゴ酸，オキザロ酢酸）として固定される．その後，維管束鞘細胞（クランツ構造）のカルビン・ベンソン回路で有機物が作られる．合成された有機物のδ^{13}Cは高い値（−6〜−19‰）を示す．

最後のグループは，CAM（Crassulacean Acid Metabolism）植物と呼ばれ，CAM回路で二酸化炭素が主にリンゴ酸として液胞に蓄えられる．昼間は気孔を閉じて，カルビン・ベンソン回路で有機物が作られる．パイナップルやサボテンがこのようなグループに属し，有機物のδ^{13}CはＣ３植物とＣ４植物の中間の値を示す．

2.6.3 平衡条件下における炭酸塩殻の炭素同位体比

有機炭素とともに炭素化合物として重要なものに，無機炭素化合物とも呼ばれる炭酸塩がある．海洋では炭酸塩は重炭酸イオンから作られる．海水の溶存全炭酸と方解石炭酸塩殻との間には同位体分別が観察されている．最近の研究によると，10-40℃までの水温の範囲で実験誤差の範囲内（±0.2‰）で，

$$\delta^{13}C_{calcite}(‰) - \delta^{13}C_{HCO_3^-}(‰) = +1.0 \quad (式 2\text{-}89)$$

という関係となる（Romanek et al., 1992）．ここで，$\delta^{13}C_{calcite}$と$\delta^{13}C_{HCO_3^-}$は，方解石と海水中の炭素同位体比である．これがアラレ石の場合には，

$$\delta^{13}C_{aragonite}(‰) - \delta^{13}C_{HCO_3^-}(‰) = +2.7 \quad (式 2\text{-}90)$$

となる．また，二酸化炭素の間では，水温 t（℃）において，

$$\delta^{13}C_{calcite}(‰) - \delta^{13}C_{CO_2}(‰) = 11.98 - 0.12 \times t \; (℃)$$

$$(式 2\text{-}91)$$

$$\delta^{13}C_{aragonite}(‰) - \delta^{13}C_{CO_2}(‰) = 13.88 - 0.13 \times t \ (°C)$$

(式 2-92)

となる.また,重炭酸イオンと二酸化炭素との間の同位体分別は,

$$\delta^{13}C_{HCO_3^-} - \delta^{13}C_{CO_2}(‰) = 10.78 - 0.141 \times t \ (°C) \quad (式 2-93)$$

となっている (Zhang et al., 1995).

2.6.4 サンゴ骨格中の酸素・炭素同位体比の速度論的効果

サンゴ骨格の酸素同位体比は,実はアラレ石の平衡から $\delta^{18}O$ で約 $-3‰$ ずれていることが知られている(図4-8,表2-4).さらに,炭素同位体比も同様にずれている.これは,サンゴ骨格の成長速度が $2 \ mm \ yr^{-1}$ を超えると顕著になる(図2-7).これは生物学的効果(vital effect)として漠然と考えられてきたが,不可逆化学反応として同位体非平衡反応下で起こる現象で,反応速度論的同位体効果(kinetic isotope effects)と呼ばれている(Hoefs, 2004).

サンゴ骨格における反応速度論的同位体効果は,石灰化が起こる骨格の母液中で,サンゴ体内の細胞を通り抜けた二酸化炭素(CO_2)が水酸化または水和化を経て重炭酸イオン(HCO_3^-)に変わるときに起こると指摘されて

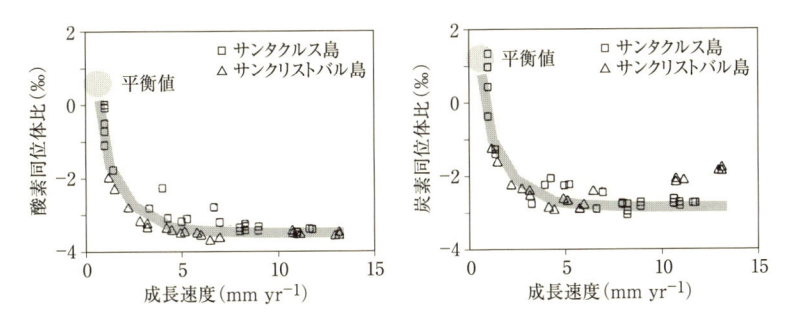

図 2-7 サンゴ骨格の酸素・炭素同位体比と骨格の成長速度の関係(McConnaughey, 1989 a)

骨格成長速度が $2 \ mm \ yr^{-1}$ 以下になると酸素・炭素同位体比が平衡値に近付くことが示されており,速度論的同位体効果が顕著に表れている例である.図中には東部赤道太平洋ガラパゴス諸島の2カ所(サンタクルス島およびサンクリストバル島)から採取されたコモンシコロサンゴ(*Pavona clavus*)の値が示されている.

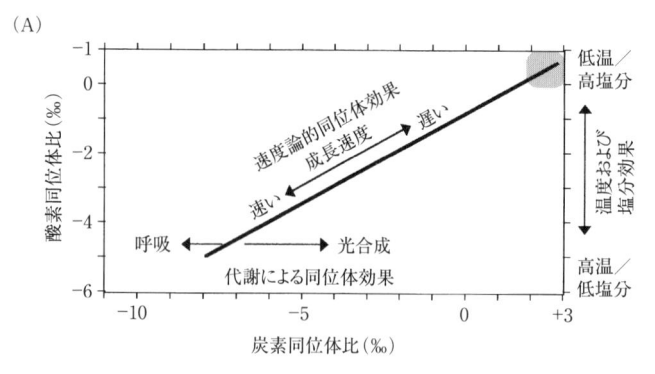

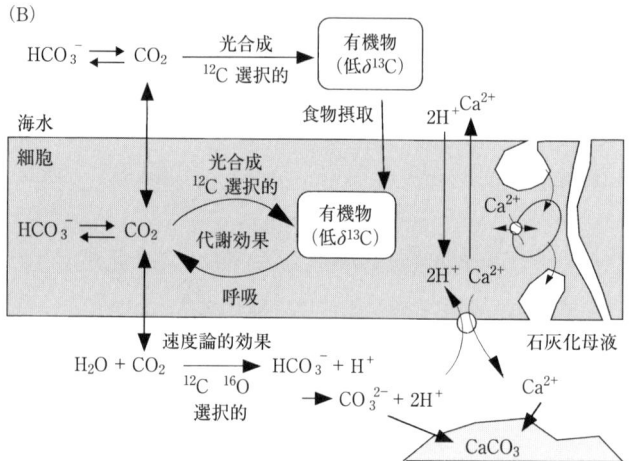

図2-8 (A) 生物炭酸塩殻に見られる同位体分別効果についての模式図 (McConnaughey, 1989a を一部改変) (B) 炭酸塩殻の生成に関する，海水と細胞，石灰化の母液の間の物質の物質輸送の説明図 (McConnaughey, 1989b および McConnaughey *et al.*, 1997 を一部改変)

　酵素の一種，カルシウム ATP アーゼ (アデノシン三リン酸ホスファターゼ；ATPase) が細胞膜を経由してカルシウムイオンを外部から石灰化が生じる部位に輸送しており，同時に水素イオンが外部に排出されている．この酵素の働きにより石灰化母液の pH と Ca^{2+} 濃度が同時に増加して炭酸塩の過飽和度が上昇し，石灰化が促進される．一部のカルシウムイオンと炭酸イオンは液胞などを経由して石灰化部位に直接もたらされることもある．

いる（McConnaughey, 1989 a, b）．光合成の機能に影響を受ける代謝的同位体効果（metabolic isotope effects）とは異なり，反応速度論的同位体効果は水酸化・水和化の反応速度に相関して同位体交換が起こる無機反応である．水酸化・水和化の速度が大きいと反応速度論的同位体効果が強くなり，おおよそ炭素同位体比2に対して酸素同位体比1の割合で双方の同位体比が減少する（図2-8）．一方で速度が小さいと，酸素・炭素同位体比は同位体平衡に近付いていく．実際にサンゴ体内の水酸化・水和化を求めることは困難であるが，これらの速度は骨格の成長速度に関わる反応であるので，成長速度と比較することで反応速度論的同位体効果の傾向について確認することが可能である．また，実際の骨格の解析では，酸素・炭素同位体図において，水温（temperature），光合成（photosynthesis），代謝（metabolic effect），反応速度論的効果の4つの同位体効果が合わさっている場合が多い（Omata *et al*., 2005）．

なお，サンゴ骨格成長速度が十分速い場合には（5 mm yr^{-1}以上），非平衡度がほぼ一定なので，骨格の酸素同位体比を水温の定量的指標として十分用いることができる．

第2部
地球表層環境サブシステムの仕組み

3. 水と地球表層環境システム

海洋は地球表層全面積の約70％を占めるとともに，質量にして大気の約270倍，熱容量にして約1100倍，炭素蓄積量にして約50倍の大きさがあり，地球表層環境の「重心」として大きな役割を果たしてきた．

地球は水惑星と呼ばれるほど，地球表層環境にとって水の存在は重要である．純水および海水の特徴について解説する．

3.1 水の特徴

純粋な水は「H_2O」と表示され，常温，大気圧下で無色透明な液体である．1気圧（1.01325×10^5 Pa）下での沸点は100℃（正確には99.974℃），融点は0℃となっている（実は99.974℃以下の水蒸気も，0℃以下の水も存在する）．水は3.98℃で最も比重が大きく，固体である氷の状態では，液体より比重が小さい．これは多くの他の分子とは異なる水の特性で，水分子間での水素結合による．この結合エネルギーは20 kJ mol^{-1}程度と推定されており，ファンデルワールス力より1桁大きく，共有結合のエネルギーより1桁小さい．水の分子内では水素原子は正の電荷を，酸素原子は反対の負の電荷を帯びている（鈴木，1980，2004）．

酸素原子は，周期表で16族に属しているが，同属のTe, Se, Sと比較すると，水分子（酸化水素）の物性の異常がよくわかる（図3-1）．H_2Oの分子量は18で大変軽い．通常，軽いものは動きやすく，動きやすいものは気体になりやすくて液体や固体にはなりにくい．軽い分子ほど沸点も融点も低くなるのが当然であり，H_2Te，H_2Se，H_2Sについて1気圧下の条件で沸点，融点をプロットして，酸素の水素化合物（水）について外挿して求めた予想沸点，融点はそれぞれ-68℃, -90℃となる．実際には，それぞれ100℃, 0℃なので，水分子は重い分子の性質を持っているということになる．

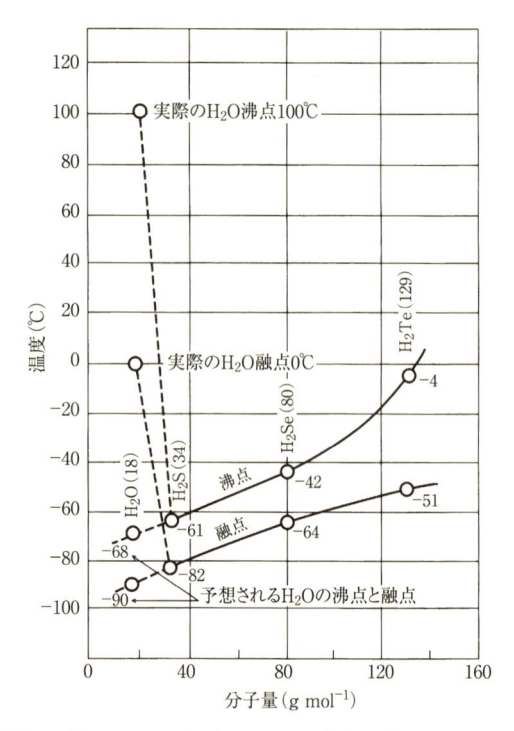

図3-1 周期表16属のテルル（Te），セレン（Se），硫黄（S），酸素（O）の水素化合物の沸点と融点（Liebes, 1992）
水は水素結合により予想される温度より沸点，融点が非常に高い．

これは，H_2O は CO_2 のように直線的な形でなく，O原子とH原子が 104.5°の角度で結ばれているために，先に述べたように水分子同士間に水素結合と呼ばれる力が働いて集合し，重い分子と同じようなふるまいをしているからである．

海水は塩化ナトリウム（NaCl）が主な溶存物質である．NaCl が固体のときは Na と Cl はイオン結合で結ばれており，両イオンを切り離すには大きなエネルギーが必要で，かなりの熱や圧力を加えても切り離すことは難しい．しかしながら，NaCl を水に入れると，水の温度はそのまま変わらずに，Na と Cl の結合は簡単に切れて，Na^+ と Cl^- は水中でばらばらになり，1 L に 350 g もの NaCl が溶解する．これは水分子は全体としては電荷がゼロで

あるが，その内部ではやや＋と－に帯電しているので，Na^+とCl^-は水分子と水和しやすくなるからである．実際，水和時にエネルギーが放出され，そのエネルギーがNa^+-Cl^-の結合エネルギーに匹敵しており，NaClは水和する方が安定となる．どれだけの量の塩類が水に溶解するのかは，その塩の陽イオンと陰イオンの結合力の強さに左右され，結合力の大きな塩類は溶けにくくなる．

さて，アルカリ金属は通常価数が1価で，イオンを溶存する電解質水溶液に電位差を与えると，各イオンは電極に向かって移動する．前述したように，水中でイオンは水分子と水和しているが，同じ電荷を持つアルカリ元素では，イオン半径の小さいイオンほど水和する水分子の数が多くなり，結果として，水和したものも含めたイオン半径はLi^+で最も大きくなり，Cs^+で最も小さくなる．よって，単純なイオン半径から予想されるのとは逆に，前者の移動速度が最も小さく，後者で最も大きくなる．

3.2 海水の組成

海水には約3.5％の塩（塩イオン）などが溶解している．海水中の濃度が1 ppm（1 mg kg^{-1}）以上の成分について，その組成を表したものが表3-1である．主要な陽イオンはNa^+，Mg^{2+}，Ca^{2+}，K^+，Sr^{2+}，また，主な陰イオンは塩素イオン（Cl^-），硫酸イオン（SO_4^{2-}），炭酸系イオン（HCO_3^-など），Br^-，ホウ酸系イオン（$B(OH)_4^-$など），F^-である．ただし，窒素と

表3-1 海水と死海の水の平均化学組成（Liebes, 1992；The Dead Sea Research Center, 2008）

	海水* g kg^{-1}	死海の水 g L^{-1}		海水* g kg^{-1}	死海の水 g L^{-1}
Cl^-	19.344	224	HCO_3^-	0.142	
Na^+	10.773	40.1	Br^-	0.0674	5.3
SO_4^{2-}	2.712		Sr^{2+}	0.0779	
Mg^{2+}	1.294	44	ΣB^{**}	0.00445	
Ca^{2+}	0.412	17.2	F^-	0.00128	
K^+	0.399	7.65			

＊塩分35‰，＊＊$B(OH)_4^-$などの合計．

ケイ酸は，リン酸とともに生物体の構成元素で，濃度が海域や深さにより大きく変化するので，通常この3成分は主要成分に含めない（Chester, 2003）．

溶存している成分の合計濃度は，慣習上「塩分濃度」でなく「塩分」と呼ばれている*．伝統的には，海水から水分を蒸発していって最後に残った固形物が塩分であったが，この場合，揮発成分は大気中に離散してしまう．そこで，測定に際しての簡便性，精度の高さを考慮して，最近では塩分の測定は電気伝導度の分析によって行われている（表3-2）．1気圧下の15°Cにおいて，溶液1 kg中に32.4356 gのKClを含む水溶液の電気伝導度（$C(S, t)$）と等しいとき，塩分35.000と定義されている．ここでSは塩分，tは水温を表す．水温や塩の濃度が異なるときの塩分を求める式は，

$$塩分（S）= 0.08996 + 28.2970 R_{15} + 12.80832 R_{15}^2 \quad (式3\text{-}1)$$
$$- 10.67869 R_{15}^3 + 5.98624 R_{15}^4 - 1.32311 R_{15}^5$$

ここで，R_{15}は15°Cにおいて塩分35.000と定義された海水の電気伝導度との比を表す．

塩分の値にはある程度の幅はあるものの，海水中の主要成分の成分比が世界でほぼ一定であるのは，海水全体がよく混合しているということによっている．海水より精製する「食塩」の味が銘柄で異なるのは，製法により「食塩」中の元素の含有量が異なるためで，原料となる海水の組成が異なるためではない．

表3-2 塩分の測定方法と誤差（Millero, 1996）

測定方法	誤差
主要元素の分析	±0.01
蒸発乾燥	±0.01
クロリニティ	±0.002
密度	±0.004
電気伝導度	±0.001
音波速度	±0.03

クロリニティ（chlorinity）とは1 kgの海水に含まれるハロゲン化物のgで定義されるので，厳密にはCl⁻，Br⁻，I⁻イオンをAg⁺で滴定したモル数にCl⁻の分子量を乗じた数として与えられる．近似的には塩素イオン濃度．塩分とクロリニティの関係は，$S(‰) = 1.80655$ クロリニティ（‰）と伝統的に定義されている．

---

* 塩分；塩分は無単位表示される場合と，psu（practical salinity use）を用いてパーミル表示される場合の2つがある．

3.3　平均滞留時間

海洋における平均滞留時間は，

平均滞留時間（τ）＝海水中の溶存総量/河川流入量

という式で表され，ある元素が海洋リザーバー*の中で入れ替わるのにかかる平均時間（yr）を意味している．

図3-2には，平均滞留時間（τ）が表示されているが，Cl，Brは10^8年以上，B，Na，Mg，S，Kは10^7年以上，Li，Ca，Rb，Raは10^6年以上，F，Mo，I，Cs，Uは10^5年以上というように，海水の主要成分となっているものは平均滞留時間が長い．換言すると，現代の海洋深層循環（約1500年）に対して滞留時間が長いということは，よく混合されているということになり，結果として，世界のどこでも海水の組成が同じになる．

一方，滞留時間の短い元素の場合にはどのようになるのであろうか？　ベリリウム（Be）の滞留時間は50-1200年と推定されている（Ku *et al*., 1990）．Beには同位体が存在し，^{10}Beは放射性核種（半減期は約150年）で主に大気より，^{9}Beは安定同位体で，大陸の岩石の風化生成物として，河川あるいは風成塵を介して海洋に供給される．太平洋の水柱（water column）**におけるBeの鉛直分布は栄養塩類似型で，表層でのスカベンジング***と深層での再溶解というプロセスを示唆している．逆に，赤道大西洋では，表層水で^{9}Beに富んでいるが，これは主にサハラ砂漠からの風成塵の過剰な供給が表層水中でのスカベンジングを上回っているためと解釈されている（Prospero *et al*., 1981）．いずれにしても，海域により濃度，同位体比ともに変化する．同様な特徴は滞留時間の短い元素で報告されている（たとえば，

---

*　　リザーバー；　物質などが貯蔵されている場．海洋リザーバーと言った場合は，通常「海洋」という容器に入っている物質全体を表す．

**　　水柱；　仮想的に，たとえば断面積1 m^{2}を持った鉛直の水の柱をさす．海底5 kmの場合には，海洋表層から海底までの水柱は，高さ5 kmの区切られた水の柱ということになる．

***　スカベンジング；　スカベンジングという用語は，海水からの元素の除去過程を指し，吸着，吸収，錯体化，生物化学反応を含んでいる．陸上では死体などをあさって食糧として利用する動物をスカベンジャー，その行為をスカベンジングと呼ぶので，まったく意味が異なる．注意が必要である（6章，7章）．

1	2	3	4	5	6	7	8	9	10	11	12	13	14	15	16	17	18
H																	He
Li 6.5	Be 3.0											B 7.0	C 4.9	N	O	F 5.7	Ne
Na 7.8	Mg 7.0											Al 2.3	Si 4.3	P 4.8	S 7.0	Cl 8.0	Ar
K 7.0	Ca 6.0	Sc	Ti 2.3	V 4.7	Cr 3.9	Mn 1.8	Fe 2.7	Co 2.5	Ni 3.8	Cu 3.7	Zn 4.7	Ga 2.7	Ge 4.3	As 4.6	Se 4.5	Br 8.0	Kr
Rb 6.5	Sr 4.7	Y 3.7	Zr 3.8	Nb	Mo 5.9	Tc	Ru	Rh	Pd 4.0	Ag	Cd 4.7	In 2.0	Sn 0.6	Sb 3.8	Te 2.0	I 5.5	Xe
Cs 5.5	Ba 4.0	La	Hf 3.0	Ta	W 3.8	Re	Os 4.6	Ir 3.3	Pt	Au 2.6	Hg 2.6	Tl	Pb 1.9	Bi	Po	At	Rn
Fr	Ra 6.6	Ac															

La 3.0	Ce 2.0	Pr 2.7	Nd 2.8	Pm	Sm 2.8	Eu 2.8	Gd 2.9	Tb 2.9	Dy 3.0	Ho 3.5	Er	Tm 3.7	Yb 3.3	Lu 3.8
Ac	Th	Pa	U 5.6	Np	Pu									

図 3-2 海洋リザーバーにおける元素の滞留時間（藤永・宗林・一色，2005 より編集）
単位は log スケールで年．灰色の元素は滞留時間が 10 万年以上であることを示す．

Nd 同位体）（Amakawa *et al.*, 2004a,b）．

3.4 水温・塩分と密度

　世界中の海水の 99％は塩分 33-37，水温 $-2 \sim 32$°C の範囲に入っている（図 3-3）．一般に沿岸海域では，淡水流入などの影響による塩分変化が大きいが，外洋では塩分の変化よりも水温の変化の幅の方が大きくなる傾向がある．

　海水の密度は水温と塩分に依存する．密度の変化する範囲は小さく，そのままの数字で表すと桁数が多くなってしまうので，通常は次式で定義される千分率のシグマ値（σ）で海水の密度が表される．

$$\sigma = (\rho - 1) \times 1000 \qquad (式 3\text{-}2)$$

密度に対する影響に関しては，塩分 1 単位につき，水温は 4 単位（°C）がほ

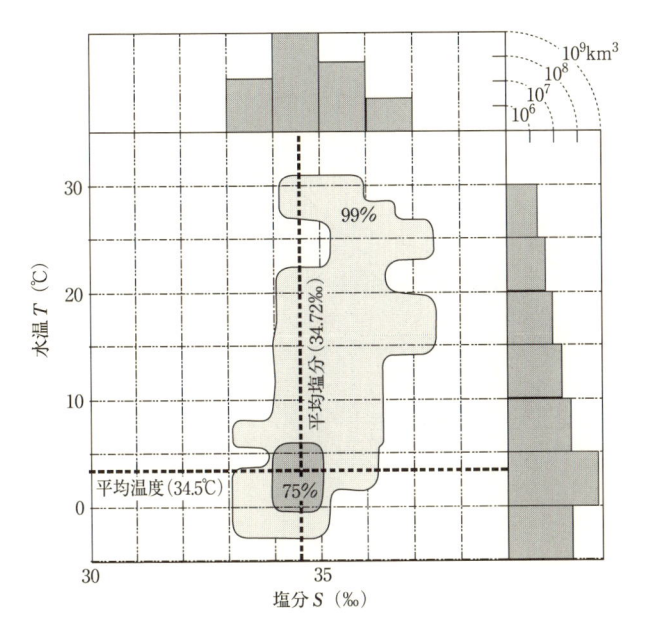

図 3-3 世界の海水を水温（T），塩分（S）で分類した時の水量のヒストグラム（Liebes, 1992）

図中の 99 %，75 % は，海水全体の 99 %，75 % がそれぞれ囲まれた範囲にプロットされることを示す．

ぼ同等の影響力となっている（図 3-4）．なお，グラフ中でのシグマ（σ）の線は上に凸の線となっている．このことは，同じ密度で異なる水温，塩分を持った海水が，たとえば 1：1 で混合した場合には，混合した海水の密度はその平均ではなく，より密度が高くなることを意味している．この現象はキャベリング効果（cabelling effect）と呼ばれている．

現在の海底深度の平均は約 3800 m であるが，熱帯地方と温帯地方では暖かい表層水塊が表面を薄く覆っている．冷水塊は相対的に密度が高く，すべての深海に存在している（図 3-5）．両水塊の間には密度の差があるので，これらの水塊の鉛直混合は容易に起こらない．1.3 節で述べたように，両水塊の境界は，通常水深数百 m にあり，その境界層は温度躍層と呼ばれ，とくに熱帯・温帯域で顕著である．

世界の海洋大循環，とくに深層大循環は海水の密度によって支配されており，密度が塩分と温度の関数になっているため，「熱塩循環」とも呼ばれて

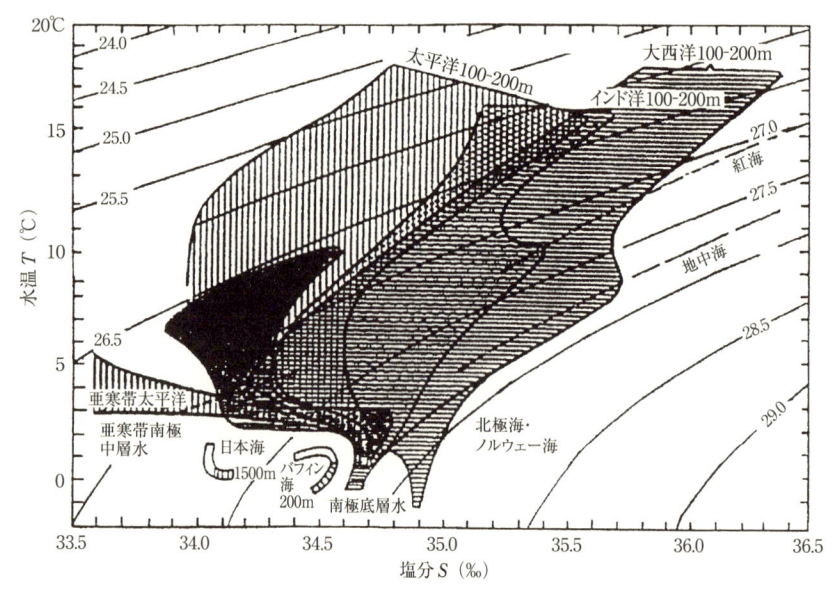

図 3-4 大洋の海水の温度-塩分（T-S）図（Millero, 1996）
　　表層水は大きなバリエーションを持つので，図中で広がっている．深層水が形成される北極海・ノルウェー海や南極底層水の密度は高い．100-200 m などの数字は水深を，24.0 から 29.0 までの線上の数字はシグマ（σ）値を表す．

いる（図1-5）．大西洋と太平洋についての南北断面を図3-6に示す．

　基本的に深層水の形成はごく限られた狭い水域でしか起こらないが，上昇（湧昇）流は多かれ少なかれすべての海洋で起こっている．表層水からはたえず生物の遺骸などの粒子状物質が降ってきて，深層水に溶解するので，海水の組成は変化することになる．混合などをしない理想的な場合を考えると，古い海水ほど，溶存酸素（DO；dissolved oxygen）が下がり，全炭酸塩・栄養塩濃度が高くなり，酸性度が上がり（pH が下がり），海水中の $\delta^{13}C$ 値が低くなる．pH の変化に呼応して海底堆積物中の炭酸塩の保存度も，海水が古くなると悪化することとなる（図3-7）．

　なお，密度について海水が真水と大きく異なるのは，海水では氷点が0°C以下で，氷点まで密度が上昇し続けることである（図3-8）．真水を冷却すると，全体が4°Cになるまでは対流のためほぼ均温であるが，4°C以下にな

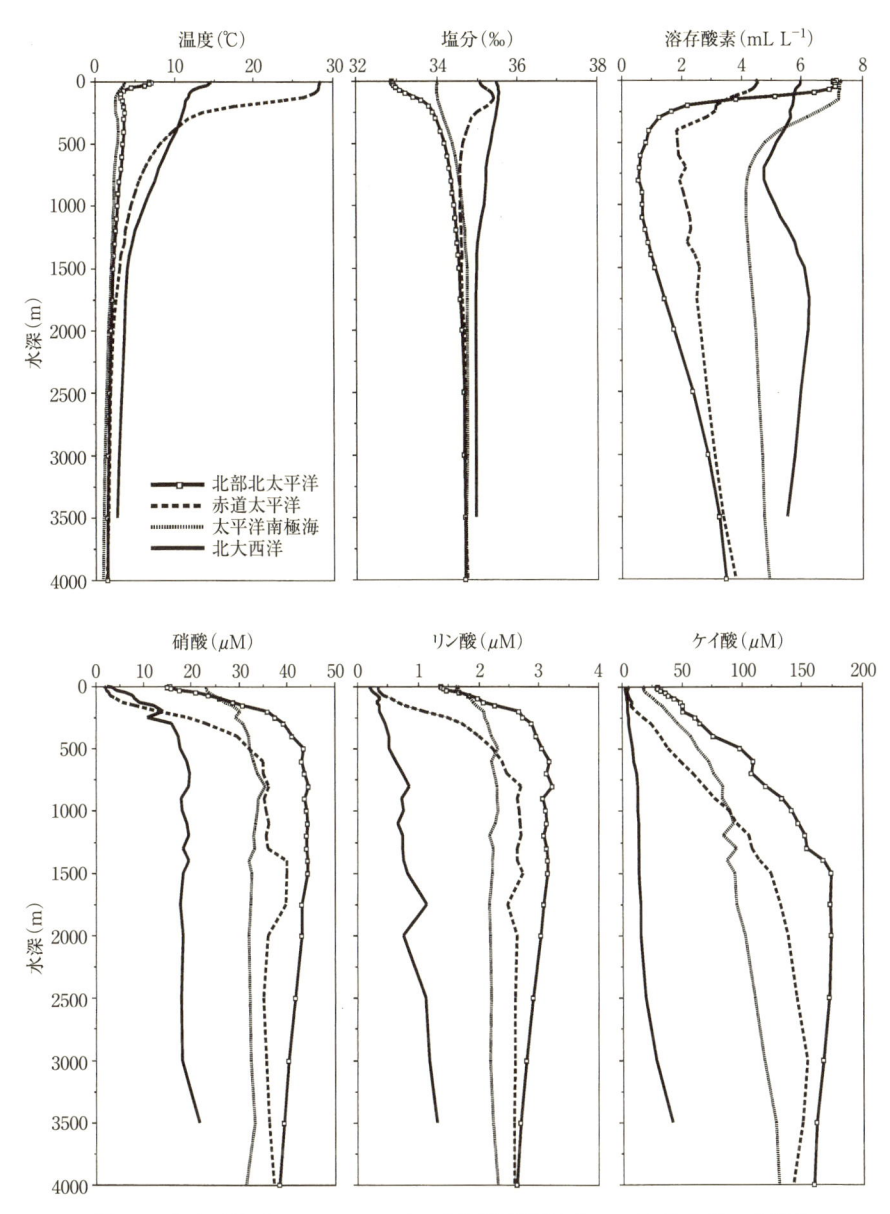

図3-5 北大西洋（20.5 W 49.5 N），太平洋南極海（179.5 E 60.5 S），赤道太平洋（174.5 E 0.5 S），北部北太平洋（174.5 E 49.5 N）における水温，塩分，溶存酸素，硝酸，リン酸，ケイ酸の水深分布

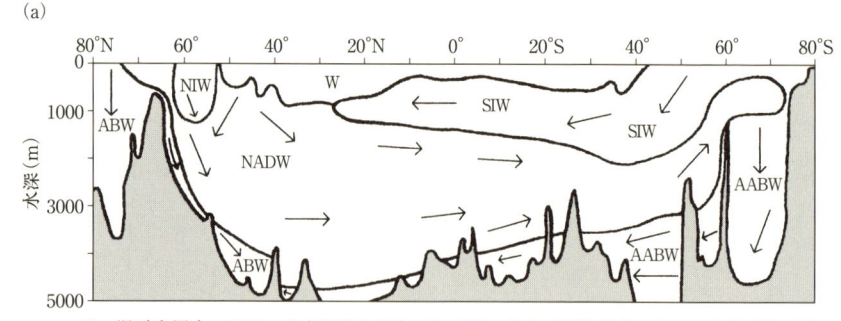

図 3-6 (a) 大西洋の南北断面と水塊の分布 (Millero, 1996 を改変)

W：温暖表層水，NIW：北大西洋中層水，NADW：北大西洋深層水，SIW：南大西洋中層水，ABW：北極海底層水，AABW：南極海底層水

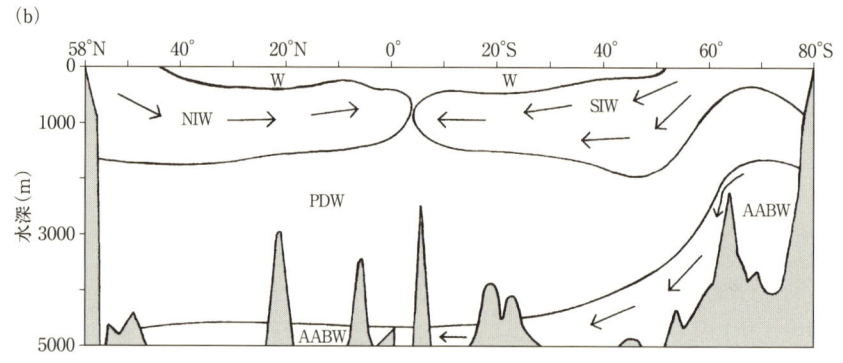

北大西洋の北部のグリーンランド沖で作られた高密度の北大西洋深層水（NADW；North Atlantic Deep Water）は大西洋を南下し，南極海に入る．南極大陸周辺で再度冷却されて密度が高い南極海底層水（AABW；Antarctic Bottom Water）が底層を北上する．

(b) 太平洋の南北断面と水塊の分布

W：温暖表層水，NIW：北太平洋中層水，SIW：南太平洋中層水，PDW：太平洋深層水，AABW：南極海底層水

南極海底層水が底層を北上する．また，太平洋深層水（PDW：Pacific Deep Water）も概して北上している．

ると対流が起こらず，冷却された場所で容易に氷が張る．一方，海水では全体が氷点となるまでは，対流を続けることになり，全体が凍るまで冷却することはなかなか起こらない．

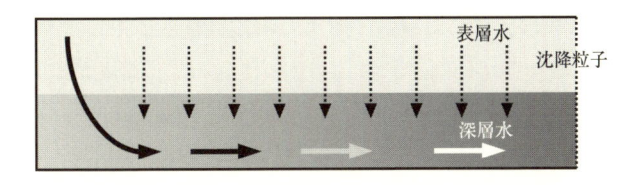

$$C_{106}H_{263}O_{110}N_{16}P + 138O_2 \rightarrow 106CO_2 + 16NO_3^- + HPO_4^{2-} + 122H_2O + 18H^+$$

年代	新しい $\longrightarrow$ 古い
溶存酸素	高い $\longrightarrow$ 低い
栄養塩	低い $\longrightarrow$ 高い
酸性度	低い $\longrightarrow$ 高い
炭酸塩の保存度	高い $\longrightarrow$ 低い
（炭酸塩％）	高い $\longrightarrow$ 低い
$\delta^{13}C$	高い $\longrightarrow$ 低い

図3-7　深層水の化学組成の変化の理想的模式図

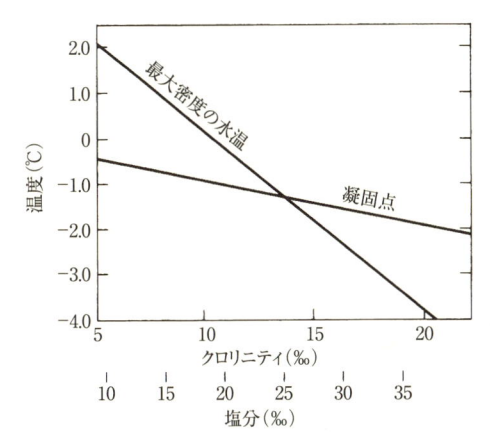

図3-8　塩分に対する最大密度を与える時の水温と凝固点の変化（Sverdrup et al., 1941）

3.5　水塊

　海水の特徴を水温と塩分で示したのが，T-Sダイアグラムである（図3-4）．このダイアグラム上で類似した水温・塩分分布を持つ海水は，水塊（water mass）と呼ばれる．ただし，水塊は溶存酸素，栄養塩などの他の因子も含めて定義する場合もある．海洋表層では水温，塩分にかなりの範囲が

あるものの，深層にいくに従い，海水の水温，塩分は水温0-2°C，塩分34.5-35.0付近に収束する傾向がある．図3-4において，深層を流れる海水温は低いが，これらの水は，より高塩分のノルウェー海の海水*と低塩分の南極底層水の2つに分類される．このことは，深層水の起源が限られていることを意味している．

3.6 塩分を支配する要因と蒸発岩

塩分を支配する要因としては，①蒸散，②降雨があるが，その他にも，③塩分の異なる水塊の混合，④季節氷の発達および溶解，⑤大気を通じた降雨に関係した氷床の発達と衰退が挙げられる．この他に海底の熱水循環活動によっても塩分は変化する．

高塩分水あるいは海水などが干上がって作られる蒸発岩の形成には，通常は高い蒸散作用が関係していることが多い．塩分の高いことで有名なのが死海（The Dead Sea）で，アラビア半島北西部に位置している．死海は，東アフリカを南北に横断する大地溝帯の北端に位置しており，死海を含むヨルダン渓谷は，白亜紀以前にはまだ海であったが，後の海底隆起により塩湖となった．現在でも海面下400mというこの地球上で最も低い場所にある海水湖として有名である．この地域は乾燥地帯で，年間を通じて多量の水が蒸発する一方，死海から流れ出る川はなく，死海の塩分は海水のほぼ10倍に相当する230-270となっている．湖底の塩分は300を超えている．この高塩分のため，湧水の発生する1カ所を除いて魚類の生息は難しくなっており，名称の由来ともなっている．死海の塩分は，ヨルダン川および主に周囲から涌き出る温泉から供給されていると考えられている．死海の水の組成は表3-1に示すように，海水とかなり異なり，K^+などが相対的に非常に多い．

高塩分水の蒸発がさらに進むと，蒸発岩が形成される．ただし，海水を蒸発させた場合，NaClのみが析出するわけではない．地中海の海水を蒸発した際の，析出する塩と塩分との関係を表したのが図3-9である．これによると，第1番目に析出するのは炭酸カルシウム（$CaCO_3$）で，次に石膏

---

* ノルウェー海の海水などは密度が高いので，北大西洋深層水の起源となる．

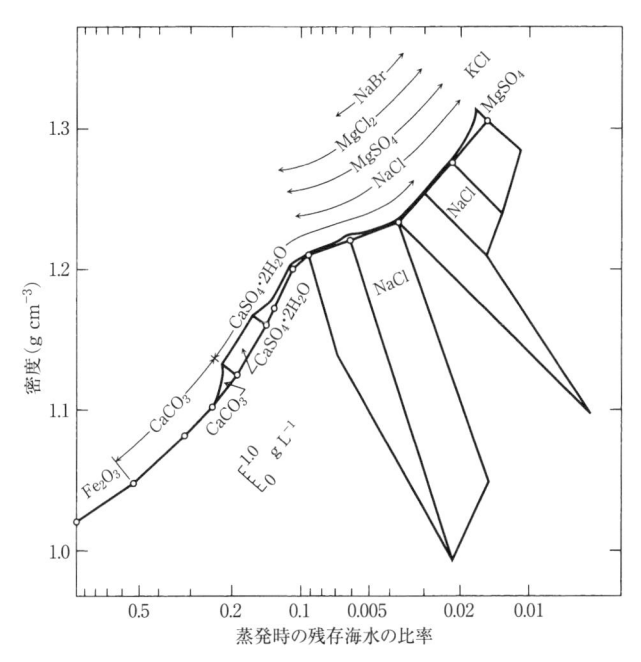

図3-9 地中海の海水（初期塩分35）の閉鎖系における蒸発過程での鉱物の析出とその量（Friedman and Sanders, 1978）

($CaSO_4 \cdot 2H_2O$)* が析出する．その後，NaCl，硫酸マグネシウム（$MgSO_4$），塩化マグネシウム（$MgCl_2$），最後に臭化ナトリウム（NaBr）が析出する．

岩塩は石膏とともに蒸発岩と呼ばれ，これらの生成は地球史の中で乾燥気候の指標となっている．興味深いのは，鉱物の析出順序がこの9億年間の蒸発岩でほとんど変化していないことである．このことは，海水の塩の成分があまり変化しなかったことを意味している．たとえば，硫酸イオン濃度が現在と同じ場合，カルシウム（Ca^{2+}）が3倍になると，炭酸カルシウムでなくて石膏がまず沈殿してしまう．カリウム（K^+）の濃度が現在の半分あるいは倍となると，蒸発岩の副成分の組成も大きく変化してしまう．

地球上に現在存在している岩塩の総量は，現存の海水中のNaClの30％程度と推定されている．そこで，それをすべて一時に溶存させても塩分は30％上昇するのみで，しかも，岩塩の形成も長時間にわたり形成されてい

* 石膏； 無水物（$CaSO_4$）は硬石膏と呼ばれる．

ったので，少なくとも顕生代については塩分は現在の1.3倍を超えたことはなかったと推定される．また，中新世のメッシニアン期に地中海で大規模に岩塩が形成されたが，その量は現在海洋にある塩分全体の6％でしかなかった．

3.7　海水の成層化と無酸素水塊

　海水の密度は水温と塩分によって支配されるが，これは海洋の生物地球化学循環にとっても決定的な意味を持つことがある．

　三浦半島観音崎と房総半島富津洲以北の東京湾では，平均水深が約20 mで，底質は砂・泥粒子からなり，相模湾等の外海との海水交換が抑制されている．20世紀中に人為的な埋め立てにより干潟の約90％が消失し，湾全体の面積も20％減少した．周辺の人口は2800万人で，河川および下水道を通じての負荷量は1日あたり，有機物量の目安であるCOD（Chemical Oxygen Demand）で約250 t，全窒素で約260 t，全リンで約20 tと見積られている．とくに，窒素とリンは植物プランクトンの主要栄養素で，その供給はプランクトンの増殖を促し，赤潮の発生を導いている．この遺骸のほとんどは死後沈降し，海底表面あるいは直上水中での有機物量の増加を招き，それが微生物によって分解される過程で溶存酸素を消費する（風呂田，2005）．

　海水の溶存酸素は，光合成による酸素の生産にも影響されるが，そのほとんどは表層水に溶けたものが，海水の鉛直混合により下方にもたらされることで下層にも供給される．夏季には，表層での水温の上昇，降雨などによる塩分の低下により，表層水の密度は下がり，鉛直混合は著しく抑制され，最終的には海底および付近の海水では，酸素がまったく検出されない無酸素状態となり，通常の生物は生息できなくなる．このような嫌気状態で形成された硫化物が生産・蓄積されるようになると，無酸素水塊は硫化水素を含むようになる．夏場の風向は南西であるが，秋になり風向が北東風に変化すると離岸流が起きて，湾奥底層水は湧昇し，浅海部の貧酸素化を導く「青潮」となる．これは硫化水素が海水表面での酸化により硫黄微粒子化したもので，ときには生物の大量死滅をもたらす．このように，海洋表層での密度の減少

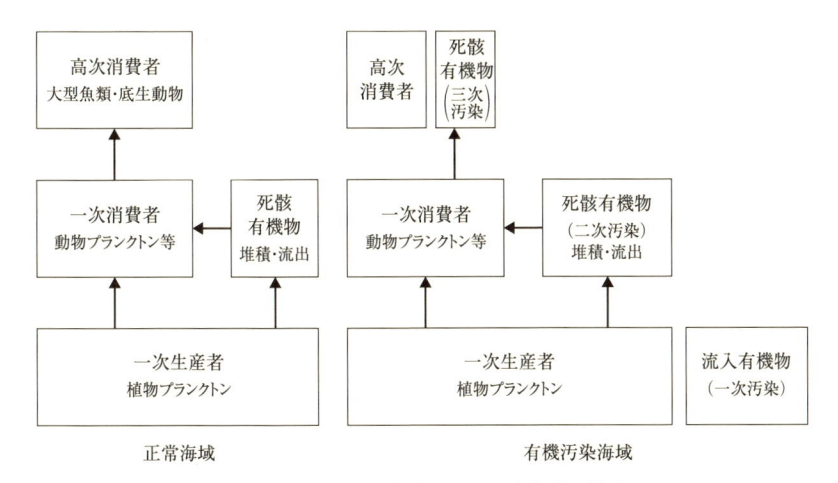

図3-10 正常海域および有機汚染海域における生態系の構造（風呂田，2005）

は，概して成層化を招き，底層水の溶存酸素を著しく減ずる．

　東京湾での生物死滅は，単に生物の生息量の減少にとどまらず，死骸有機物の大量供給として生態系の大きな質的変更をもたらす（図3-10）．環境が安定した正常な沿岸生態系では，系内で生産された生物は主に食物連鎖上位生物に餌生物の生存期間中もしくは衰弱時に盛んな捕食を受け，結果的に上位肉食者を頂点とする生食連鎖生態系として成立している．しかし，陸域からの有機物付加（一次汚染），過剰な栄養塩供給による植物プランクトンによる内部生産による死骸有機物の増加（二次汚染）の下では，有機物は食物連鎖での上位生物に利用されることなく環境中に生物死骸の有機物（三次汚染）として蓄積され，主に微生物による盛んな分解を受ける腐植連鎖となる．これは，貧酸素化を促進させる貧酸素スパイラルに陥る可能性を意味している．換言すると，いったん酸素欠乏による生物瀕死が始まると，自家汚染的に貧酸素化による生物瀕死が季節的に繰り返されることになる．このような正のフィードバックは大量絶滅時にも大規模に起こっていたかもしれない（風呂田，2005）．

　また，このような季節による大きな環境変動は，群集組成にも大きな影響を与える．すなわち，干潟や河口域を代表する巻き貝であるウミニナ類は，1990年代に入り個体群の衰退が著しい．一方，形態的にも生態的にもこれ

3．水と地球表層環境システム——69

らのウミニナ類と類似しているホソウミニナは，安定的に維持されている．前者はその生活史初期にプランクトン幼生期を持つが，ホソウミニナは直接底生期の貝として孵化する．このことは，貧酸素水塊の影響をまともにうけるプランクトン幼生期を経験しないで，干潟のみで再生産を行う種が相対的に優位となることが示されている（風呂田，2005）．これらの事項は，ある生物種の繁栄・衰退は平均的な環境変化のみならず，生活史のある時期の環境が大きく変化すると，群集組成に大きな影響をもたらすことを意味している．

3.8 生物起源炭酸塩に記録される塩分の指標

過去の塩分の直接測定は難しい．その最大の原因は，海水などは液体なので，移動しやすく，証拠が残らないためである．高温領域では，熱水より急速に晶出する石英などの安定な鉱物内に，流体包有物として過去の塩水がトラップされ，その塩分を凝固点降下より求める方法があり，熱水の塩分を求める際によく用いられる（たとえば，Kelly and Delaney, 1987）．逆に，低温では反応速度が遅く流体包有物が形成されにくいので，塩分の定量的復元では間接的な方法が採用される．

塩分は，降雨と蒸発のバランスおよび水塊の混合，高緯度域では海氷および氷床の形成と融解によってきまっている．そこで，水から得られる情報から塩分を間接的に求めることがしばしば行われる．とくに水を構成する酸素・水素の同位体比は重要な情報をもたらす．

地球上の陸水，海水などについて$\delta^{18}O$とδDを測定した結果，両者の間に一定の関係（$\delta D = 8 \times \delta^{18}O + 10$）があることが報告されている（Craig, 1961）．これは，水から水蒸気が形成されるときには，軽い同位体の方が気相に移動しやすく，$\delta^{18}O$とδDは相対的に小さくなるためである．一方，降雨のときには，水蒸気よりも重い同位体を含むものが多くなるので，遠くに運搬される水蒸気や降雨も，高緯度にいくと$\delta^{18}O$とδDが系統的に小さくなる．降水や雪の$\delta^{18}O$とその地域の平均気温（T, ℃）との間には，$\delta^{18}O = 0.695 \times T - 13.6$という関係が報告されており（Dansgaard, 1964），氷床コアから過去の雪などをもたらす大気の温度を精密に復元するのに使われて

いる．

　一般に，塩分の変動は，海水とその地域の降雨などの淡水の寄与による混合によって支配されることが多い．そして，その淡水の同位体は，その海域や地域ごとの降雨の安定同位体比を反映していることが多い．たとえば，西赤道太平洋の場合には，降雨の $\delta^{18}O$ は約-9‰なので，$\delta^{18}O$ と塩分（S）との関係は，

$$\delta^{18}O(‰) = 0.273 \times S - 9.14 \quad (r^2 = 0.92) \quad \text{(式 3-3)}$$

となる（Fairbanks *et al*., 1997）．この関係は，東シナ海から黒潮では（Oba, 1988），

$$\delta^{18}O(‰) = 0.203 \times S - 6.76 \quad \text{(式 3-4)}$$

北西太平洋では，

$$\delta^{18}O(‰) = 0.3915 \times S - 13.561 \quad (r^2 = 0.99) \quad \text{(式 3-5)}$$

となる（Yamamoto *et al*., 2001）．全球的にこれらをコンパイルしたものを表3-3に掲げる．

　過去の海水の $\delta^{18}O$ は有孔虫やサンゴ骨格などの炭酸塩の酸素同位体比から計算できるので，上の式が過去にも成立していたと仮定すると，塩分を推定することができる．この際，炭酸塩の $\delta^{18}O$ 値は，水温と海水の $\delta^{18}O$ によって支配されるので，温度の成分は，外洋域であれば有孔虫殻の Mg/Ca 比かアルケノン水温計（4.4.4節参照）より，サンゴ骨格の場合には Sr/Ca 等で推定する必要がある．

　有機化合物には水素原子が含まれていることが多く，生成する際に同位体分別を起こすので，δD に生成時の環境が記録される（Sessions *et al*., 1999）．海水の δD はほぼ0‰，氷床の δD は-200‰より小さいので，南極大陸周辺海域での有機物中の低 δD 値より氷床の融解などが議論されている（Ohkouchi *et al*., 2006）．

　また，半定性的なものとしてはプランクトンの種の産出頻度より推定する方法がある．有孔虫の場合，*Globigerinita glutinata* や *Turborotalita humilis* が低塩分の指標種と考えられている．たとえば，ベンガル湾では，モンスーンにより淡水が流入し，低塩分化した時期に *G. glutinata* の増加が報告されている（Guptha *et al*., 1997）．ただし，浮遊性有孔虫の塩分に対す

表 3-3 海域ごとの海水の酸素同位体比-塩分の関係式（$\delta^{18}O(‰) = A \times S + B$）の値（LeGrande and Schmidt, 2006）

	データ数	傾き (A)	傾きの標準偏差 (σ)	切片 (B)	切片の標準偏差 (σ)	r^2
表層						
北太平洋	751	0.44	0.007	-15.13	0.229	0.834
赤道太平洋	286	0.27	0.006	-8.88	0.201	0.880
南太平洋	19	0.45	0.028	-15.29	0.996	0.936
北極海	1846	0.48	0.007	-16.82	0.234	0.690
北大西洋	743	0.55	0.005	-18.98	0.156	0.951
赤道大西洋	285	0.15	0.008	-4.61	0.297	0.552
中深層						
太平洋深層水（NADW）	1175	0.51	0.007	-17.75	0.230	0.851
南極海底層水（AABW）	950	0.23	0.019	-8.11	0.661	0.131
北太平洋中層	1106	0.43	0.006	-15.04	0.216	0.804
太平洋・インド洋深層	166	-0.41	0.179	14.25	6.206	0.031

る耐性はそれほど低くないことが飼育実験により確認されているので（Bijma *et al*., 1990），これらの種の増加を単純に塩分の低下と結びつけるのは注意が必要との指摘もある．

4. 温度と地球表層環境システム

　地球表層環境システムはエネルギー輸送と物質循環によって支配されている．温度はこれらにとって最も基本的なパラメータである．
　①温度：　系の化学組成，圧力，温度は化学反応の平衡を決定する重要な因子であり，温度は本質的な影響を与える．速度論的な観点からも，昇温は一般に反応の促進として働き，反応速度も加速される傾向がある．たとえば，無機反応が卓越する風化は昇温により反応が促進される．しかしながら，生物代謝などでは適温において最大の活性化が達成され，温度がそれより低くても高くても活性度は低くなる．
　②温度勾配：　絶対的な温度ではなく温度勾配も大きな因子で，氷期に概して風が強かった原因として，緯度方向に温度勾配が大きかったことが指摘されている．

4.1　太陽エネルギーと地球表層温度

　地球表層の温度は宇宙空間（平均温度は3K）との熱交換により決定されている．地球が受け取るエネルギーの大部分は太陽熱であるが，これは太陽が放射する全エネルギーのわずか20億分の1で，単位面積あたり単位時間あたりに供給される太陽放射エネルギーは 1.37×10^3 W m^{-2}（これを太陽定数；S と呼ぶ）である．地球の半径を r とすると，地球の断面積は πr^2，全表面積は $4\pi r^2$ なので，地球大気上端に入射する太陽放射のエネルギーは，太陽定数の 1/4 の 342 W m^{-2} となる．
　太陽や地球が黒体放射をしていると仮定し，地球大気と固体地球を一緒にした場合の放射平衡温度を求めることができる．太陽放射は，地球表面や大気によってすべて吸収されるわけではなく，反射によっても宇宙空間に戻っていく．そのエネルギー量比はアルベド（反射能；A）と呼ばれる．全球の

表 4-1 地球表層のアルベド（反射能；A）

海洋	0.06（緯度 0°-30°）-0.13（緯度 60°）
森林および農地	0.10-0.15
砂漠	0.20-0.40
海氷	0.35
大陸の冠雪	0.60-0.80（緯度 60° 以上）
雲	0.35-0.40

平均値は 0.30 と推定され，反射してしまう分は地球表面のエネルギー収支には関与していないことになる（表 4-1）．

地球の放射平衡は，このアルベド値を用いると次式で表される．

$$S(1-A) = 4I \quad \text{(式 4-1)}$$

ここで I は地球放射強度（W m^{-2}）で，239 W m^{-2} と計算される．すべての物体は基本的に電磁波を放射している．これは，ステファン・ボルツマンの法則と呼ばれており，以下の式で表される．

$$I = \sigma T^4 \quad \text{(式 4-2)}$$

ここで，T は黒体の温度（K），σ はステファン・ボルツマン定数で 5.67×10^{-8} W m^{-2} K^{-4}，$T = 255$ K（-18°C）と計算される．実際の地球表層の平均温度は実測値 288 K（15°C）なので，計算値よりも 33°C 高くなっているが，その主な理由は大気の温室効果に求めることができる．

4.2 温室効果と地球表層温度

黒体の放射強度 λ_m はその表面温度 T に反比例する．$\lambda_m = 2897/T$ というウィーンの変位則より計算すると，表面温度が 5780 K である太陽では放射強度の最大となる波長は約 0.5 μm，255 K である地球では約 11 μm となり，太陽放射は「短波放射」，地球放射は「長波放射」となる．太陽放射全体のエネルギーは 46.6 ％ が可視光線（0.38-0.76 μm），46.6 ％ が赤外線（0.76 μm 以上），紫外線領域は約 7 ％ となっている（図 4-1）．

太陽放射に対する大気の吸収では，波長 0.31 μm 以下の紫外線は対流圏界面の高度約 11 km に達する前に，酸素およびオゾンによってほぼ完全に吸収されるので，この領域の光は地表面にほとんど到達しない．一方，可視

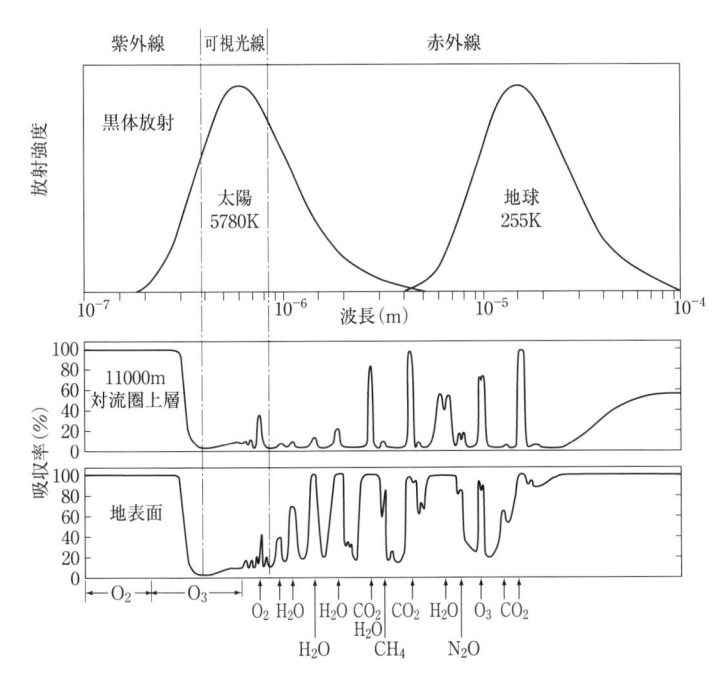

図 4-1 太陽と地球の放射強度および対流圏上層および地表面における吸収率 (Goody and Yung, 1995) $1\,\mu\mathrm{m}=10^{-6}\,\mathrm{m}$.

光線では吸収率は小さいので大気をほぼ透過してしまう．大気中の気体分子の中でも二酸化炭素や水蒸気は，可視光線周辺領域の光線は透過させるのに対し，赤外線が中心の長波放射光線は吸収してしまう．

なお，水蒸気は赤外線の中でも比較的短い波長を吸収するのに対し，二酸化炭素は比較的長い波長を吸収する．このことは，前者は太陽放射の赤外線部分を，後者はこれと地球放射を吸収することを意味する．なお，$8\text{-}12\,\mu\mathrm{m}$ の領域は大気にあまり吸収されずに宇宙空間に放出されているので「大気の窓」と呼ばれている．

このような二酸化炭素や水蒸気による赤外線の吸収は温室効果をもたらす．現在，二酸化炭素のみが注目をあびているが，実は水蒸気は量と質の両面から温室効果が高いものの，時間・空間的に不均一性が高いために IPCC (Intergovernmental Panel on Climate Change；気候変動に関する政府間パネル) の報告書 (IPCC, 2001) でも十分に考慮されていない．さらに，水蒸

気からは雲も形成するが，雲は太陽光を反射してしまうので，冷却効果がある*．

4.3 地球大気による散乱と熱収支

　地球の大気中には，気体分子とともに微小な固体・液体粒子（エアロゾル）が浮遊しており，これらに電磁波がぶつかると二次的な電磁波が発生し周囲に広がる．これは散乱と呼ばれており，地表面に到達する太陽放射のエネルギーを少なくさせる働きがある．半径 $0.001\,\mu m$ 以下の空気の分子などによる散乱はレイリー散乱と呼ばれ，0.1-$1\,\mu m$ のエアロゾル等による散乱はミー散乱と呼ばれている．

　地球表層のエネルギー収支については，大気上層，地球表面，大気圏各々

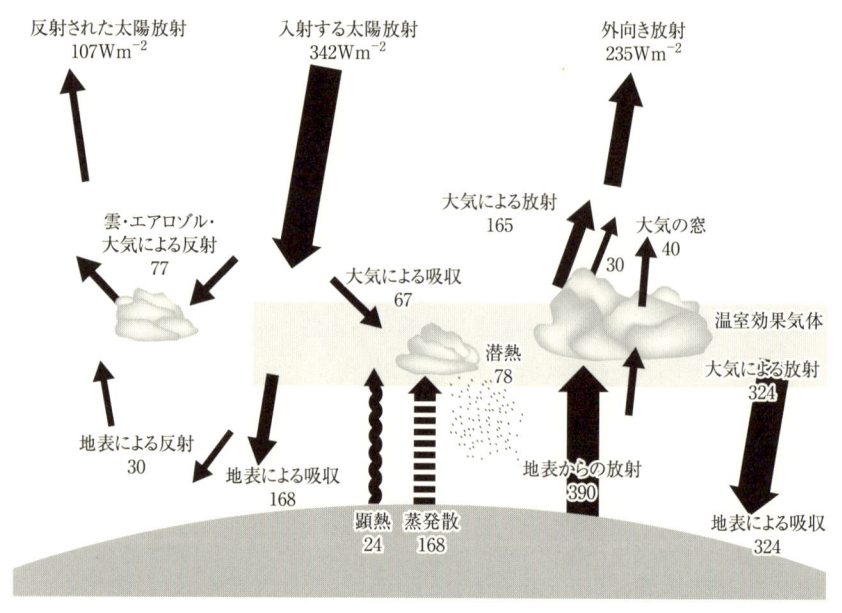

図4-2　太陽放射と大気圏および地表面におけるエネルギー収支（IPCC, 1995）

---

* 地球温暖化の原因については，温室効果気体の大気中濃度の上昇とともに，宇宙線の影響による雲量の変化も指摘されている（Svensmark, 2007）．

での熱収支を評価することができる（図4-2）（IPCC, 2001）．大気上層では，入射した太陽エネルギー342 W m^{-2}（100 %）のうち，77 W m^{-2}（22 %）が雲，エアロゾル，大気による反射や散乱によって宇宙空間に戻される．地表面の反射は30 W m^{-2}（9 %）なので，アルベドは31 %となる．地表面が吸収しているのは168 W m^{-2}（49 %）で，残りは大気によって吸収され67 W m^{-2}（20 %）となる．

　太陽からのエネルギー供給がわずかに変化しても地球表層環境システムに大きな影響をもたらすということが，近年のモデリング研究でも指摘されている．また，最近のp_{CO_2}，メタンの上昇による温室効果は，エアロゾルなどの直接・間接効果をすべて含めて，産業革命以前と比べて1.6 W m^{-2}のエネルギー供給と同等の効果に相当するらしい（IPCC, 2007）．なお，太陽光度は45億年前にはだいたい現在の71 %のレベルと弱かった．当時の大気組成が現在と同じであったと仮定すると零下十数℃であったと計算されるが，実際には現在より温暖であったとされており，これは大気中のp_{CO_2}などが現在よりずっと高く，顕著な温室効果が効いていたと考えられる．

　このように地球表層環境は，太陽系惑星の他の惑星と比べて実に狭い温度条件が満足されている星であると言える．地球が土星，木星のように大きかったら，大気は水素，ヘリウムが主成分となった可能性が高く，月のように小さな星では水分子を引力圏内に留めておくことができない．

4.4　生物起源物質に記録される水温の指標

　過去の温度の復元は，気温の場合，花粉化石を用いた植生からの推定，あるいは極域であると氷床コアの酸素および水素同位体などを用いて可能であるが（たとえば，Petit *et al.*, 1999），幅広い緯度レンジにわたって定量的な温度を求める方法としては，海洋の生物起源物質を利用した水温記録の復元が最も利用されてきた．

　環境指標で重要なことは，①精度とともに，最近のように高時間解像度で解析を行う場合には大量のデータを扱わねばならないので，②汎用性，③簡便さも重要となる．

4.4.1 有孔虫を用いたより正確な水温復元

酸素同位体比による水温の定量的復元の原理はすでに解説したが(2.6節)，実際の推定に際してはさらなる注意が必要である．外洋域では有孔虫の炭酸塩殻を使用することが多いが，まず続成作用を受けていないことを確認する．次に，関係する影響因子を評価し，解析精度をあげることが求められる．

プランクトンネットの観測によると，浮遊性有孔虫は生息深度に関していくつかのグループに分類できる：①浅層(0-50 m)，②浅層/中層(0-200 m)，③深層/中層(100-250 m)，④深層(250 m 以深)(表4-2)．また，生活史の中で水深を変えるものもある．*Globigerinoides sacculifer* 等では，幼生期の浮遊性有孔虫は概して表層に生息し，殻が大きくなり成体になると深いところに移動していく(図4-3)．さらに水深400-500 m 位で「サック(嚢*)」と呼ばれる炭酸塩殻を付加すると，そこの海水温度が低いので，殻の酸素同位体比は大きくなる傾向がある(図4-8)(Duplessy *et al*., 1981；Lohmann, 1995；Kohfeld, 1998)．

共生藻の光合成や代謝等による生理学的効果(vital effect)(Fairbanks *et al*., 1982；Spero and Williams, 1988；Spero and Lea, 1993, 1996)も平衡値からのずれをもたらす原因の一つと考えられている．近年，石灰化速度の違い(McConnaughey, 1989 a)，周囲の海水の炭酸系イオン濃度(Spero *et al*., 1997；Bijma *et al*., 1999)により，サンゴ骨格のみならず有孔虫の炭酸塩殻でも速度論的効果が認識されるようになってきている(2.6.4節参照)．

以上のようにさまざまな因子の影響が指摘されているにもかかわらず，大

表 4-2　大西洋亜熱帯循環で観察される浮遊性有孔虫の深度分布

水深	主な浮遊性有孔虫
浅層 (0-50 m)	*G. ruber, G. sacculifer, P. obliquiloculata, G. aequilateralis*
浅層/中層 (0-200 m)	*G. conglobatus, O. universa, N. dutertrei, T. quinqueloba, N. pachyderma*
深層/中層 (100-250 m)	*G. tumida, G. menardii, G. inflata*
深層 (>250 m)	*G. scitula, G. truncatulinoides (dex./sin.)*

---

*　*G. sacculifer* において袋状の最後に形成される1-2室．放射状にのび先端がとがっているという特徴を持つ．

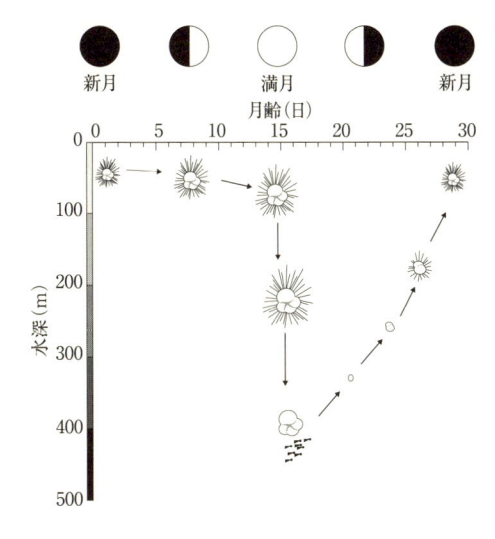

図 4-3 *Globigerinoides sacculifer* の月齢再生産のモデル（Erez *et al.*, 1991）

プランクトンネットの結果によると，月齢周期の最初の頃若い *G. sacculifer* が有光層上部に現れる．これは満月の 2-3 日前まで成長し，大きくなる．満月になると成熟し，有光層下に沈んでいき，「サック」を付加し，とげ（spine）を落とし，共生藻を食べて，最終的には配偶子を放出する．配偶子が接合し，幼生（juveniles）が有光層に上昇してくる．

西洋亜熱帯循環（subtropical gyre）でのプランクトンネットによる検証観測では，観察された浮遊性有孔虫の生息深度から計算される平衡値と，実際に採取した浮遊性有孔虫の $\delta^{18}O$ 値は概ね整合的で，平衡値からのずれはほとんどの種では -1.0 から $+0.5$ ‰の範囲に留まっていた（Niebler *et al.*, 1999）．

なお，古環境の高精度解析では，氷床量や降水量等の影響による海水の同位体比組成の変化，海水の pH や炭酸イオン濃度（Spero *et al.*, 1997）などが考慮される．

4.4.2　有孔虫殻の Mg/Ca 比

有孔虫の炭酸塩殻が生成される際，水温が高いほど多くのマグネシウム（Mg）が殻中に取り込まれる性質がある．これは Mg と Ca 間のイオン交換反応の平衡定数が温度に依存しているためである．

Mg 取り込みの温度依存性を最初に指摘したのは Chave（1954）である．最近では，両者の間には定量的によい相関のあることが認められ，水温指標として利用されるにいたっている（Delaney *et al.*, 1985；Puechmaille, 1994 など）．

浮遊性有孔虫に関しては，*G. sacculifer* を用いて水温，塩分を制御した飼

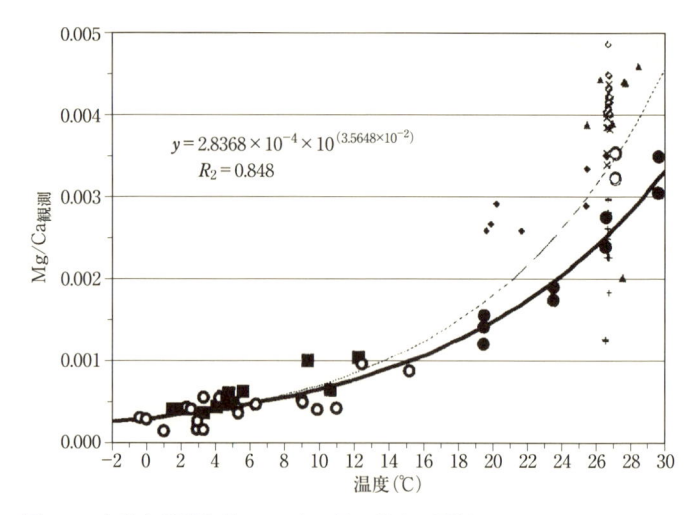

図4-4 有孔虫炭酸塩殻のMg/Ca比と温度の関係（Nürnberg et al., 1996）

育実験があり，次式が提案されている（Nürnberg et al., 1996）（図4-4）.

$$Mg/Ca = 0.000284 \times 10^{(0.0356 \times SST(℃))} \qquad (式4\text{-}3)$$

ここで，SSTは表層海水温（Sea Surface Temperature）を表す．種により係数の違いもあるので，これを表4-3に示した．また，堆積後の溶解などの続成作用，異常な高・低塩分水塊の存在，生殖後のMg濃集などが水温推定に影響を与えることがある．条件に恵まれると誤差約1-2℃で水温を求めることができる（Nürnberg et al., 1996）．現在の海洋のMg/Ca比は水深

表4-3 浮遊性有孔虫のMg/Ca比と水温（SST）の関係

	Mg/Ca=b exp(mSST)	
	傾き（m）	y軸切片（b）
Nürnberg (1995)		
Neogloboquadrina pachyderma，ノルウェー海	0.099	0.549
Nürnberg et al. (1996)		
Globigerinoides sacculifer，飼育	0.090	0.380
Mashiotta et al. (1999)		
Globigerina bulloides，飼育	0.102	0.528
Globigerina bulloides，コア上部	0.107	0.474

N. pachydermaは比較的寒い海域に，G. sacculiferは比較的暖かい海域に適用されることが多い．

や海域を問わずどの海域でも一定なので (Broecker and Peng, 1982), 条件がよければ, 浮遊性有孔虫殻の Mg/Ca 比から水温を推定し, 酸素同位体比と組み合わせて塩分を求めることが可能である.

なお, 個体レベルでは Mg/Ca は水温のよい指標となることが知られているが, 近年 μm レベルでの殻の化学組成の測定が進行している. これによると, 有孔虫の生物起源炭酸塩殻の有機物に富む層で Mg/Ca 比が高いことが報告されていて, μm レベルと個体レベルで水温記録がどのように関係しているのかが今後の焦点となる (Kunioka *et al.*, 2006).

4.4.3 変換関数を用いた水温推定

浮遊性有孔虫の群集から海水温の推定が従来よりなされてきた. この方法は基本的に現在の海洋で両者の関係式を求め, それを化石群集に適用し, 当時の古水温を推定するというものである. この関係式は変換関数 (transfer function) と呼ばれる.

変換関数では海域で各係数が異なるので, 海域ごとに独自の関数を作成する必要がある. このとき, 炭酸塩溶解の影響による群集組成の変化は慎重に考慮すべきである. この手法は円石藻, 珪藻, 放散虫など化学・同位体的な手法が使えない場合に便利である.

4.4.4 アルケノン水温計

(1) U_{37}^K

アルケノンは, 海洋表層に生息する植物プランクトンの一つである *Haptophyte algae* (ハプト藻) の中の円石藻が生合成する有機化合物 (図4-5) である. アルケノンの不飽和度 (二重結合の相対的な多さ) は円石藻の生育水温に伴って変化するため, 堆積物中に残されているアルケノンの不飽和度から過去の表層水温が復元できる (図4-6).

アルケノンの不飽和度は水温との間に非常にきれいな直線関係を示し, U_{37}^K (unsaturated keton) という指標で表される.

$$U_{37}^K = ([C\,37:2] - [C\,37:4])/([C\,37:2] + [C\,37:3] + [C\,37:4])$$

(式4-4)

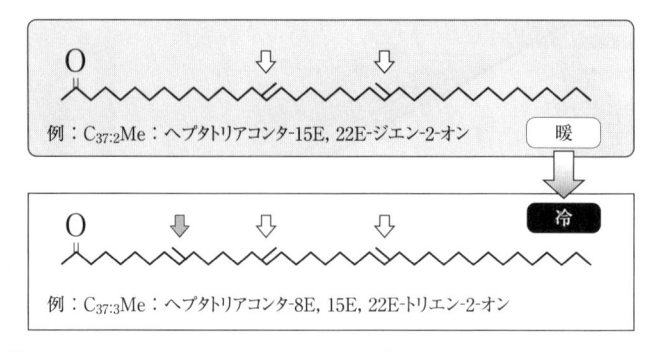

図 4-5 アルケノン水温計に用いられる不飽和度の異なった 2 つの化学式

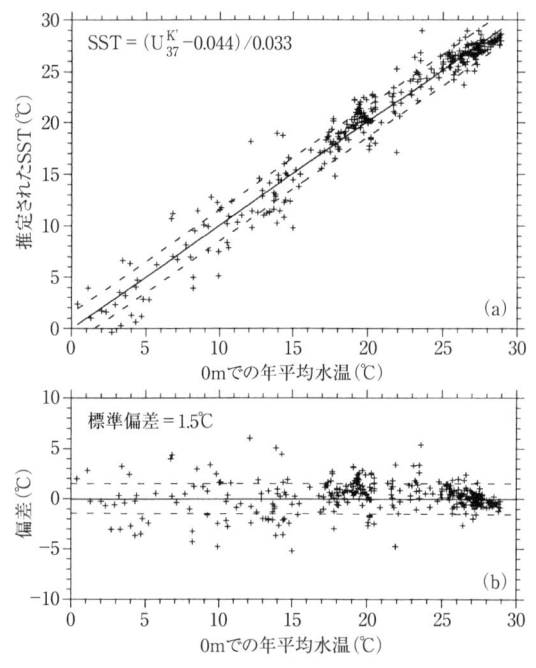

図 4-6 3 大洋の表層堆積物を用いたアルケノン水温計とその海域の表層水温の関係および求められた水温計（上）および水温計からの偏差（下）(Müller *et al.*, 1998)
　破線は偏差についての標準偏差を表す．

ここで,[C 37:2],[C 37:3],[C 37:4]はそれぞれ炭素数37アルケノンの2不飽和,3不飽和,4不飽和の濃度を表す.低・中緯度で採取された深海堆積物においては,[C 37:4]は[C 37:2]や[C 37:3]と比べて十分に小さい場合が多いので,次式のようなU^K_{37}に簡略化できる(Prahl et al., 1988).

$$U^K_{37}=([C\ 37:2])/([C\ 37:2]+[C\ 37:3]) \qquad (式4\text{-}5)$$

通常はU^K_{37}がよく用いられ,3大洋の表層堆積物とのキャリブレーションの結果によると,水温(SST)との対応は以下の式で与えられる(Müller et al., 1998).

$$SST=(U^K_{37}-0.044)/0.033\ (r^2=0.958) \qquad (式4\text{-}6)$$

なお,高緯度域の冷水域のように[C 37:4]アルケノンが多く含まれる場合には,U^K_{37}と$U^{K'}_{37}$の両方を併記することが推奨されている.

現在,アルケノンを作り出す生物は一般にハプト藻と言われているが,実際にはハプト藻類の中の *Isochrysidales* 目に含まれる系統学的の近縁種しかアルケノンを合成しないことが報告されている.これまでアルケノンの合成が確認されている種は *Emiiania huxleyi*, *Gephyrocapsa oceanica*, *Chrysotila lamellosa*, *Isochrysis galbana* の4種である(Conte et al., 1994).なお,後の2種は一部の沿岸海域や汽水環境のみに生息し,イソクリシス科に属し円石を持たないので,外洋域においてアルケノンの合成をになっているのは最初の2種の円石藻である.

アルケノンは炭素量にして *E. huxleyi* 生体中で最大15%の割合を占めるので,その生化学的な役割は重要と考えられるが(Prahl et al., 1988),合成の仕組みは明らかでない.ただし,微生物の細胞膜はその流動性を一定に保つために,生育温度の変化に伴い融点の異なる化合物を作り出すことが広く知られている.アルケノンは細胞膜だけでなく細胞内のあらゆるオルガネラに含まれており,その不飽和度も各々の器官で異なっているものの,すべての器官の平均をとるとその不飽和度は水温ときれいな相関を示すとの報告もある(Sawada, 1999).

(2) アルケノン温度の記録するもの

円石藻の繁殖の時期はかなり限られていることが知られている(Okada

and Honjo, 1973).しかも,中高緯度域での表層水温勾配は鉛直方向50 mで10°Cに及ぶことがある.そこで,アルケノンの水温はある特定の季節および水深の水温を記録していると考えられる.

Ohkouchi et al. (1999) は,東経175度の北緯48度から南緯15度にわたって緯度方向に平均約2.5度おきに採取された表層堆積物に記録されているアルケノン水温を求め,その水温をLevitus (1994) の実測水温と比較することにより,アルケノンの生産される深度と季節を推定した(図4-7).北緯48度における表層0 mの月平均観測水温は1年を通じて3.3°Cから11.3°Cまで変化し,夏から秋にかけては水深50 m付近に季節温度躍層が発達する.この海域の直下で得られた堆積物中に保存されているアルケノン水温は10.1°Cを示した.このことは,アルケノンが温かい海洋環境を記録しているということを意味し,夏から秋にかけて海洋表層のかなり浅い水深(0-30 m)で生産されたことを示唆している.一方,赤道域では水深140 m付近に温度躍層が存在して,それ以浅の混合層の月平均水温は年間を通じて27.5-29.5°Cとほぼ一定の値を示す.この海域の直下で得られた堆積物に保存されているアルケノン水温は27.9°Cと混合層の水温にほぼ一致する値を

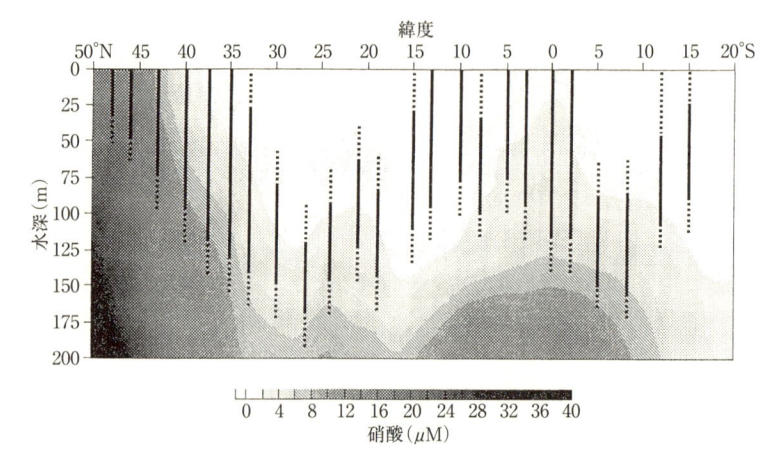

図4-7 東経175度におけるアルケノンの推定生産水深(太線および破線)(Ohkouchi et al., 1999)
濃淡は硝酸塩の濃度.

示し，赤道海域におけるアルケノンは混合層内で生産されていることを示唆している．ところが，中緯度貧栄養塩海域の北緯27度では，表層（0 m）における水温は1年を通じて21.7℃から27.8℃まで変動するのに対して，その直下の表層堆積物が示すアルケノン水温は18.1℃であり，アルケノン水温は表層水温と比較するとかなり低い水温を記録していた．このことはアルケノンの生産された水深が海洋表層の混合層でなく，下部有光層の温度躍層水（125-170 m）であることを示唆している．これを代表的な栄養塩である硝酸の濃度と比較すると，とくに北緯17.5度から30度までの亜熱帯循環に相当する海域では，表層水は貧栄養であることが知られており，栄養塩の供給と円石藻の生産とがリンクしていることを強く支持している．

このようにして求められたアルケノンの生息深度や季節は，プランクトンネットなどの実際の海洋観測によって求められた円石藻の生息パターン（Okada and Honjo, 1973）と整合的であった．中緯度海域では下部有光層でアルケノンが生産されることは，中緯度とくに亜熱帯循環中央部で得られた堆積物からアルケノン水温を推定した場合，それは決して海洋表層の「混合層」の水温でなく，下部有光層における温度躍層水の水温を記録しているということになる．

(3) アルケノン温度計の問題点

アルケノン温度計は広範囲に使用されているが，高緯度域での問題が指摘されている．たとえば，黒潮域では最終氷期最盛期（LGM；Last Glacial Maximum）に2-6℃の水温低下が報告されている（Sawada and Handa, 1998；Harada $et\ al.$, 2004；Ijiri $et\ al.$, 2005）が，日本海やオホーツク海などでは，逆に最終氷期最盛期の方がアルケノン古水温は高くなってしまう場合が報告されている（Ishiwatari $et\ al.$, 2001；Harada $et\ al.$, 2006）．アルケノン水温が実際の水温を示さない原因として，①アルケノン生産の時期の移動，②硝酸などの枯渇による円石藻へのストレスに起因する3℃程度のアルケノン水温の低下，③高水温域（約30℃）でのU_{37}^{K}値の飽和による水温推定の難しさ，④表層水の塩分が非常に低下することによるアルケノン古水温の異常，⑤黒海のような成層化の発達による還元的な海洋環境でのほかの有機物の寄与（Xu $et\ al.$, 2001），などが現在指摘されている．

4.4.5 サンゴ骨格による水温復元

熱帯・亜熱帯域での水温復元ではサンゴ年輪の分析が幅広く行われている．

(1) サンゴ骨格中の酸素同位体比

サンゴ骨格中の酸素同位体比は海水温のよい指標とされてきた（Weber and Woodhead, 1972 ほか）．アラレ石の酸素同位体比と水温の関係については，一部 2.6 節で解説したが，ここでは実際のサンゴのデータについて整理する．

これまでの研究では過去数十年の観測記録を用いることにより，実際の海水温（SST）と骨格中の酸素同位体比の記録が比較され，経験的な換算式が各海域ごとに求められている．

$$\text{SST}(°C) = 2.84 - 4.79 \times (\delta^{18}O_c - \delta^{18}O_w) \quad \text{(式 4-7)}$$

ここで，$\delta^{18}O_c$，$\delta^{18}O_w$ は，標準物質 PDB（Peedee Belemnite）に対する方解石と水の酸素同位体比の値を表す（表 2-4；McConnaughey, 1989 a）．

同位体平衡で沈殿した場合の方解石，アラレ石の酸素同位体比などとフィールドでの経験的な換算式を比較のために図 4-8 に示す（Gagan *et al.*, 1994；Suzuki *et al.*, 1999）．

これを応用して近年では太平洋を中心に，長尺サンゴを用いて，測器による観測体制が整う以前の 100-400 年間の海水温や，各地でのエルニーニョの消長とその影響が復元されたりしている（図 4-9）．長期間のトレンドとして，ガラパゴス諸島などを除くと，100 年あたり 1°C 位のスピードで表層水温が上昇していると指摘されている．他の研究例としては，化石サンゴの酸素同位体比変化から，過去 13 万年にわたる氷期・間氷期サイクルでの ENSO 変動とそれに連動した海水温変動や（McCulloch *et al.*, 1999；Tudhope *et al.*, 2001），最終間氷期における北太平洋での海水中の酸素同位体比変動が復元されている（Suzuki *et al.*, 2001 b）．ただし，骨格中の酸素同位体比は，表層水温と同様に海水中の酸素同位体比の影響も受けるので，海水温のみに依存して変動する骨格中の Sr/Ca 比を測定し，酸素同位体比と組み合わせることで，海水温と塩分を分離して復元する試みが行われている（McCulloch *et al.*, 1994, Tudhope *et al.*, 1995）．

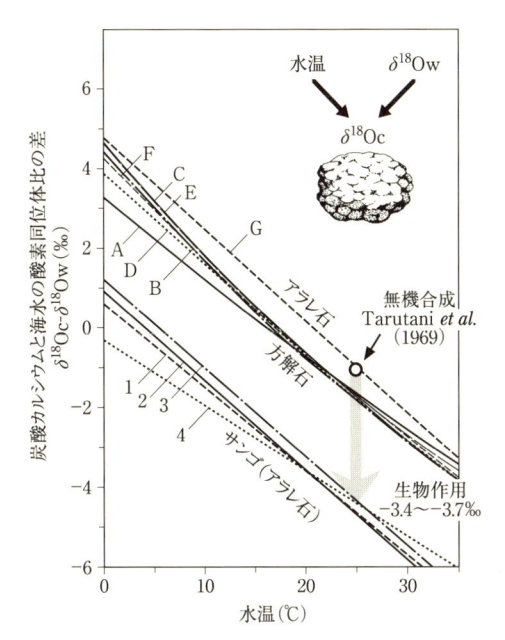

図4-8 サンゴ骨格の酸素同位体比温度計の原理
　炭酸カルシウムと水の酸素同位体比の差と水温の関係．炭酸カルシウムの結晶形の違いにより，方解石（A〜F）(McCrea, 1950；Epstein and Mayeda, 1953；Craig, 1965；O'Neil *et al*., 1969；Horibe and Oba, 1972；Erez and Luz, 1983)，貝類および有孔虫のアラレ石骨格（G）(Grossman and Ku, 1986)，およびサンゴのアラレ石骨格（1〜4）(McConnaughey, 1989a；Wellington *et al*., 1996；Leder *et al*., 1996；Abe *et al*., 1998) の3群の研究例の関係式が示されている（表2-4）．図中に無機合成されたアラレ石の25℃における酸素同位体比を示した（Tarutani *et al*., 1969）．

(2) 海水温の間接指標*となるサンゴ骨格中の元素

　海水温のみを復元するよい指標としてサンゴ骨格中のSr，U，Baなどが注目されている（Fallon *et al*., 2003）．とくにSr/Ca比は1970年代に水温との相関が提唱されてから（Weber, 1973；Smith *et al*., 1979），酸素同位体比に次いで海水温復元の研究が盛んに行われており（Beck *et al*., 1992；Alibert

---
* 間接指標；プロキシ（proxy）の訳．たとえば，有孔虫の酸素同位体比は，海水の同位体組成が同じ場合には，水温によって変化する．この場合，有孔虫殻には水温自体の記録は残されていないが，酸素同位体比から水温を知ることができる．このようなパラメータを間接指標と呼ぶ．

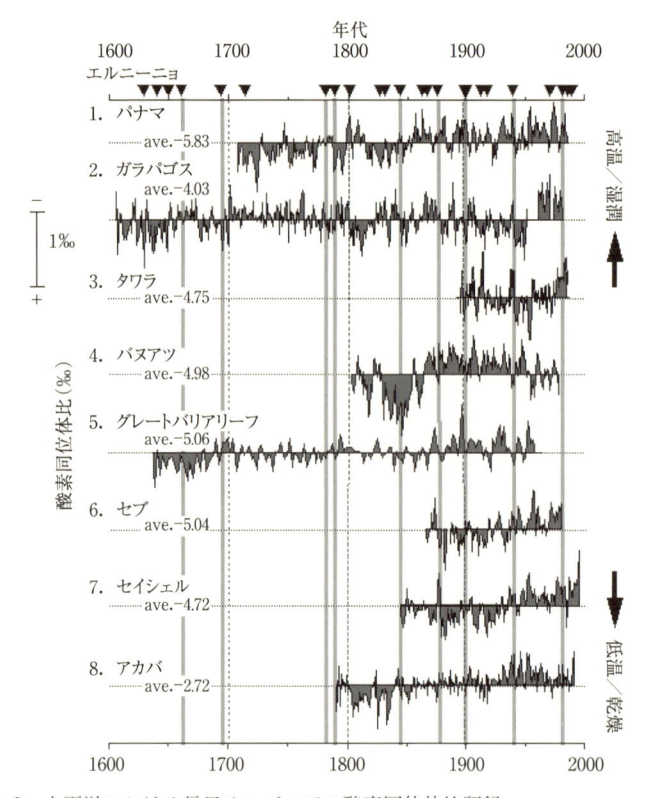

図4-9 太平洋における長尺サンゴコアの酸素同位体比記録
　サンゴ試料のデータはアメリカ大気海洋庁地球物理データセンターの古気候プログラム（http://www.ngdc.noaa.gov/paleo/coral/coral_data.html）より取得した．一般的に，酸素同位体比の負の方向へのシフトは水温上昇/降水量の増加，また正方向へのシフトは水温低下/降水量の減少を表している．この100年間の傾向として，海水温の上昇あるいは塩分の低下が示されている．なお，ハッチ（▼）の部分は強いエルニーニョが発生した期間である．（場所1.パナマ（7°59′N，82°3′W；Linsley et al., 1994），2.ガラパゴス諸島（0°24.52′S，91°14.04′W；Dunbar et al., 1994），3.タラワ環礁（1°N，172°E；Cole and Fairbanks, 1990），4.バヌアツ（15°S，167°E；Quinn et al., 1993），5.グレートバリアリーフ（22°06′S，153°00′E；Druffel and Griffin, 1993），6.フィリピン・セブ島（10°17′N，124°E；Pätzold, 1986），7.セイシェル（4°36.97′S，55°E；Charles et al., 1997），8.紅海アカバ（29°26′N，34°58′E；Heiss, 1994）．

and McCulloch, 1997 ほか），関係式は以下のとおりである（Beck, 1994）．

$$10^3 \text{Sr/Ca} = 10.479 - 0.06245\, T\ (°C) \qquad (式 4\text{-}8)$$

骨格の Sr/Ca 比はほぼ水温のみに依存する．しかも，海水中の Sr および Ca の平均停留時間が大きいため，Sr/Ca 比も全海洋でほぼ均一である．U/Ca 比も同様に水温の指標となることが報告されている（Min *et al.*, 1995）．

サンゴ骨格の Mg/Ca 比は当初水温指標として報告されたが（Mitsuguchi *et al.*, 1996），いくつかの問題点も指摘されてきた．近年の精密飼育実験の結果が示すところによると，Mg/Ca 比は水温よりもむしろ成長速度，換言すると反応速度論的同位体効果により支配されている可能性が高く，使用する際には注意が必要である（Inoue *et al.*, 2007）．

なお，骨格の分析に便宜を図るため，他の岩石標準試料と同じようにサンゴ（JCp-1）およびシャコガイ（JCt-1）を原料とした岩石標準試料が独立行政法人産業技術総合研究所地質調査総合センター（http://www.gsj.jp/Gtop/geostand.html）より供給されており，生物起源炭酸塩の分析に便利である（Okai *et al.*, 2002；Inoue *et al.*, 2004 a）．

5. 陸域環境の海洋環境への影響

5.1 陸と海の特徴

　海洋と陸域は，地球環境の土台を提供するとともに互いに密接な関係がある．両者の特徴は以下の通りである：①陸域は基本的に削剝の場であるのに対し，海洋は堆積の場である（陸でも扇状地などで継続的な堆積が起こることもある）．②海洋は熱容量が大きく，温度の変化が小さい．③陸域では湿度の変化が大きい．④海水は紫外線を吸収し，可視光線も吸収するので，陸上の方が海洋より光合成に必要な光量を得るのに有利である．⑤陸上生物は肺呼吸を行うが，空気中の方が海水の溶存酸素より酸素分圧が高いので，呼吸に際しエネルギーを効率的に得やすい．⑥陸域の表層は直接空気と接触するので酸化されやすい．海洋では堆積物内部は還元的になっている場合が多い．⑦海洋では大きな浮力が得られるので，生物の骨格が発達しなくても体を支えることができる．

5.2 大陸と風化

5.2.1 地殻を構成する鉱物

　地殻のほぼ90％は堆積岩と変成岩から構成されている．大陸の上層5kmの厚さに限ると堆積岩が80％を占めている．

　地殻を構成する鉱物は長石（feldspar），輝石（pyroxene）などのアルミノケイ酸塩鉱物と石英（quartz）である．4個の酸化物イオンO^{2-}の骨組みの中心にSi^{4+}の入ったSiO_4四面体が基本構造となっている．同じ球を平面に並べたのが図5-1で，どの球も6個の球と接している．これを2層にしたときには2種類のすきまができることになる：①四面体サイト（tetragonal site），②八面体サイト（hexagonal site）．陽イオンよりも通常陰イオン

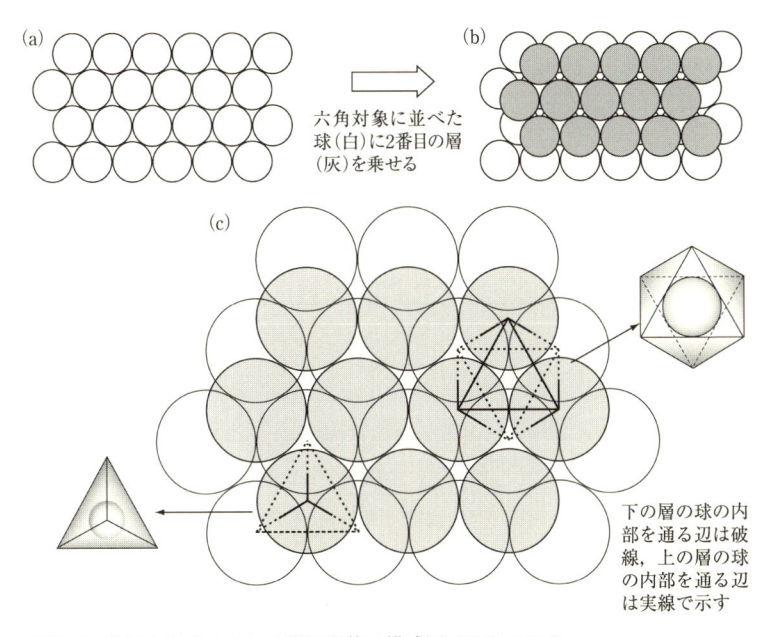

図 5-1　鉱物を構成するケイ酸四面体の模式図（須藤，1974）
　(a) 平面に並べた場合，(b) 2層に並べた場合．(c) (b) の拡大図で，四面体と八面体が存在していることがわかる．

（たとえば O^{2-}）の方が大きいので，陰イオンの球のすきまに陽イオンが入ることが多い．入りやすさの目安となるのは，イオンの半径 r の比率である．

　　　半径比（radium ratio）
　　　　　$= r$(陽イオン)$/r$(陰イオン，ケイ酸塩鉱物では O^{2-})（式 5-1）

4つの球が囲む（4配位）四面体サイトでは，半径 r の陰イオンにぴったりと入る陽イオン半径は $0.225r$ となる（表 5-1）．小さいケイ素イオン Si^{4+} では，半径比が 0.30 なので，SiO_4 四面体ができやすい．八面体サイト（6配位）では半径比 0.414 がぴったり入る大きさで，Fe^{3+}，Mg^{2+}，Li^+ などより半径の大きなものが安定となる．半径比が 0.732 を越えると 8 配位が安定となる．半径比の規則は純粋なイオン結晶にあてはまる．Si^{4+}-O^{2-}，Al^{3+}-O^{2-} 結合は 50-60％のイオン性を持つものの，鉱物の原子構造は基本的に半径比の規則に従うこととなる．

表 5-1 さまざまな金属イオンの半径を酸化物イオン（O^{2-}）の半径で割った値（半径比）とそれから予想される配位（Andrews *et al.*, 2003）

臨界半径比	配位数の予想値	陽イオン	半径比	実際の配位数
	3	C^{4+}	0.16	3
	3	B^{3+}	0.16	3,4
0.225				
	4	Be^{2+}	0.25	4
	4	Si^{4+}	0.30	4
	4	Al^{3+}	0.36	4,6
0.414				
	6	Fe^{3+}	0.46	6
	6	Mg^{2+}	0.47	6
	6	Li^{+}	0.49	6
	6	Fe^{2+}	0.53	6
	6	Na^{+}	0.69	6,8
	6	Ca^{2+}	0.71	6,8
0.732				
	8	Sr^{2+}	0.80	8
	8	K^{+}	0.95	8～12
	8	Ba^{2+}	0.96	8～12
1.000				
	3	Cs^{+}	1.19	12

5.2.2 風化

　岩石が長期間にわたって地表に存在すると，火成岩，変成岩，堆積岩を構成するアルミノケイ酸塩や炭酸塩が，細粒化されたり，粘土鉱物の形成や岩石の溶解によって変化する．この現象は風化（weathering）と呼ばれている：①機械的風化作用（physical weathering），②化学的風化作用（chemical weatheirng），③生物的風化作用（biological weathering）．

　①は温度変化による差別的収縮あるいは水分の凍結膨張によって引き起こされる場合が多い．機械的方法のみで，小粒子に破壊されていく崩壊作用（disintegration）も①に含まれる．

　②は岩石の化学的分解のことを意味し，水や二酸化炭素などと反応して，岩石が安定な物質に変化するプロセスを指している．水和，加水分解，溶解，酸化過程などが含まれる．

　③は高等植物の根などが岩石の割れ目を促進することや，植物や微生物の働きによって腐植酸が作られ，これが鉱物を分解・溶解することを含む．この③のプロセスは土壌の形成にとって本質的な意味を持つ．①は寒冷・乾燥

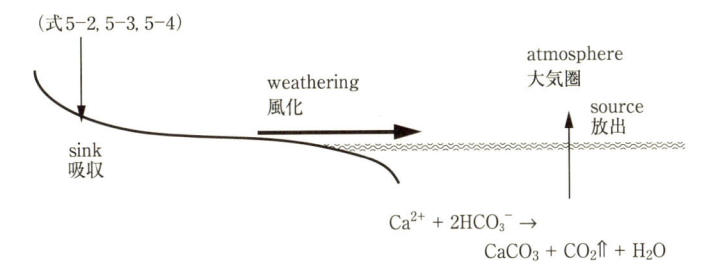

図5-2 陸域の化学風化と炭素循環の模式図
　式5-2, 5-3, 5-4より大気中の二酸化炭素の陸の岩石との反応は二酸化炭素の除去として働く．一方，海洋では生物起源炭酸塩が形成する際には2つの重炭酸イオンから一つの炭酸カルシウムと一つの二酸化炭素が発生するため，二酸化炭素が大気に放出される．

気候の，②，③は温暖・湿潤気候の地域で一般的である．

　大気中の二酸化炭素などと反応して，重炭酸イオン（HCO_3^-；炭酸水素イオン）を作り出す反応は，炭酸塩（式5-2），ケイ酸塩のカンラン石（olivine）（式5-3），アルミノケイ酸塩の灰長石（anorthite）（式5-4）との反応が代表的なものである（図5-2）．最後の灰長石は斜長石（plagiogranite）の端成分で，大陸地殻の平均組成に近い花崗閃緑岩（granodiorite）の重要な鉱物となっており，反応後カオリナイトと呼ばれる粘土鉱物ができる．いずれも大気中の二酸化炭素が消費されて重炭酸イオンが生成する．なお，ケイ酸 $Si(OH)_4$ の酸性は重炭酸イオンよりもさらに弱い．

$$CaCO_3 + CO_2\downarrow + H_2O \rightarrow Ca^{2+} + 2HCO_3^- \quad (式5\text{-}2)$$

$$(Mg, Fe)_2SiO_4 + 4CO_2\downarrow + 4H_2O \rightarrow 2Mg^{2+}(Fe^{2+}) + Si(OH)_4 + 4HCO_3^- \quad (式5\text{-}3)$$

$$CaAl_2Si_2O_8 + 2CO_2\downarrow + 3H_2O \rightarrow Ca^{2+} + 2HCO_3^- + Al_2Si_2O_5(OH)_4 \quad (式5\text{-}4)$$

5.2.3 土壌

　岩石が化学風化すると，結果として土壌が生成する．土壌は基本的に，岩石由来のアルミノケイ酸塩と呼ばれる無機物と，植物などが腐敗した有機物との混合物である．風化反応は土壌の下層（B，C層）で最も進行する（図

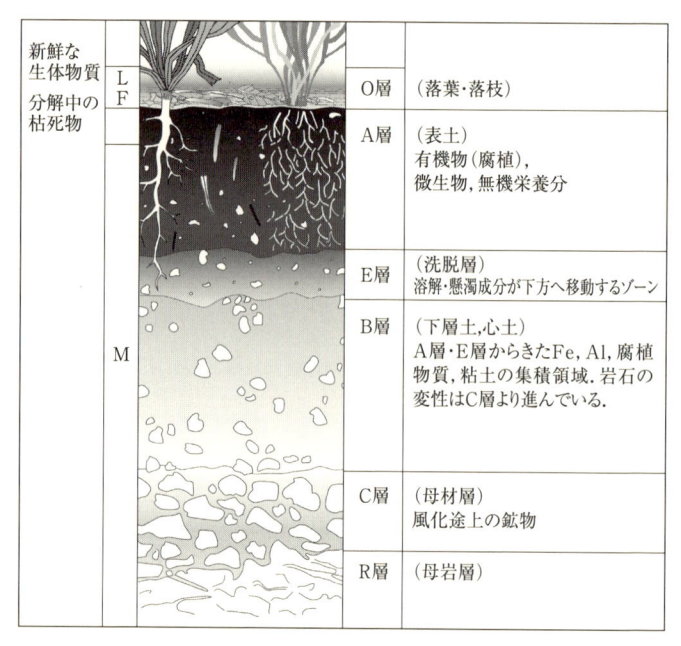

図5-3 土壌断面の模式図（Andrews *et al*., 2003；Ashman and Puri, 2002を改変）
　もともと母岩であったところが風化し，それに有機物などが付加して土壌となる．

5-3)．それは，有機物の酸化でできた有機酸が化学風化反応を促進させるからである．土壌形成に影響を与える代表的因子は，①母岩（原石），②気候，③起伏，④植生，⑤生物（土壌生物と微生物）である（Ashman and Puri, 2002）．

5.3　河川を通じての陸源物質の海洋への運搬

5.3.1　化学風化による大気中二酸化炭素の吸収

現在の地表の面積の17％は石灰岩と蒸発岩で占められていて，これらは風化によって河川から海洋へ供給される溶存物質の63％を担っている．世界の河川の重炭酸イオンの濃度は59.6 ppm（Kempe, 1979）で，河川水量は37.7×10^{18} g yr^{-1}なので，炭素流量は0.44×10^{15} gC yr^{-1}となる．河川から

海洋へ供給される重炭酸イオンの68％は炭酸塩の風化に由来していると推定されているので，全重炭酸イオンに含まれる炭素の66％（＝100％−68/2％）*は大気に由来している．

式5-2，3，4の反応を見ても明らかなように，風化は大気中の二酸化炭素の除去として働くので，他のプロセスで大気中に二酸化炭素が供給されないと，2500年程度（$750×10^{15}$ gC（＝大気中のCO_2）/$0.29×10^{15}$ gC yr^{-1}（＝風化により消費されるCO_2））で大気中から二酸化炭素は完全に除去されてしまう．なお，有機炭素・粒子状炭素流量は溶存有機物濃度の分析が難しいことや，年間で流量の偏りが大きいので，誤差が大きいものの，その流量は合計で約$0.34×10^{15}$ gC yr^{-1}と推定されている．

5.3.2 河川水

世界中の河川の総量は$1.2×10^{18}$ g，河川の流量は$37.7×10^{18}$ g yr^{-1}と推定されているので，平均滞留時間は約12日ということになる．基本的に河川水は「淡水」と言われているが，実際にはさまざまなイオンを溶解させており，組成に変化が認められる．しかも，その性質は同一河川水であっても，季節や河川の上流・中流・下流などで異なる場合がある．河川水の化学組成は，①後背地の岩石の風化，②地下水からの寄与の程度，③蒸散作用，④生物活動などにより影響を受ける．地下水は地下の岩石との反応時間が長くなる傾向があるので，岩石と平衡となる水溶液の組成に近付く．

主要な河川の化学組成は，主に3種類に分類される：①岩塩が溶出したり，蒸散が盛んな場合には海水の組成に近いもの，②アルミノケイ酸塩などと反応したもの，③炭酸塩を溶解したもの．日本では石灰岩が少なく，相対的に火山岩が多いために，その河川水は，ケイ酸（$Si(OH)_4$）などの寄与が相対的に大きく，②に分類されるものが多い．

海洋の化学組成への貢献度という問題になると，世界の大河の河川水の平均組成が重要となる．コロンビア川，ナイル川，ミシシッピ川，コンゴ川などの河川水をCa^{2+}とHCO_3^-に対してプロットすると，$CaCO_3$が溶解した

---

* 炭酸塩の風化では，基本的に炭酸塩由来と大気由来の炭素が反応するので，68％を2で割ることになる．

ライン上にほとんど分布する（図5-4）．すなわち，Ca^{2+}が増加するとHCO_3^-も増加する（鹿園，1997）．

現在の大気圧と平衡にある河川水のP_{CO_2}は$10^{-3.5}$である（図5-4）．これは全世界の平均組成にも表れている．P_{CO_2}がこれより高いものは，植生の被覆が多い流域を持つ河川水である．二酸化炭素が河川水から大気中に放出される速度はそれほど速くないので，河川水中には有機物の分解による高いP_{CO_2}が維持される．逆に，植生のない流域を持つ河川水中のP_{CO_2}はかなり低くなっている．これは，玄武岩などの岩石と反応して河川水から二酸化炭素が除去されるためである（Holland, 1979, 1981）．

河川水は最終的に河口域（estuary）*に達する．そこでは，pHと塩分の大きな勾配が存在する．しかも，河川水と海水が平面的にも，鉛直的にも不

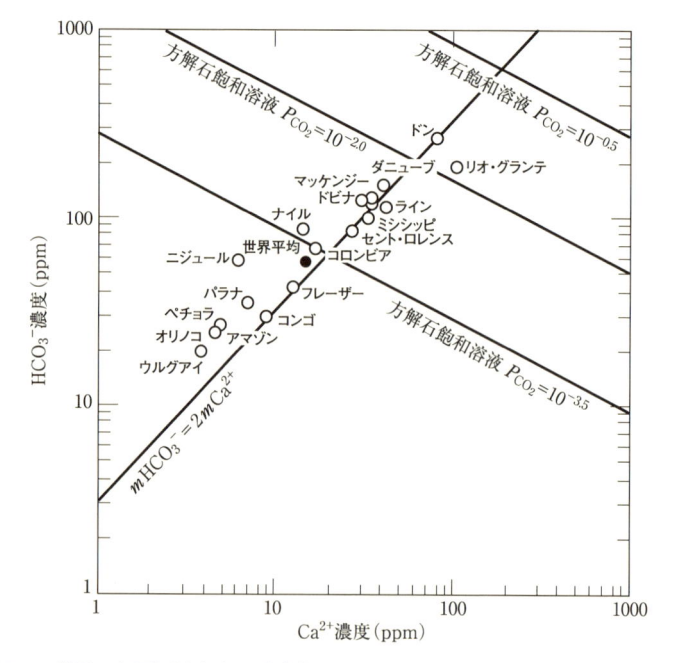

図5-4 世界の主要河川水中の重炭酸イオン（HCO_3^-）濃度とCa濃度との関係（Holland, 1978）

* 河口域： 沿岸域の中で，1本あるいは複数の河川が海に到達した場所が河口域となる．通常，生物生産が高く，陸からの土砂も輸送される．

均一に混合するため，さまざまな化学反応が関係する．一般に，河川水では官能基は負に帯電しており，海水中の高濃度の Na^+ と結合し電荷を失い，集積しやすい．Fe^{2+} などの溶存微量重金属も河口付近で相当量が沈殿してしまうので，河川から沿岸域に流入しても外洋域にはあまり運搬されないことになってしまう．

河川水と海水とで化学成分の比較をすると，陽イオンに関して，河川水では $Ca^{2+}>Mg^{2+}>Na^+$ という順序であるのに対し，海水では $Na^+>Mg^{2+}>Ca^{2+}$ となる．陰イオンについては，河川水では $HCO_3^->SO_4^{2-}>Cl^-$ であるのに対し，海水では $Cl^->SO_4^{2-}>HCO_3^-$ と逆になる．このように順序が逆になる主な理由は，流れ込んだ海洋で Na^+ や Cl^- などが除去されにくいためである．

5.3.3 河川からの懸濁物の流出

世界の大河を堆積物運搬量で比較すると，ベスト10で全体の40％が占められている．とくに，世界全体の運搬量の70％が南アジアからインドネシア，ニューギニアにかけての地形の起伏の大きい，多雨地帯の河川で占められている (Milliman and Meada, 1983)（図5-5）．削剥量の階層区分と陸域面積，堆積物運搬量の関係を見ると，面積的には削剥量 $100\ t\ km^{-2}\ yr^{-1}$ 以下の地域が70％を占めるが，残りの30％の地域で運搬量の90％を占めている．これらは，南アジアなどの限られた地域で堆積物の生産と海域への供給が起こっていることが原因である．

世界全体で河川から海域へ供給される堆積物量は $15\times10^{15}\ g\ yr^{-1}$ で，このうち浮遊物質が $13.6\times10^{15}\ g\ yr^{-1}$，河床に沿って運搬される量が約 $1.5\times10^{15}\ g\ yr^{-1}$ と見積られている．陸域で生産される量は，これらより多く，$32-51\times10^{15}\ g\ yr^{-1}$ と推定されている (Milliman, 1991)．両者の差は，内陸の湖沼や扇状地，平地などにおける堆積量に相当している（斎藤・池原，1992）．

河口から供給された懸濁物質は，その多くが河川水と沿岸水の境界である河口域で沈積する．実際には，波浪や沿岸域でこれらの堆積物は再移動し，沖に運搬される．このような懸濁物の供給は大陸の削剥を意味している．各々の河川の懸濁物の供給総量と大陸の上昇速度との間には正の相関のある

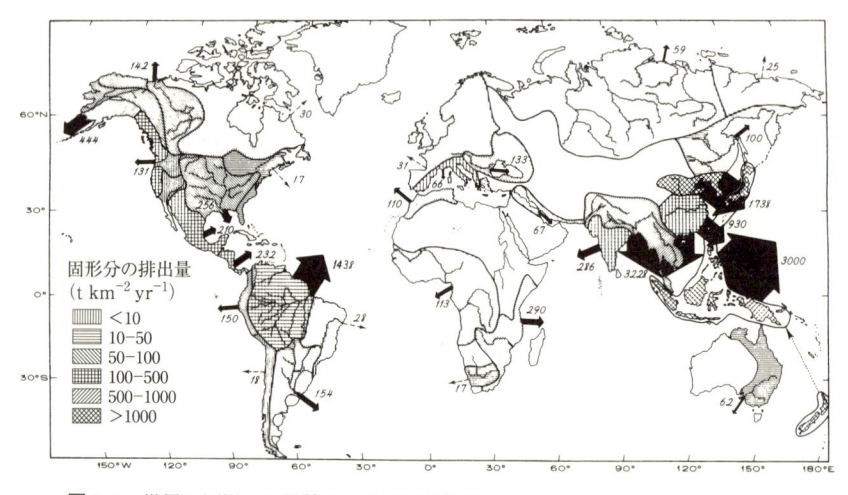

図5-5 世界の河川から供給される粒子状物質の量 (Milliman and Meada, 1983)

ことが報告されている (Holland, 1981). すなわち, 定性的には, 山が発達するほど削られやすくなる傾向がある.

5.4 沿岸水による栄養塩と二酸化炭素の放出

沿岸では, 栄養塩が流入するので, 一次生産は高くなり, 二酸化炭素が吸収されるとの議論が多い. しかしながら, 河川の中には溶存全炭酸が高いものもあり, 栄養塩との関係において, 二酸化炭素が吸収されない場合も予想される (図5-6).

たとえば, 小規模ではあるが, 石垣島の例は興味深い示唆を与える. 石垣島白保サンゴ礁に流入する陸水には栄養塩が多量に含まれていて, リン酸濃度から計算された栄養塩流入に伴う新規の生産は 0.045-0.10 $gC\,m^{-2}\,day^{-1}$ となる. サンゴ礁の生物群集の C：N：P 比の平均は約 550：30：1 (Atkinson and Smith, 1983) で, 外洋域でのプランクトンの 106：16：1 (レッドフィールド比 (Redfield ratio) と呼ばれる；6.1.2節参照) と大きく異なり (Redfield et al., 1963), 一つのリンで固定できる炭素の量は前者で大きい. しかしながら, 流入した陸水の溶存全炭酸中の炭素とリン酸のモル比は 3600-

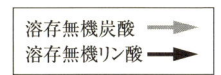

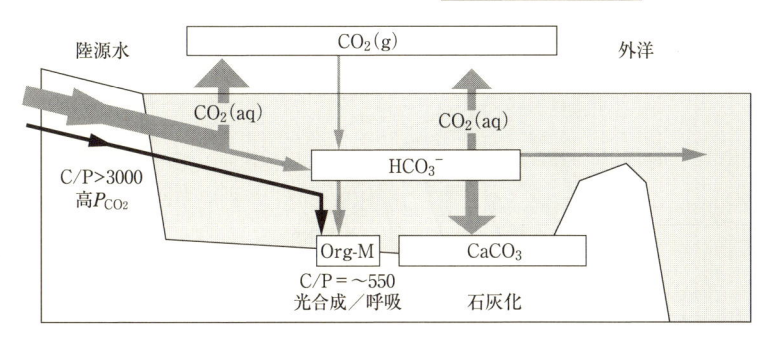

図 5-6　石垣島白保サンゴ礁で観察された炭素循環の模式図（Kawahata *et al.*, 2000 b）
　とくに注目されるのは，石灰岩地帯から流入する陸水で，含まれる栄養塩と比較して多量の全炭酸を含んでおり，このような陸水の沿岸への流入は最終的に沿岸水からの炭素の放出につながる．

35000 と非常に大きかった．地下水等を含むこの陸水では，水に含まれる栄養塩で固定可能な炭素量の実に約 10-100 倍以上の全炭酸が陸水に溶解していることを意味している．このことは，陸水から供給された栄養塩によっても当然炭素が有機炭素として固定されるが，はるかに過剰の炭素が溶存全炭酸で同時に供給されるので，陸水の流入効果は，結果として二酸化炭素に関しては潜在放出源となってしまう（図 5-6）（Kawahata *et al.*, 2000 b）．石灰岩土壌を流域に持つ河川では同様なことが起こっている可能性がある．

5.5　大気を通じての陸源物質の海洋への運搬

5.5.1　風成塵（eolian dust）

　大気を通じて運搬された風成塵は，遠洋堆積物の鉱物成分の供給源として重要である（例，Leinen and Heath, 1981；Janecek and Rea, 1985）．とくに，赤道大西洋，北太平洋，オーストラリア沖の南西太平洋および南東インド洋，アラビア海で，深海底堆積物への風成塵の寄与が顕著である（Windom, 1975；Prospero *et al.*, 1981）．それぞれサハラ砂漠，ゴビ砂漠などのアジア砂

漠地帯，オーストラリアの砂漠，ソマリアおよびアラビア半島の砂漠地帯などが主な供給源とされている．

風成塵の陸域から海洋への輸送は，①風の強さと方向，②供給源からの距離にも影響されるが，最も重要な因子は③供給源地域の気候である (Rea and Janecek, 1981 ; Rea et al., 1985)．砂漠地帯における風成塵の生産は，水平方向の土壌粒子の運搬，粒子の跳躍とともに砂を含んだ地表の状態が重要である．これらの粒子の一部は大気中に運搬され，その後長い距離を運搬されることになる．これらのプロセスは①降雨，②気温，③風，④地表表面の凹凸，⑤地形，⑥植生による被覆度に依存しており，しかもこれらの因子各々が乾燥に関して相互依存性も有しているので，気候に対して高い非線形の呼応をしている (Jickells et al., 2005)．風成塵の生産は，一般に風速の3乗に比例するとされている (Prospero et al., 2002)．実際，南米にまで到達するサハラ砂漠起源の風成塵の年変動は，北西アフリカの気候の変動を大きく反映している (Prospero et al., 1981)．

砂漠の風成塵は直径が 0.1-10 μm で，中心粒径 2 μm が卓越している．このような風成塵の滞留時間は数時間から数週間で，何千 km という単位で輸送される (Prospero et al., 2002 ; Rothlisberger et al., 2004)．しかしながら，風成塵の堆積過程あるいは大気中の濃度は不均一性が高く，実質的に約1日という時間スケールで大きく変化している．風成塵の輸送の多くは数 km の高度で起こっている．

大気からの風成塵の除去は湿潤状態あるいは乾燥状態でも起こるが，その除去率は風成塵の粒径に依存している (Johnson, 2001)．観測とモデリングによると，除去の 30-95％は湿潤状態で起こっている (Johnson, 2001 ; IPCC, 2001)．湿潤での沈積は，風成塵の粒径分布，降雨のパターン，そして運搬高度などにより敏感に変化するが，これは水平方向でも変化が激しい．

風成塵の生産速度は，①直接測定とその値の外挿，②モデリング，③衛星画像から推定されている．いろいろなアプローチは $1\text{-}2\times10^{15}$ g yr^{-1} という推定値を挙げるが，年により大いに変動する．最新の推定結果は 1.7×10^{15} g yr^{-1} で，その 2/3 は北アフリカ起源である．水循環あるいは植生による表層土の被覆の変化は，地球的規模での風成塵の量に影響を与える (Rea, 1994)．

表 5-2 風成塵に含まれる重金属の溶解効率
(Duce *et al.*, 1991)

元素	溶解効率, %	元素	溶解効率, %
Al	0.6-10	As	48-78
Si	5-10	Cd	81-84
P	21-51	Cu	15-86
Fe	<1-50	Ni	29-47
Mn	25-49	Pb	13-90
V	31-85	Zn	24-76

　また，風成塵による海洋への鉄供給に関連して，海洋生物活動に大きな影響を与えることが近年報告されている（Martin, 1990；Martin *et al.*, 1990；Tsuda *et al.*, 2003；Boyd *et al.*, 2004）．海洋生物に摂取されるためには溶存している必要があり，粒子状物質として運搬された固相のどれくらいが海水に溶存されるのかは重要な因子となる（Duce *et al.*, 1991）（表 5-2）．なお，風成塵が地球表層の熱収支に与える評価については，放射強制力（radiative forcing）は直接効果で -0.5 W m^{-2}，雲などを作る間接効果で -0.7 W m^{-2} であるが，誤差も大きい（Tegen, 2004；IPCC, 2007）．

5.5.2 黄砂の挙動

　黄砂は，風成塵の中で中国北部からモンゴル南部の乾燥地帯や半乾燥地帯から発生する砂塵で，大半は春に発生する（名古屋大学大気水圏科学研究所，1991）．鉱物は，①岩石に由来するものと②塩類集積化作用により生じたものに大別される．Sr，Nd の同位体より中国の砂漠や黄土は5つの地域に分類できることが明らかになりつつある（Nakano *et al.*, 2004, 2005；中野，2006）（図 5-7）．日本に飛来する黄砂の粒径は大半が 10 μm 以下である．

　北部中国はもともと降水量の少ない地域である．たとえば，北部を代表する黄河の流域面積は 75×10^4 km^2 で，揚子江（長江）（180×10^4 km^2）の 40％程度であるが，年間流量は 661×10^8 t で，長江（9513×10^8 t）の 7％にも満たない．

　国連環境計画（UNEP）によると，砂漠化の 87％は森林破壊，過放牧，過剰灌漑など人間活動の直接的な水・土地利用に関係しているが，残りの

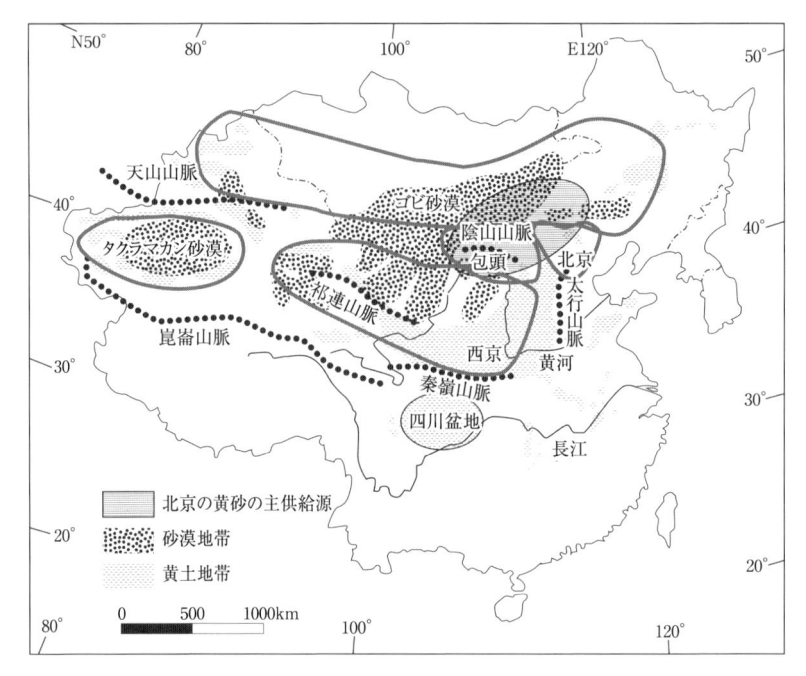

図 5-7　中国からモンゴルの砂漠地帯および黄土地帯の分布（中野，2006）

13％は気候変動によるとされている．人為的要因による乾燥地土壌は $1035 \times 10^4 \mathrm{km}^2$ で，アジア（$370 \times 10^4 \mathrm{km}^2$）はアフリカ（$320 \times 10^4 \mathrm{km}^2$）と並んで砂漠化問題が深刻である．北中国の砂漠は $160 \times 10^4 \mathrm{km}^2$ で，年々 $0.2 \times 10^4 \mathrm{km}^2$ の速度で増加している（中野，2006）．

黄砂は強風と土壌の乾燥化の2条件がそろったときに発生するので，雪等で被覆されたり，土壌が湿っていると発生しない（Kurosaki and Mikami, 2004）．中国北部における黄砂の二大発生源は，タクラマカン砂漠とゴビ砂漠南西部で，発生量はそれぞれ黄砂全体の64％，35％と推定されている．砂塵が発生するには $6.5\,\mathrm{m\,s^{-1}}$ の風速が必要であるが，ゴビ砂漠では粒径が粗いので $10\,\mathrm{m\,s^{-1}}$ が必要である．2001年4月6日，ゴビ砂漠南部（黒河下流の額済納（エチナ周辺））で巨大な黄砂が発生し，地上十数kmの対流圏の上部までまきあがり，1週間かけて太平洋を横断し，最終的に北米大陸に到達したことが，SeaWifs という衛星用海色センサーにより鮮明にとらえ

られたということもあった（http://www.lakepowell.net/asiandust2.htm）．

　なお，黄土高原は細粒な黄土（レス，loess）で構成されているので，黄砂の発生源と誤解されることが多いが，黄土は黄砂が堆積したもので，黄土高原は植生も多く，発生量は中国全体の1％程度にすぎない（図5-7）．また，北中国の20世紀後半の気象データに基づくと黄砂の発生頻度は年々減少しているものの，1000 km以上運搬される大規模な黄砂が増加したと言われている．とくに，近年は，北京など大都市に近い，東経100度から110度の北中国において砂塵の発生が増加しているとの報告がある（図5-7）（中野，2006）．近年，地球的規模での環境悪化が叫ばれているが，都市周辺のデータに基づき，地球的規模での総量や平均値の評価に一部バイアスのかかった議論もあるので注意が必要である（Lonborg, 2003）．

　過去の風成塵については，ケイ酸塩鉱物の同位体組成などより，グリーンランドの氷床に含まれているものはタクラマカンや南西〜黄土高原地域等中国の砂漠由来がかなりあると示唆され，南極の風成塵は南アメリカのパタゴニア砂漠起源であるとされる．また，近年の研究では，黄砂はアメリカ大陸を横断し，さらに大西洋も越えて，ヨーロッパアルプスまで運搬されていたという報告もある（Grousset *et al.*, 2003）．

5.6　現代における二酸化炭素の吸収

5.6.1　人為起源の二酸化炭素放出と陸・海の吸収度

　地球表層に炭素が蓄積されている場はリザーバーと呼ばれている．大気に存在している炭素を1とすると，海洋，陸上生物，土壌に存在している量は，約50：1：2となっている．

　近年の大気中の二酸化炭素濃度の増加の原因については，大気中の二酸化炭素に含まれる炭素同位体（$\delta^{13}C$，$\Delta^{14}C$）の研究から，化石燃料からの寄与が明らかである．大気中二酸化炭素の$\delta^{13}C$は，自然の状態では-7‰であったが，産業革命以降低下する傾向があり，現在は-9‰となっている．この減少には，化石燃料の炭素（$\delta^{13}C=$約-30‰）が約10％貢献していると考えられる．放射性炭素である^{14}Cは，産業革命以降から核爆発実験の影響

のある1950年代までに約2％減少している（スエス効果）．^{14}Cの半減期は5730年と短いため，化石燃料は古いので^{14}Cは壊変してしまっており，^{14}C濃度が化石燃料由来の炭素の添加によって希釈されたということができる．

現在までに人類が消費した化石燃料から発生した二酸化炭素の全量は，p_{CO_2}として400 ppmを超えてしまうが，実際には2007年現在で380 ppm程度であるので，化石燃料起源炭素の相当量が海洋と陸域で吸収されていることになる．このプロセスでは，p_{CO_2}と大気中の酸素分圧変化となって表れる：①海水による無機的な二酸化炭素の吸収では，p_{CO_2}のみが変化するが，酸素分圧は変化しない．②陸域の光合成による二酸化炭素の固定では，酸素の増加分/二酸化炭素の減少分の比率は1：1．③海水温の上昇による酸素の放出．化石燃料の消費量は統計から求められ，炭化水素の燃焼に伴う酸素の減少分/二酸化炭素の増加分の比率は1.39なので，1990-2000年までの10年間での蓄積は，二酸化炭素と酸素はそれぞれ30 ppmの増加，40 ppmの減少と計算された（図5-8）．

しかしながら，実際には，この期間のp_{CO_2}は15 ppmの増加，酸素分圧は33 ppmの減少を示した．これを先の3つのプロセスのベクトルで分けて，各々の貢献度を比率で求めると，化石燃料の燃焼等で大気へ放出された総量は$6.3\pm0.4\times10^{15}$ gC yr^{-1}で，その半分の$3.2\pm0.4\times10^{15}$ gC yr^{-1}が大気に残存し，大気から海洋への吸収量は$1.7\pm0.5\times10^{15}$ gC yr^{-1}，大気から陸域への吸収は$1.4\pm0.7\times10^{15}$ gC yr^{-1}，つまり，海洋と陸の両方でほぼ等量ずつ吸収していると推定される（IPCC, 2001）．この結果は，長期間のタイムレンジでは海洋に存在する炭素の総量は大気の50倍なので，大気に放出された二酸化炭素のほとんどは海洋に吸収されるはずと予想されたが，短期間では表層水に溶解する量は限られ，大気中にかなりの量が残存してしまうことを意味している．

5.6.2 海洋表層における二酸化炭素の吸収

海洋表面と大気との二酸化炭素の交換量は，大気→海洋，海洋→大気の両方向で約90×10^{15} gC yr^{-1}と推定されている．この際，炭素が正味，大気→海洋，海洋→大気のどちらへ移動しているのかが重要である．二酸化炭素の

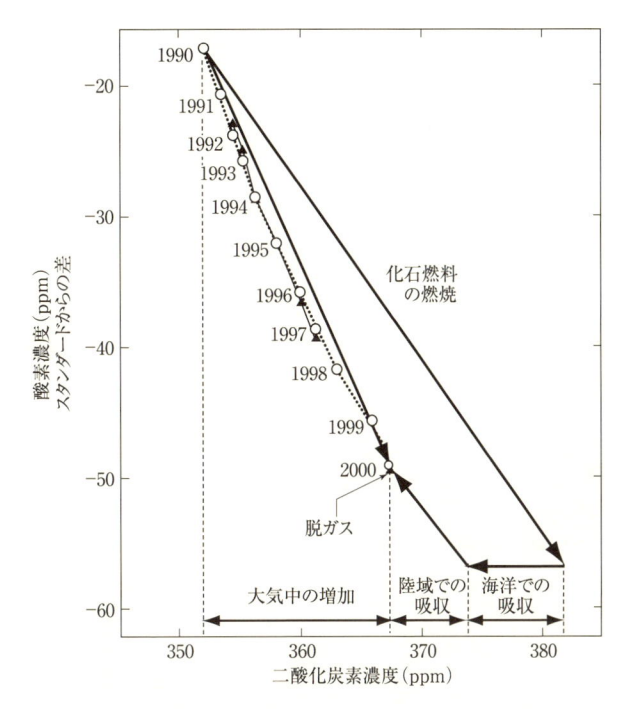

図 5-8　大気中の二酸化炭素と酸素濃度の変化に基づく陸域と海域における二酸化炭素の吸収（IPCC, 2001）

移動流量（F_{CO_2}）は，

$$F_{CO_2} = kK_0(f_{CO_2 海水} - f_{CO_2 大気}) \quad (式 5\text{-}5)$$

の式で与えられる．ここで，k はガス輸送速度定数で，K_0 は海水への二酸化炭素の溶解度，f はフガシティーで近似的に分圧に代えることができる．そこで，正味の輸送方向を最終的に決めているのは，大気と表面海水の二酸化炭素の分圧の差（$= P_{CO_2} - p_{CO_2}$）ということになる．

観測値を基に，この二酸化炭素の分圧の差とそれに基づき大気と表面海水との間の二酸化炭素の輸送量を示したのが図 5-9 である（Takahashi, 1989）．この図中でマイナスの値は二酸化炭素を海洋が実質吸収していることを意味し，絶対値が大きいほど溶け込みやすいということになる．このような海域は大西洋北部と南極海で，深層水の沈み込む地域にあたっている．逆に，赤道域や北部太平洋は大気へ二酸化炭素を放出している．これは，全炭酸に富

んだ深層水が湧昇しているためである．

　一般に大気の混合は非常に速いので，P_{CO_2} は基本的に地球表層どこでもそれほど変わらない．一方，海洋表層水での p_{CO_2} は海域あるいは季節により大きく変動する．炭酸が多く溶け込んでいる海水とそうでない海水とでは，他の条件が同じならば前者の方が二酸化炭素分圧は当然高くなるが，水温も海水の溶存二酸化炭素量に大きな影響を与える．二酸化炭素は水温が低い方が溶けやすく，0℃の海水は24℃のそれに比べて約2倍の溶解能力がある．

　世界の海洋表層の P_{CO_2} の測定は20年以上の積み重ねがあり，季節変動も

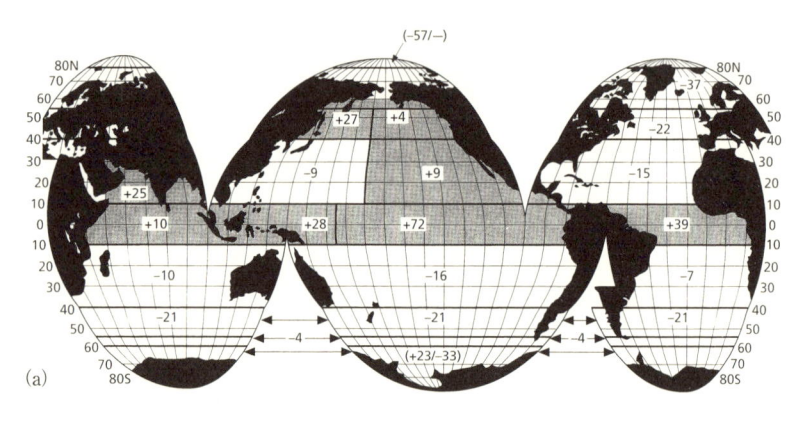

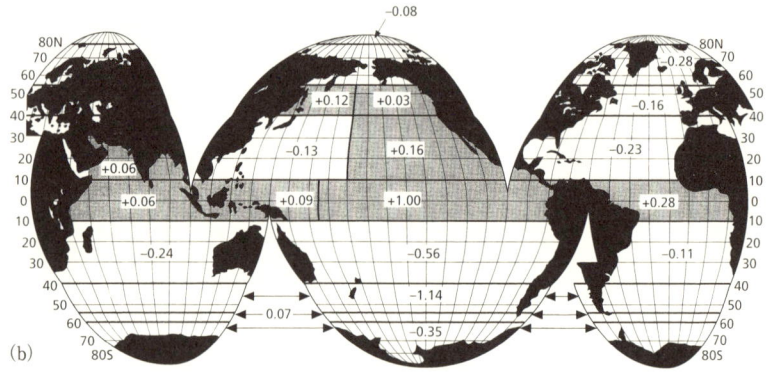

図5-9　(a) 表面海水と大気の年間平均の二酸化炭素の分圧の差（$=P_{CO_2}-p_{CO_2}$）
　　　　＋は海洋から大気への放出，－は大気から海洋への吸収を表す．
　　　(b) 年間平均の海洋表面を通過する二酸化炭素流量
　　　　単位は 10^{15} g yr^{-1}．＋は海洋が放出，－は吸収を表す．（Takahashi, 1989）

ある程度推定できる状況にある．大気-海洋表層間での正味の二酸化炭素の輸送は，前述したように $P_{CO_2} - p_{CO_2}$ と交換速度の積で決まるが，これを正確に求めるためには年間を通じた水温の測定と交換速度に大きな影響を与える波浪の測定が必要になる．しかも，これを全世界的規模で行う必要がある．

なお，海洋表層の P_{CO_2} はエルニーニョ・南方振動などによっても周期的に大変化する．たとえば，太平洋赤道域（135°E-95°W，10°S-5°N）における二酸化炭素放出量は大きく変化し（0.2-0.6×10^{15} gC yr^{-1}），エルニーニョで減少し，ラニーニャに増加する傾向がある（Ishii *et al*., 2004）．

5.7 堆積物に記録される河川水と風成塵の指標

5.7.1 河川水の指標

河口域での河川水の寄与の程度については，淡水と海水との混合による塩分-酸素同位体比の間に線形の関係があることを利用して求められることが多い．水の酸素同位体比は生物起源炭酸塩殻に記録されるが，炭酸塩殻の酸素同位体比は温度にも依存するので，水温を別の方法で推定するか，仮定することになる（2.6節，4.4節参照）．また，炭酸塩中の Ca を置換した Sr の同位体比を分析することにより，風化の強弱や風化源岩の地域を求めることができる．

5.7.2 風成塵の指標

現代の風成塵の研究では，大陸起源の風成塵の成分のよい指標として，①石質成分の重量分析，②土壌や地殻風化物であるアルミノケイ酸塩がこれらの粉塵に多く含まれているので Al 含有量（Duce *et al*., 1980, 1983, Uematsu *et al*., 1983），③風成塵起源の単離した石英，がしばしば用いられる．Al 含有量を用いるのは，粉塵そのものの重量を測定するよりも Al の高感度無機分析の方が容易であるからである．大陸地殻の Al 含有量である 8.2 wt.%（Taylor, 1967）と仮定してしばしば計算される．

西太平洋で風成塵の変遷を研究する場合には，島弧の火山灰起源であるアルミノケイ酸塩の寄与を取り除く必要がある．そこで，堆積物を化学的手法

で処理し，炭酸塩，生物起源オパール，アルミノケイ酸塩，マンガン酸化物などを除去して最後に残った単離した石英を用いて風成塵の評価をした方が精度は高い（岡本ほか，2002）（図5-10）．石英の$\delta^{18}O$値をアジア大陸起源の風成塵の石英の$\delta^{18}O$値（約16.4‰）（Mizota and Matsuhisa, 1985；溝田・井上，1988），火山起源の石英の$\delta^{18}O$値（約10‰以下），海洋底でのオパールの続成で生成した石英の$\delta^{18}O$値（約30‰以上），アジア大陸の砂漠起源の石英の$\delta^{18}O$値（約16‰）と比較することで，石英の起源の同定が可能である（Kawahata *et al*., 2000 a）．砂漠地域から比較的近い地域では，風速が速い場合には風成塵の粒度が粗くなる傾向があるので，粒度より風速の変化を求めることも可能である．ただし，風成塵は通常集合体（aggregate）として飛び立つことが知られているので，堆積物中の粒度を測定して実際の風

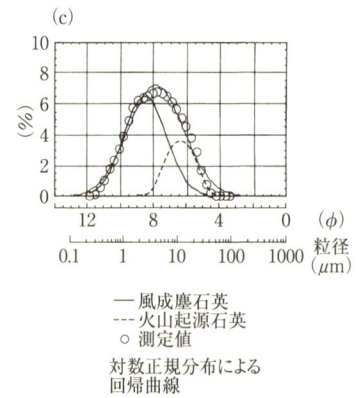

図5-10 太平洋中緯度で採取されたコア中に観察された（a）風成塵に含まれる石英と（b）火山起源石英の写真と（c）粒度分布（Kawahata *et al*., 2000 a）

成塵が飛び立ったときの風の強さを復元する際には注意深く検討する必要がある．

　また，アジアモンスーン変動，乾湿の変化が，レス-古土壌の帯磁率変化より推定されることがある．帯磁とは磁場中におかれた物質が磁化することで，磁化の強さと磁場の強さの比率は帯磁率と呼ばれている．帯磁率は一般に強い磁性鉱物，すなわちマグネタイトやヘマタイトの含有量と物性により支配される．レス-古土壌の帯磁率変化は海底堆積物の酸素同位体比変化とプロファイルが類似していて，とくに陸域の気候変動の指標となりうることが示されている．酸素同位体比測定は時間，労力，コストのかかるのに比べて，帯磁率測定は比較的簡便であることにも利点がある．

6. 生物生産と地球表層環境システム

　生物活動によって作られる固体は，堆積物の代表的な構成物となる．

6.1　有機物の生産

　植物プランクトンが光合成で作り出す有機炭素の量は一次（基礎）生産（primary production）と呼ばれている．その値はIPCCのレポートによると$40×10^{15}$ gC yr^{-1}となっているが，研究者によりかなりの幅がある（22-$60×10^{15}$ gC yr^{-1}）（Sundquist, 1985）．このように報告値にずれが生じている原因は，場所や季節，年で一次生産にかなり変動があるからである．

　植物プランクトンにより生産された有機物のほとんどは，食物連鎖の過程や微生物の活動で酸化分解され，再び海水中に戻るが，一部の粒子は鉛直下方に運搬されていく．これらの海洋表層の一次生産と深層への輸送過程を総称したものは「生物ポンプ」（biological pump）と呼ばれている．一次生産で固定された炭素量は化石燃料の燃焼で放出される量の約3-7倍にも達している（Koblentz-Mishke *et al.*, 1970；Eppley, 1989）．

　一次生産を担っているのは植物プランクトンで，炭素量で2万-20万 pgC L^{-1}*の範囲に入る．通常，2 μm以下はピコプランクトン，2-20 μmはナノプランクトン，20-200 μmはマイクロプランクトンと呼ばれている（Malone, 1980）．

6.1.1　一次生産と新生産

　海洋表層で生物によって生産される有機炭素の総量が総一次生産（gross primary production）で，呼吸量を差し引いたものが純一次生産（net primary production；PP）である．純一次生産は，①再生産（regenerated

---

　＊　1 pgC L^{-1}は炭素量で1リットルあたり1ピコグラムという意味．

production) と②新生産 (new production; NP) に分類される。①はアンモニアや尿素などを含む分解・再生された栄養塩による生産で，②は躍層付近の海水の混合により深層から供給される硝酸塩などによる生産である (図 6-1)。ある一定期間について定常状態が成立しているならば，生産された有機物の中で，表層から除去される量 (主に海底に向かって沈降する粒子状窒素) は，深層からの供給分 (主に溶存する硝酸態窒素) とつり合うはずであるから，表層から除去される粒子束 (フラックス; flux)* は新生産に匹敵する (Eppley and Peterson, 1979; 西澤編，1989) (図 6-2)。

そこで，p_{CO_2} の変動と海洋の炭素循環との関連性を議論する際には，風でよく撹拌されている海洋表層の混合層での再生産を含む一次生産よりも，表層から物質を実質的に除去するエクスポート生産 (export production)** の方がはるかに重要である。しかしながら，一次生産の増加はエクスポート生産の増加を伴うので，本来エクスポート生産を使用すべきところを，直感的に理解しやすい一次生産を用いた議論がしばしば見られる。

新生産の一次生産に対する比率，すなわち NP/PP 比 (f 値) は一般に栄養塩の有光層への供給が少ない海域である亜熱帯循環で最も小さな値を，逆

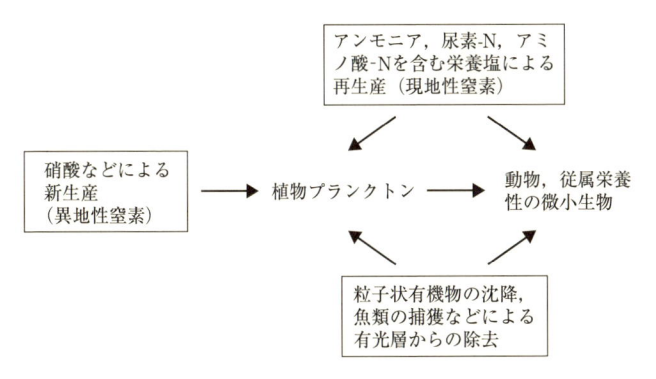

図 6-1 新生産と再生産による海洋表層の一次生産システム (Eppley and Peterson, 1979 に基づく)

---

* フラックス; 流量あるいは粒子束と訳される。たとえば，沈降粒子の場合には，単位時間・面積あたり通過する粒子の量となる。
** エクスポート生産; 海洋表層より鉛直下方に除去される粒子状物質の流量。

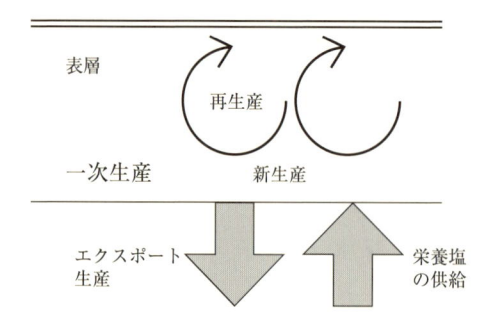

図 6-2 一次生産，新生産，再生産，エクスポート生産に関する概念図

に，中深層との海水の混合により栄養塩が供給されやすい沿岸域，湧昇域，冷水域で高い値を示す．Eppley and Peterson (1979) は，一次生産が 26, 51, 73, 124 gC m^{-2}yr^{-1} に対応する f 値は，6％，13％，18％，30％であることを経験的に求め，これから PP と f の関係を

$$f = PP/410 \tag{式 6-1}$$

と求めた．たとえば，PP が 100 gC m^{-2}yr^{-1} であるとすると f 値は約 25％ となる．式 6-1 を変換すると NP と PP との関係を求めることができる．

$$NP = f \times PP = PP^2/410 \tag{式 6-2}$$

式 6-2 の適用範囲は 150 gC m^{-2}yr^{-1} までで，それより高い範囲では f 値は過大評価されることになる．そこで，Berger *et al.* (1989) は 0 から 500 gC m^{-2}yr^{-1} までの範囲で式 6-3 を提案している．

$$f = PP/a - PP^2/b \tag{式 6-3}$$

ここで，$a=400$, $b=340000$ である．もし，この式を世界の海洋に適用すると，全新生産の 50％は全海域のわずか 12％の面積で生産されていることになる（図 6-3）．この 12％の地域には高一次生産域である沿岸海域が含まれている．

6.1.2 一次生産の面的分布

地球的規模での一次生産を表した口絵 1 によると，海洋では，①沿岸域，②赤道域，③高緯度域が生産の高い地域として明らかである．①では，東シナ海，南シナ海，北海，アラビア海，アフリカ西岸などが，②では赤道太平洋，赤道大西洋が，③ではベーリング海，南極海が含まれる．また，太平洋，

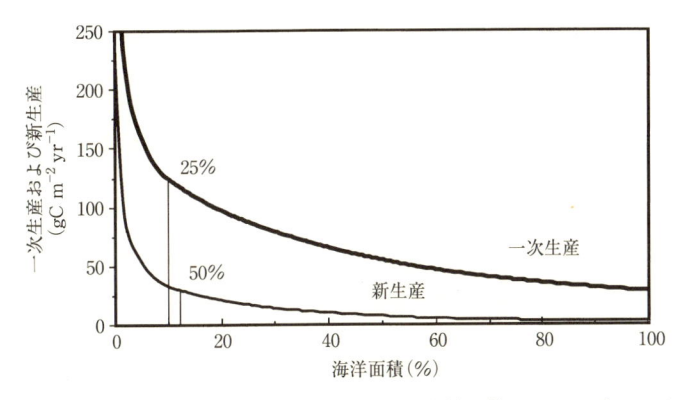

図 6-3 一次生産（PP）および新生産（NP）の海域面積のヒストグラム（Berger et al., 1989）
全世界の海域のたった 10％の面積で一次生産の 25％がまかなわれており，生産量の高い海域が重要であることが示唆される．

大西洋の亜熱帯の広大な海域は低い一次生産で特徴づけられ，「海の砂漠」としばしば呼ばれている．

海洋を河口域（estuary），湧昇帯（upwelling zone），大陸棚（continental shelf），外洋域（open ocean）と分類すると（表 6-1），外洋域の面積は海洋の 92％以上を占めるが，一次生産では全体の 78％となる．逆に，大陸棚は全体の 7％の面積しかないが，一次生産の寄与では 18％となる．なお，河口周辺での 1 年間における単位面積あたりの一次生産の平均値は外洋域の 10 倍以上となるなど，一次生産の値は海洋の場所により大きく異なっている．

海中に差し込む太陽光は水分子や懸濁物などにより散乱吸収されるので，水深とともに指数関数的に減少する．それにより植物プランクトンの光合成

表 6-1 河口周辺，湧昇帯，大陸棚，外洋域と分類した場合の一次生産生産量（Romankevich, 1984）

生態系	面積 (10^6 km^2)	10^9 t C$_{org}$ yr^{-1}	gC$_{org}$ m^{-2}yr^{-1}
河口周辺	1.4	1.0	714.3
湧昇帯	0.4	0.1	250.0
大陸棚	26.6	4.3	161.6
外洋域	332.0	18.7	56.3

速度も水深とともに減少する．一般に表面近くでは日射量が強すぎるので，光合成速度の極大値は表面よりわずかに下層に現れる．

一方，植物プランクトンは呼吸により有機物を消費している．そこで，水深が浅い場合には十分な光量の下で過剰な有機物の生産が行われるが，ある水深より深くなると光合成も小さくなり，呼吸量の方がまさってしまうことになる．自らの呼吸消費分を補償するだけの光合成を行うことができる水深は，補償深度（compensation depth）と呼ばれている．通常はこの水深は光量が表層の約1％となる深度に対応していることが多く，これより浅いところでは正味の光合成生産が行われているということができる．この補償深度以浅の水柱は有光層（euphotic layer）と呼ばれ，その厚さは外洋域では数十〜150 m とされている（西澤編，1989）．有光層内では植物プランクトンの純一次生産はプラスである．

さて，前述した「海の砂漠」である亜熱帯の海域では，光量は十分であるにもかかわらず生産は低くなっている．その最大の理由は，植物プランクトンが増殖するための植物体を構成する必須元素の供給量にある．海洋のプランクトンの肉体の部分の組成は全体として平均すると $C_{106}H_{263}N_{16}P$ という組成を持ち，レッドフィールド比と呼ばれている（5.4節も参照）．海水中に炭素は炭酸系イオンの形で十分に存在しているので，栄養としてリンと窒素が必要となる．また，高緯度海域で高生産を誇る珪藻の場合にはシリカの殻を作るので，ケイ酸が必要である．海洋表層では活発に光合成が行われているので，リン酸や硝酸は表層海水中からほぼ完全に消費されてしまう．一方で，有機物は分解され，最終的にリンや窒素の栄養分に戻っていくが，栄養分が表層に供給されるたびにプランクトンの光合成により固定され，鉛直下方に輸送されてしまう．よって，海洋表層では光は十分に供給されるものの，栄養塩の供給が制限されるために生物生産が抑制されることになる．

有光層への栄養塩の供給として代表的なものがいくつかある．

①冬季に強風と冷却で表層水が攪拌されて，表層混合層の厚さが増して，その分だけ下層にあった栄養塩が混合層内に取り込まれる場合で，高緯度域や亜寒帯域などでしばしば見られる．太平洋の亜寒帯域では，栄養塩が冬季に海洋表層に蓄積され，春になると日射が増加し，水温も上昇するので，花

が咲いたような植物プランクトンの大増殖が起こる．これはブルーミングと呼ばれる．

②河川からの栄養塩の供給により，沿岸域に栄養塩が供給されたり，沿岸域の底層水や微粒の堆積物が季節風などにより巻き上げられて，一次生産が増加する場合で，東南アジア周辺海域がこれに相当する．

③モンスーンや貿易風などの吹き出しにより表層水が沖に移動するために，それを補完すべく中・深層水が湧き上がってきて，下層から栄養塩が供給される．このようなプロセスは湧昇と呼ばれる．いくつかのタイプを図6-4に示した．湧昇域として有名なアラビア海やペルー沖などは非常に高い生物生産を示す．

④このような湧昇は赤道域でも起こっており，赤道域の表層水は南北両半球でそれぞれ極方向に離れるように移動するので，それを補うように中・深層水が湧き上がってくる（図6-4）．この現象は東赤道太平洋において顕著で，湧昇してくる海水は冷たいので衛星画像でも明瞭に認識できる．

以上の栄養塩供給パターンと逆のパターンを示すのが亜熱帯の貧栄養塩海

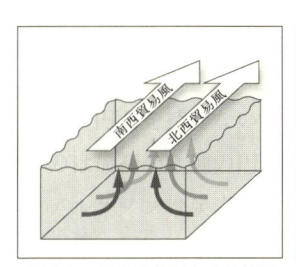

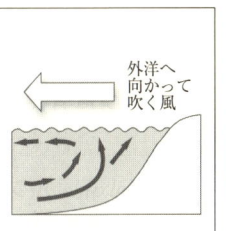

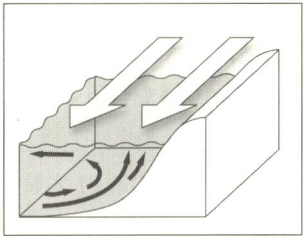

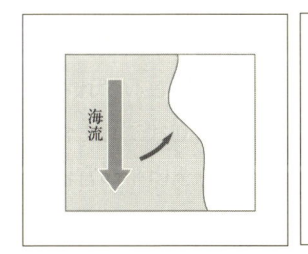

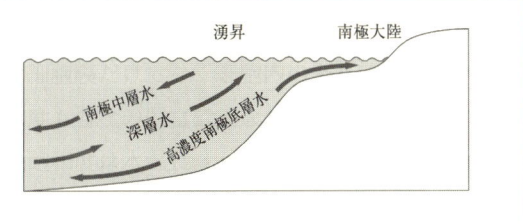

図6-4　さまざまな湧昇プロセス

域である．ここでは，有光層下層に強い密度躍層が存在しており，そこを通じての弱い拡散によってしか中・深層からの栄養塩の供給ができないので，一次生産は低くなっている．

なお，表層水で生産された有機物は水柱を下降する間に分解される．したがって，水深の浅い海底では分解を免れる率も高くなり，堆積物の有機炭素含有量は高くなる．とくに，一次生産の高い大陸周辺の大陸棚や大陸斜面上部で顕著である．外洋域では一次生産を反映して，堆積物中の有機炭素含有量と一次生産分布図とは比較的調和的である（Romankevich, 1984）（図6-5）．

6.1.3 衛星を用いた一次生産の測定
(1) 海洋の一次生産の実際の測定

一次生産の測定で最も一般的に用いられているのは，放射性炭素 ^{14}C を用

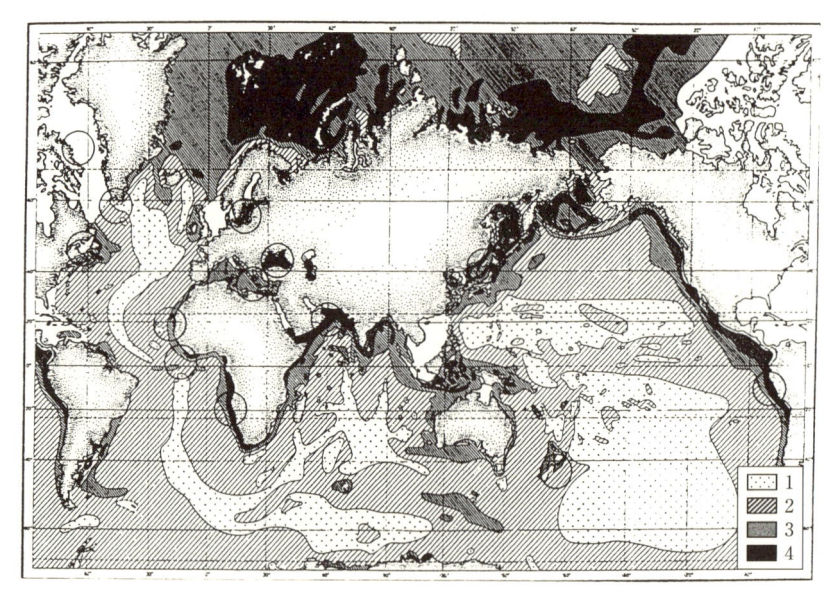

図6-5 現在の海洋表層堆積物中の有機炭素の分布（Romankevich, 1984）
　　1：<0.25 wt.%，2：0.25-0.50 wt.%，3：0.5-1 wt.%，4：>1 wt.%．現在の海洋性堆積物中の有機炭素の含有量は，場所によってかなり異なった様相を呈しているが，規則性も認められる．すなわち，大陸棚，大陸斜面上部，縁辺海の堆積物では有機炭素含有量が高い値を，外洋の中央部では低い値を示す．

いた方法である．試料海水を瓶に採取し，人工の ^{14}C を添加した溶液と十分混合し，これを培養する．その際，瓶を有光層内の各水深に吊るしたり，あるいは船上で温度，光量などの条件を整えて，自然に近い条件で一定期間植物プランクトンを増殖させる．植物プランクトンが光合成を行うと，溶存炭酸イオン中に含まれる ^{14}C も植物体内に取り込まれる．固形物となった有機物をろ過分離し，放射能分析でこの有機物の中に含まれる ^{14}C 量を分析すると，光合成によって有機物に取り込まれる速度，すなわち呼吸から全光合成量を差し引いた純光合成量を求めることができる．

海洋に生息するすべての藻類は，光合成を行うために必要な光合成色素であるクロロフィル a (chlorophyll a) と，補助色素として他のクロロフィル（クロロフィル b, c) やカロチノイド類（カロチン類；calotenes, キサントフィル類；xanthophylls) を含んでいる．これらの色素の組成は藻類の分類群によって異なるが，光合成という点に絞ると，珪藻類ではクロロフィル a, c およびカロチノイド類，緑藻類ではクロロフィル a, b, c, また藍藻類ではクロロフィル a, フィコビリン色素が重要である．クロロフィル a はすべての藻類に含まれ，しかも量的にも多いので植物プランクトン現存量の指標となっている．クロロフィルは有機金属化合物で中心に Mg が存在している（図6-6）．

(2) 一次生産に関する衛星画像の検証

近年飛躍的な技術革新により，クロロフィル a 濃度が測定可能な衛星センサーが開発され，約10年前から日本，アメリカ合衆国，ヨーロッパの人工衛星に次々に登載されるようになってきた．ただし，人工衛星搭載センサーで測定されるクロロフィル a を示す強度の変動は小さく，海洋と衛星との間に存在する大気の性質の変化を補正しない限り，正確なクロロフィル a の情報は求められない（図6-7）．

一次生産解析までのステップは以下のとおりである：①衛星センサーも他の観測機器と同様にその特性値は時間および条件とともに変化するので，その較正が必要である．②大気補正については，大気中のエアロゾルを含む散乱，吸収媒体の種類と量を正確に評価することが大切である．次に，③水中については，クロロフィル量の水柱での分布は海域あるいは季節ごとに異な

図6-6　クロロフィルaおよびbの化学式

クロロフィルは有機金属化合物で，中心にMgが存在している．クロロフィルaは，光合成に不可欠な緑色色素である．藻類が死滅するとクロロフィルは分解し，配位しているマグネシウムが2個の水素で置換されたフェオフィチンとなる．

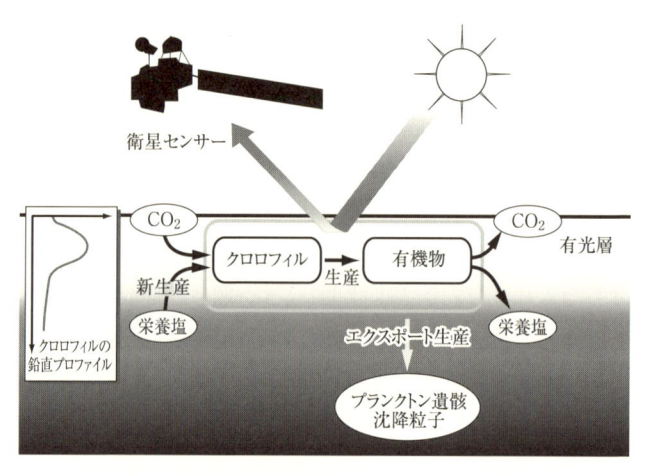

図6-7　衛星画像による一次生産推定の模式図

っているため，実際にどのような分布になっているのかを海洋調査で求めておく必要がある．たとえば，高緯度域では秋から冬にかけて表層付近にも高濃度のクロロフィルが観察されるが，亜熱帯循環と呼ばれる外洋域の中緯度域では表層でのクロロフィル濃度が低くなり，深層極大が形成される場合が多い．④クロロフィル量の単位重量（たとえば1g）あたりの一次生産力は

一定ではなく，深度や栄養塩の状況によって変化するので，海域ごとに解析を行う必要がある．⑤このようにして，ある海域ごとの衛星データ（クロロフィル量，水温，日射量，深度別の一次生産力データ）からアルゴリズムを作成して，全球の一次生産が求まる（Asanuma, 2006）．衛星データはあくまでも光に関する情報であるから，衛星データが観測された時に実海域で一次生産を測定し，両者を比較し，検証（validation）する必要がある（Yokouchi et al., 2006）．衛星による一次生産の推定は，面的に地球的規模での解析が可能であるという長所があるが，さらに約3日ごとに同じ場所の上空を通過するので，時系列の解析もできるという長所がある．

(3) 衛星データを用いた陸の一次生産の推定

衛星データを用いた陸の一次生産の推定は，海のそれとは少し方法が異なる．陸の場合には，日射量，気温，土壌水分，正規化植生指数が大きな支配因子となるが，この他に光利用効率が重要である．これは植生タイプによってかなり異なる．衛星データを用いた陸の一次生産の推定では，たとえば，IGBP（International Geosphere-Biosphere Programme）によって作成された全球植生図，AVHRR（Advanced Very High Resolution Radiometer）データを編集したPath Finderデータ（PALデータ），衛星データを基にした面解析データである全球の気温，土壌含水率と日射量の客観解析データなどが必要である．

Awaya et al. (2004) によると，植生タイプ別の年間の一次生産は農耕地が最も高く，次いでサバンナが多かった．森林では熱帯雨林の値が最も高かったが，農耕地の約半分に過ぎなかった．p_{CO_2}の増加とともに植物による二酸化炭素吸収が増加しているとの説があるが，植生タイプごとの一次生産について，時系列の解析を行うと，農耕地の一次生産のみ，統計的に有意な（95％以上）上昇傾向が認められた．農耕地は通常の自然植生地と異なり，施肥および灌漑により，植物の成長にあわせて栄養塩と水分の補給が行われるので，一次生産の増加は農業手法の改良による効果も大きいと考えられる．

これらの結果を発展させ，陸域全球にわたり求められた一次生産は，58-62$\times 10^{15}$ gC yr^{-1}で，これまでのさまざまな解析手法で求められた一次生産値と整合的であった．また，全球の一次生産が18年間で約0.1$\times 10^{15}$ gC yr^{-1}

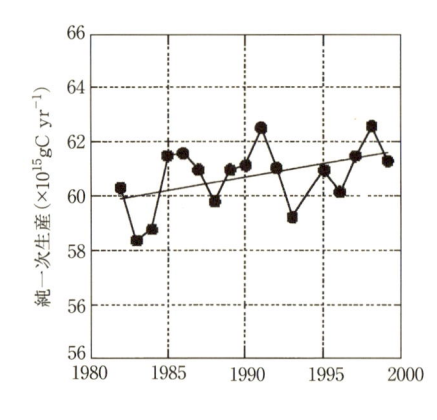

図 6-8 全球陸域の純一次生産の経年変化（Awaya et al., 2006）

の割合で上昇する傾向が認められた（確度 90 %以上）（図 6-8）．これは，約 0.12×10^{15} gC yr^{-1} ずつ炭素の吸収量が増加しているという IPCC レポートと合致していた（Awaya et al., 2006）．

6.1.4 生物生産プロセスに関係した微量元素

　生物生産を維持するための主要栄養塩として，硝酸，リン酸，ケイ酸が重要視されてきたが，近年，生物の代謝を含む生物生産のプロセスに微量元素も重要な役割を果たしていることがわかってきている（表 6-2）．炭素の固定には Fe, Mn などが，珪藻の生産に必要な溶存オパールの摂取については Zn, Cd, Se などが，円石藻の石灰化には Co, Zn などが関係していると報告されている．

　これらの微量成分の働きとしては，生物生産を活性化させるという量的な面と，プランクトンの生態系の組成をも変化させるのではないかという質的な側面がある．海洋での光合成を行うプランクトンの中で量的にも非常に多い *Prochlorococcus* の生産は銅 Cu による毒性に影響される．これは表層海水で，このプランクトンの存在量が Cu の濃度と逆相関の関係があることから示される．逆に，*Synechococcus* は Cu の毒性に影響されないので，*Prochlorococcus* が生息できない程度の高い銅濃度の海水中でも生き抜くことが可能である．

　一般に生物に摂取される微量元素は，海洋表層での生物生産時に生体に取

表6-2 海洋における重要な生物地球化学的プロセスとそれに関係した微量金属のリスト (Morel *et al.*, 2003；Morel and Price, 2003に基づく)

地球生物化学的プロセス	重要な微量元素
一次生産	Fe, Mn
二酸化炭素濃度/固定	Zn, Cd, Co
シリカ摂取-大型珪藻の繁殖	Zn, Cd, Se
円石藻などの石灰化	Co, Zn
窒素固定	Fe, Mo,（？V）
脱窒過程	Cu, Fe, Mo
硝化過程	Cu, Fe, Mo
メタン酸化	Cu
再鉱化作用	Zn, Fe
有機窒素利用	Fe, Cu, Ni
有機リン利用	Zn
揮発成分生産	Fe, Cu, V
光色素合成	Fe and others
毒性	Cu, As（？Cd, Pb）

り込まれるので，その表層海水中の濃度は低くなる．一方，沈降粒子として水柱を下降し，中層あるいは深層で有機物の体が溶出すると，これらの微量元素も海水に溶け出すので，中深層水中の濃度は高くなる傾向がある．Fe, Mn, Zn, Co, Ni, Cuなどは P, Si などの主要栄養塩と類似した鉛直プロファイルを示す．

Pb, Ag, Hg, Cd も類似した鉛直プロファイルを示す．しかしながら，これらの元素は生物にとって毒性があるのではないかとも言われている．これら4つの元素が本当に生物体にとって必須なのか，本当は必要ないにもかかわらず他の元素を取り込む時に体内に入ってきてしまうのか，あるいはスカベンジングなどのような形で有機物を主体とした粒子に付着しているのか等については現在のところ不明である．

6.1.5 鉄と生物地球化学のプロセス
(1) 鉄と一次生産

鉄 Fe は重金属の中でも最も生物地球化学的研究が進展している元素で，最近の研究成果が Jickells *et al.* (2005) にまとめられている．

Feは生物体にとって必須の元素である．これは，Feが光合成，呼吸，窒素固定などを含む多くの酵素システムに使用されているからである．しかしながら，FeはpH 4以上かつ酸化的という条件下では難溶性である．全溶存性Feの海洋での鉛直方向プロファイルは栄養塩と類似のものを示しており，全海域のデータをまとめると，表層で低く（0.03-1 nmol kg^{-1}），深層で増加する（0.4-2 nmol kg^{-1}）．北太平洋でのFeと主要栄養塩の代表として硝酸の鉛直プロファイルを比べたのが図6-9である．コロイド状のFeもかなりの量が水柱に存在していると言われている．

　Feがスカベンジングなどによって海水より除去されるスピードは，窒素より速いので，中・深層水が湧昇して有光層内にもたらされても，植物プランクトンが必要とするFe量にはいくらか不足をきたすことになる．また，沿岸域から外洋域という水平方向でもFe濃度が減少することが報告されている（Martin and Gordon, 1988）．よって，外洋域での一次生産を維持するためには，大気中からのFeを付加してやる必要がある．5.5節で述べたように，風成塵のフラックスは1-2×10^{15} g yr^{-1}であるが（口絵2），生物地球化学循環では海洋への鍵となるフラックスは風成塵そのものではなく，溶解性あるいは生物が利用できる鉄分が重要である．

　外洋域の30％にものぼる地域でFe不足による植物プランクトンの成育

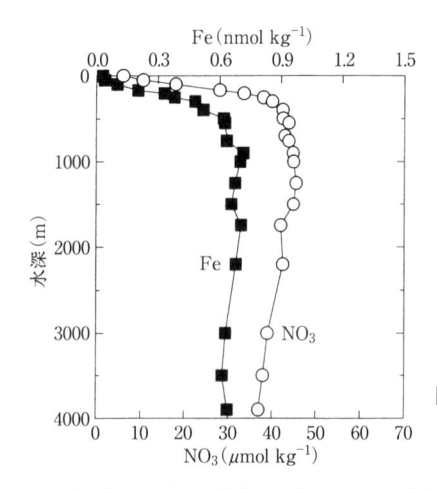

図6-9　北太平洋での海水中の硝酸と比較した溶存Feの鉛直プロファイル（Martin et al., 1989）

制限が指摘されている．たとえば，北東太平洋のような地域では極表層水で，主要栄養塩（N，P，Si）が完全に消費しつくされていないにもかかわらず，Feが足りないために藻類の量は比較的低く抑えられている可能性が指摘されてきた．そこで，このような海域は「高栄養塩低生物生産」（HNLC；High Nutrient Low Chlorophyll）海域と呼ばれ，同様の海域としては南極海，赤道太平洋などが知られている（Martin and Whitfield, 1983；Martin et al., 1990）．最近の研究では単純なFe制限より，より複雑な相互作用，すなわち，Fe，光，主要栄養塩，微量栄養塩（たとえば，Co，Zn）との相互作用が重要であるとされている．

これらのHNLC海域におけるFe散布のフィールド実験の結果によると，Feの供給により生物生産は増大する．さらに，Feの有効利用は藻類の種構造にも影響を与える．外洋域での植物プランクトンは一般に，沿岸域の種よりもFeを必要としない．これは，沿岸域の種がよりFeに富む環境で進化してきたことに関係しているのかもしれない．還元Feの不足度が高まったときには，プランクトンは，細胞のサイズを小さくしたり，あるいはFeを含む酵素の数を最小限にとどめたりして対処する．HNLC海域でのピコプランクトンの *Prochlorococus* は，両方の戦略に依存して繁栄してきた．Feのストレスが緩和したときには，大きな細胞を持つ植物プランクトン種が成長する．とくにより密度が低い生物起源オパール殻を有する珪藻がこれに当てはまる．同様なプロセスは円石藻でも起こっている可能性がある．この場合には，FeとZnが共制限となっているようである．骨格密度の変化は，沈降速度に影響を与え，ひいては，エクスポート生産の変化となって現れる．しかしながら，この効果は，今のところフィールドでは検証されていない．また，石灰化も含めた円石藻の量的な変化は，P_{CO_2}に影響を与え，最終的にp_{CO_2}にも影響を与えると考えられる．

(2) 海洋への鉄の供給による生物活動の変化とその地球的規模の気候への影響

Feの供給は気候にも影響を及ぼすと考えられている．Feフラックスの違いは結果として，生物種の変化，植物プランクトンサイズ分布の変化，エクスポート生産による二酸化炭素の吸収度の変化をもたらす．風成塵は比重が

重い石質成分なので，これが粒子状物質に取り込まれると沈降速度が速くなり，エクスポート生産にも直接影響が現れる（Jickells *et al.*, 2005）．海洋における生物生産，有機炭素のエクスポート生産の変化は，深海底の溶存酸素のレベル，そして溶存酸素極小層の N_2O 生産に影響を与え，これらは海洋での窒素・炭素循環に影響を与える．

植物プランクトンが生成する硫化ジメチルの前駆体（DMSP：ジメチルスルフォニオプロピオネート）は，生物過程を通じて硫化ジメチル（DMS）となり，大気中に放出されると雲核となり，地球的規模の気候変化にも影響を与えると考えられている．Fe を付加すると，DMS の濃度も 8 倍位まで上昇するとの実験報告もある．DMS は酸化すると，酸性の硫酸（sulphate）エアロゾルを形成し，これは太陽光線も効果的に散乱する力を有する．気候モデルの示唆するところによると，DMS フラックスが 2 倍に増加すると，地球の気温は 1°C 下がると計算されており，これは直接的に気候や C，Fe，硫黄（S）の物質循環にも影響を与えることになる（Zhuang *et al.*, 1992）．DMS は気候に影響を与える微量気体の一つで，その放出量は Fe の濃度に非常に敏感である．これらの因子は，温室効果気体（亜酸化窒素（N_2O），メタン（CH_4）），オゾンサイクル（炭化水素，alkylnitrates）そして，大気の酸化機能物質（イソプレン，一酸化炭素）にも直接影響を与える．オゾンへの影響は太陽放射にとっても，紫外線のスペクトルに影響した植物プランクトンの群集組成にも重要である（Jickells *et al.*, 2005）．

6.2　生物起源ケイ質殻

生物が生産するものは有機物だけではなく，殻も生産する．これを整理したものが表 6-3 である．まずケイ質殻，次に炭酸塩殻を持つものについて特徴を述べる．

6.2.1　珪藻（Diatom）

珪藻は分類学上 Bacillariophyceae 珪藻綱に属し，独立栄養性で光合成により原形質を作り増殖する．珪藻綱は円心目（Centrales）と羽状目

表 6-3 古環境解析に用いることができる生物硬化作用を伴った微化石生物殻 (氏家, 1994)

	名称	タクサ	殻質	粒径 (μm)	生息環境	生存地質時代
全体微化石	珪藻	原生生物・珪藻類	珪酸質	5-1500	海-淡水：底	ジュラ紀～現世
	ココリス	原生生物・鞭毛虫 (藻)	石灰質	1-30	海生：浮遊性	ジュラ紀～現世
	ディスコアスター	原生生物・鞭毛虫 (藻)	石灰質	3-35	海生：浮遊性	ジュラ紀～第三紀
	珪鞭毛虫 (藻)	原生生物・鞭毛虫 (藻)	珪酸質	10-150	海生：浮遊性	白亜紀～現世
	渦鞭毛虫 (藻)	原生生物・鞭毛虫 (藻)	偽キチン質	10-150	海生：浮遊性	ジュラ紀～現世
	ヒストリコスフェア	原生生物・鞭毛虫 (藻)	偽キチン質	5-100	海生：浮遊性？	オルドヴィス紀～第三紀
	クリソモナス	原生生物・鞭毛虫 (藻)	珪酸質	10-25	海-淡水	後期白亜紀～現世
	有孔虫	原生生物・根足虫類	石灰質・膠結質・偽キチン質	10-3000	海生：底・浮遊性	カンブリア紀～現世
	放散虫	原生生物・根足虫類	珪酸質	100-220	海生：浮遊性	カンブリア紀～現世
	旋毛虫	原生生物・旋毛虫類	膠結質・偽キチン質	45-1000	海生：浮遊性	後期ジュラ紀～デボン紀
	キチノゾア	原生生物？	膠結質・偽キチン質	70-1500	海生	オルドヴィス紀～デボン紀
	貝形虫	節足動物・甲殻類	石灰質・偽キチン質	500-4000	海-淡水：底・浮遊性	カンブリア紀～現世
部分化石	海綿の骨片	海綿動物	珪酸質・石灰質		海生：底生	先カンブリア紀～現世
	八射サンゴの骨片	腔腸動物・花虫類	石灰質	50-500	海生：底生	三畳紀～現世
	ナマコの骨片	刺皮動物・ナマコ類	石灰質	10-100	海生：底生	石炭紀～現世
	スコレコドント	環形動物の歯	偽キチン質	100-1500	海-淡水：底生	オルドヴィス紀～現世
	コノドント	脊索動物の歯？	燐酸石灰質	500-2000	海生	後期オルドヴィス紀～三畳紀
	魚の歯	魚類	燐酸石灰質			
	魚の耳石	魚類	石灰質			
	車軸藻類の胞子	緑藻類・車軸藻植物	石灰質	200-2000	淡水	デボン紀～現世
	胞子	主にシダ羊歯植物	偽キチン質			
	花粉	裸子植物・被子植物	偽キチン質			
	微小種子	裸子植物・被子植物	偽キチン質			

(Penalles) に分類される．珪藻は直径数 μm～1 mm 程度のオパール（$SiO_2 \cdot nH_2O$）殻を持ち，外洋から汽水，淡水はもとより土壌でも生育する．光合成を行うため珪藻の生育水深は浅海に限られ，通常は浮遊性である．珪藻はオパール殻を作る生物の中では，中生代ジュラ紀に出現した比較的新参者で，繁殖速度が非常に速いという特徴があり，海水中のケイ酸を取り込むという点で放散虫と競争関係にある．進化史上珪藻の出現とともに，放散虫のオパール殻の厚さが薄くなったとの報告もある．

珪藻は冷たい海域での一次生産の重要な担い手となっている．南極海では珪藻が他の植物プランクトンを圧倒して卓越しており，北部北太平洋の一次生産においても，珪藻はその 70 % 以上の寄与を示している季節もある．さらに，海洋表層水の溶存炭素を有機物に換えて炭素を除去するという点からも注目されている．化石種も含めおおよそ 2 万数千種の珪藻が知られている（高野，1997）．

6.2.2 放散虫（レディオラリア）

放散虫上綱（Radiolaria）もオパール（$SiO_2 \cdot nH_2O$）殻を持つ単細胞生物で，$CaCO_3$ の殻を持つ浮遊性有孔虫，および $SrSO_4$ の殻を持つアカンサリアとともに，海洋における三大有殻原生動物プランクトン群を構成している．

分類学上放散虫上綱は，ポリシスチナ綱（Class Polycystinea），フェオダリア綱（Class Phaeodarea）の 2 グループに大きく大別され（Anderson et al., 2002；Takahashi and Anderson, 2002），ポリシスチナ綱は，さらにスプメラリア目（Spumellaria）とナセラリア目（Nassellaria）に分類される（Nigrini and Moore, 1979；Takahashi, 1991）．放散虫は古生代カンブリア紀に出現したとされており，非常に多様性が高く，現在までに化石種も含めると数万種もあると推定されている．現在の海洋には総計約 800 種類の放散虫種が生息している（高橋・Anderson, 1997）．放散虫は熱帯域から極域まで広く分布し，一般に有光層下部に最も多く生息し，表層から数百 m の水深までと分布範囲が広く，さまざまな水塊に適応して生息している．そこで，海洋中層の環境を記録しているのではないかと期待されている．ただし，この

ような環境への適応力の高さから多様性が高いが，個々の種についての生態学的な知識（地理分布，鉛直分布，季節分布，食性，生殖，沈降，そして生態系の中での占める位置）はきわめて乏しい．

6.2.3 珪藻の繁殖と有機炭素の鉛直輸送

海洋では，春先などにブルーム（大増殖）が起こることで，1年間の生物生産量の大部分がその時期に集中することがある．北大西洋では，冬季に鉛直輸送が活発化して，栄養塩が表層にもたらされる．その後，春先に日射量が増加し，水温も上昇すると，この栄養塩を使って生物は活発に生物生産を行う．ブルームの時期のプランクトン群集の組成は緯度方向で違いが見られ，亜熱帯域（北緯33度）以北では珪藻が多いが，熱帯域での一次生産者は体が小さなピコプランクトンが中心となる．

この群集の違いは，それぞれの海域での栄養塩量と関連づけて議論されてきた．高緯度域ではブルーム前に表層に供給される栄養塩量が多い．ここでは，ブルーム開始とともに成長速度が大きな珪藻が増殖する．珪藻の増殖速度はプランクトンの中でも非常に高い．また，ブルーム初期の段階では動物プランクトンによる捕食はまだ小さく，有光層から沈降する粒子にも珪藻が多く含まれている（図6-10）．一方，栄養塩に乏しい低緯度域の一次生産者は微小な鞭毛藻類で，ブルームの初期から動物プランクトンなどによる捕食を受けるので，光合成で生産された有機物などは有光層内で効率的に循環するようになる．セジメントトラップ観測によると，海洋表層でのブルームの期間には深層へ沈降していく粒子の粒子束も増加する（Honjo and Manganini, 1993）．

表層水からの効率的な炭素の除去については，珪藻同士が粘液膜で結び付いて凝集体（aggregate）を作り，深海に沈降していくことが報告されている（Honjo *et al.*, 1982 a）．すなわち，ブルームピーク時に海水中の栄養塩，とくにケイ酸が不足すると，珪藻は粘液膜の分泌を増やして凝集態を形成し，沈降速度を増加させて有光層下へ移動する（Bienfang *et al.*, 1982）．これは表層水の栄養塩減少に対する適応戦略と考えられ，表層水下部における栄養塩の利用・低水温での長期生存，捕食者からの避難に有利であるとされている．

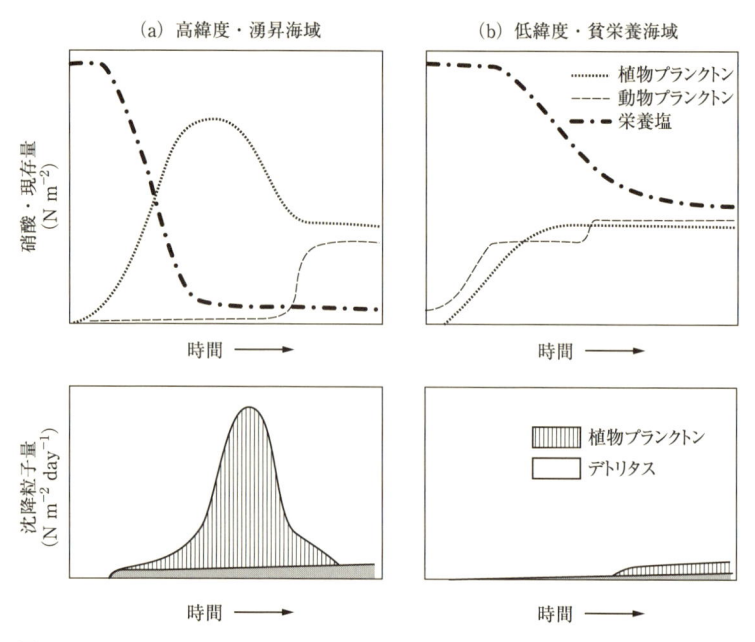

図 6-10 ブルームの推移と一次生産者,捕食者,沈降粒子量の変化についての概念図 (Peinert *et al.*, 1989)
　(a) 高緯度海域・湧昇域,(b) 低緯度・貧栄養塩海域.一次生産者は(a) では珪藻,(b) では円石藻や渦鞭毛藻である.横軸スケールは数日から1カ月程度に対応する.

さらに翌年春先,鉛直混合が活発化した際には表層に移動するための待機の意味もあるとされる (Smetacek, 1985).しかしながら,この説には弱点が指摘されている.それは,珪藻の群集で実際に春先に表層に戻るものはごく一部で,ほとんどは深海底に落下していってしまうことである.

珪藻と円石藻を主体とする群集の大繁殖では,P_{CO_2} などに大きな違いが出ることが予想される (Passow and Peinert, 1993).珪藻の場合には,有光層から中層へのエクスポート生産が大きく,表層海水の P_{CO_2} を低下させる.実際,東経175度ライン上の春先のエクスポート生産と P_{CO_2} の関係はこれを支持している(図7-10).一方,円石藻の場合には,炭酸塩殻を作るステージでは,石灰化によって P_{CO_2} の上昇をもたらす.これはサンゴの石灰化の場合と同様である.

6.2.4 ケイ質プランクトンの生産と溶解

海水中の溶存ケイ酸の鉛直分布（図1-4，図3-5）は，リン酸や硝酸と同様に表層での濃度はほとんどゼロに近いが，中・深層での分布はやや異なっている．ケイ酸の場合は，深さ1000 m 付近での極大があまり顕著でない．これは生物起源オパール殻の溶解速度が，有機物の分解速度に比べて遅いために，より深層で再生するためと説明されている．

海水中の溶存ケイ酸の濃度は 0-200 μmol L^{-1} である．このレベルは粘土鉱物あるいは生物起源オパールなどの海水に対する飽和濃度（1000 μmol L^{-1}）よりはるかに小さく，珪藻や放散虫はケイ酸に未飽和の海水中で，生物起源オパール殻を生産しているということになる．生物起源オパールの溶解では圧力依存性はあまりなく，中・深層では水温もほぼ不変なので，全海洋でほぼ一定の速度で溶解している．そこで，海底堆積物中で生物起源オパール含有量が高い地域は，通常，表層あるいは中層での生物起源オパール生産が高い海域となる．それに相当するのが，赤道海域，南極海域，ベーリング海域などの北部北太平洋と周辺海域である．これらの海域は高一次生産の海域とも一致している．

6.3 石灰化と生物起源炭酸塩殻

ここでは，近年の生物起源炭酸塩殻について扱うが，炭酸塩殻と溶液との化学的な相互作用については北野（1990）に詳しい．

6.3.1 有孔虫（Foraminifer）

有孔虫類は肉質虫亜門（subphylum Sarcodina），根足虫網（Class Phizopodes）有孔虫目（Order Foraminiferida）に分類され，単細胞生物で多くの種類が殻を持っている．化石記録から底生有孔虫はカンブリア紀に出現した．浮遊性有孔虫の明らかな出現はジュラ紀とされ，グロビゲリナ亜目（*Globigerinina*）で統一される．現生種と化石種をあわせて約6万種が3620属に分類されている．有孔虫は殻の開口部から細い糸状の軟体部を出して，移動や捕食などを行っている．この部分を仮足（rhizopod）と呼ぶ．

有孔虫類が属する顆粒根足虫綱は，仮足が先端に向かって多数に分岐・吻合しており，仮足上には粘性のある顆粒（granular）が存在する．

殻を構成する材質によって，ムコ多糖類を主成分とする有機膜を細胞質の周囲に分泌する軟質殻（soft-shell）有孔虫類，砂などの粒子を使って殻を作る砂質有孔虫類，炭酸カルシウムを主成分とする結晶を殻とする石灰質有孔虫類に分けられる．また，一部の種類ではケイ酸塩や鉄酸化物を沈着して殻にする種類もいる．石灰質有孔虫類は，殻構造から殻壁が緻密で透明なガラス質石灰質有孔虫と，殻壁が白い陶器質有孔虫にそれぞれ分けられる．石灰質殻を構成する炭酸塩鉱物の結晶系は，ほとんどの種類が方解石（calcite），あるいは高マグネシウム方解石（high-magnecian calcite）で，一部の種類はアラレ石（aragonite）の殻を持つ．ただし，古海洋の解析で通常用いられる浮遊性・底生有孔虫の殻は方解石より構成されており，現在の海洋底の炭酸塩堆積物の重要な構成要素となっている．

浮遊性有孔虫では，共生藻を伴う種があるが，共生藻から供給される栄養によって生きているというより，基本的に餌をとって生活している（Spindler *et al*., 1984）．浮遊性有孔虫の生活環（ライフサイクル）は，*Hastigerina palagica*, *Globigerinoides sacculifer* について解析が進んでいるが，前者は約1カ月の周期を持っていることが報告されている（Hembelen *et al*., 1989）．後者についても同様な月齢周期が報告されており，配偶子の放出は有光層より深いところ（>200 m）とされている（図4-3）（Erez *et al*., 1991）．これは外洋のセジメントトラップ観測でも支持されており，*G. ruber*, *O. universa*, *G. aequilateralis* 等の種においても月齢周期があるのではないかと指摘されている（Kawahata *et al*., 2002）．一方，深いところまで生息する *Globorotalia truncatulinoides* 等では，ライフサイクルが1年間程度と推定されている（Hembelen *et al*., 1989）．

6.3.2 円石藻（Coccolithphore）

円石藻はハプト藻類（Haptophyceae）に属し，海洋の一次生産者である単細胞の藻類で，ジュラ期初期に出現した．光合成を行うので，太陽光の届く有光層（だいたい水深200 m以浅）に生息している．円石藻の大きさは

通常 2-100 μm で，その大部分は 5-30 μm であり，球形や卵形をしている．細胞表面は炭酸塩からなる方解石より構成されるコッコリスと呼ばれる直径約 1-15 μm の小盤の集合体によって覆われている．この円石藻の化石は，通常，石灰質ナンノ（ナノ）化石と呼ばれている．

生息域は赤道域から両極海までの広範囲にわたる海域で，少数が汽水域に棲息している．方解石の結晶は，0.1 μm より小さい同一の菱面体結晶や六方柱で構成されているホロコッコリス（holococcolith）と，サイズや大きさが異なる方解石結晶からなるヘテロコッコリス（heterococcolith）に区分される．堆積物中に石灰質ナンノ化石として残るのは，ほとんどが後者である．殻のサイズがきわめて小さいため，その同位体比・化学組成より環境を推定する試みは遅れている．

6.3.3 翼足類 (Pteropods)

翼足類は浮遊生活に適応して進化した小形の腹足類（巻貝）で，殻を持つものと持たないグループがある．前者のグループは有殻翼足類と呼ばれ，アラレ石の殻を作る．有殻翼足類は，新生代前半に出現し新生代の後半（約2400万年前以降）に入って繁栄を始め，現在では世界の外洋域に広く分布している．オホーツク海などに生息するクリオネは殻を持たないグループに属する．

6.3.4 サンゴ (Coral)

サンゴは，刺胞動物門花虫綱に属する動物（サンゴ虫）のうち硬い骨格*を発達させる動物で，4種類に分類される：①造礁サンゴ，②軟冷水サンゴ，③宝石サンゴ，④軟質サンゴ．この中で，①は褐虫藻という藻類を体内に共生させていて，その光合成で合成された有機物を利用するので，光が十分に供給されるところを好み，効率的に石灰化を行って，サンゴ礁を形成する．

---

* サンゴの骨格；　サンゴはポリプと呼ばれる肉質の体の下に，炭酸塩の骨格を作る．この部分が主に化石として残り，環境変動解析に用いられる．骨格にはポリプの隔膜に対応した放射状の壁が見られる．造礁サンゴの多くは，この隔壁が6の倍数であることから六放サンゴと呼ばれる．サンゴはポリプ（刺胞）で動物プランクトンなどを餌として取り込み，石灰細胞で炭酸塩を沈着する．

通常造礁サンゴでは，花虫綱イシサンゴ目のものが大多数を占める．とくに，太平洋・インド洋では *Porites* 属が，大西洋では *Montastrea* 属が骨格成長速度 1-2 cm yr^{-1} で直径 2-3 m に及ぶ大きな群体にまで成長する．そして，季節の違いによる高密度，低密度が交互に重なる数百年分の年輪を有するので，これらのサンゴ骨格は古気候の復元に使用される（図 6-11）．なお，イシサンゴ目の中でも褐虫藻を持たないものは，成長も遅く，造礁サンゴとは呼ばれない．

　②はイシサンゴ目（六方サンゴ亜綱）の *Desmophyllum* 属や *Lophelia* 属で，温帯から亜寒帯の水深数十-1500 m に生息しており，共生藻を有しない (Freiwald and Roberts, 2005)．③は八放サンゴ亜綱-ヤギ目，-ウミトサカ目に属し，宝石として使用されている．通常光も届かない，深海に生息し，主に方解石やアラレ石からなる枝状の群体を形成する．これらの成長速度は非常に遅く，100 年で 1-数 mm 程度である．④は骨格を作るものの連続的に成長した骨格を形成しないために，柔らかな群体となるため，古環境解析には適さない．

　前述したように，健全な造礁サンゴは体内に単細胞藻類を共生させているため，褐色を呈する．しかし，30°C以上の高海水温や強い紫外線にさらされると，サンゴと共生藻の共生関係が崩れてサンゴから共生藻が抜け出してしまう (Fitt *et al.*, 2001)．サンゴ骨格はもともと無色透明なので，共生藻が抜け出してしまったサンゴはその下の白色のアラレ石からなる骨格が透けて見え，鮮やかな白色を呈する．これはサンゴの「白化現象」(bleaching) と呼ばれ，サンゴ礁生態系に危機的な状況をもたらすものである．1998 年に汎世界規模で報告された．白化したサンゴは共生藻からエネルギー源となる有機物を得ることができなくなり，骨格の $\delta^{13}C$ にも表れるように代謝が落ちて骨格の成長は非常に抑制され，半年程度は生き永らえるものの，この状態がさらに続くと死滅してしまう（図 6-11）(Suzuki *et al.*, 2000, 2003)．

(1) サンゴ骨格に記録される環境指標

　サンゴは低緯度域の環境変動を定量的に復元できる試料として広く用いられているのでさらに解説を加える（表 6-4）．ただし，水温復元についてはすでに 4 章で説明したので，そこを参照されたい（4.4.5 節参照）．

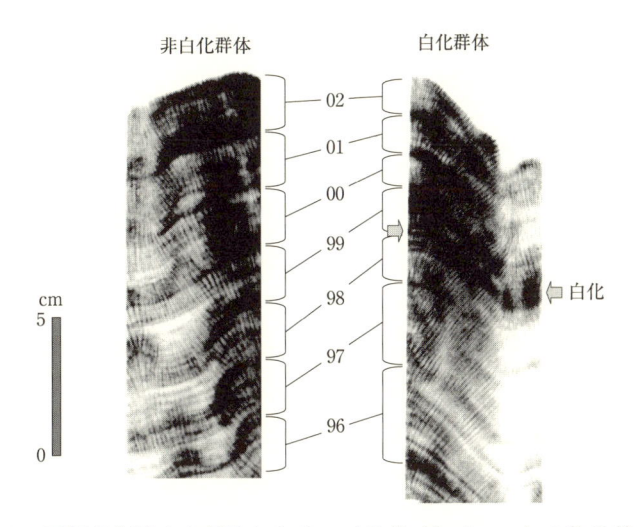

図 6-11 石垣島海岸より採取したサンゴ骨格（*Porites* sp.）の軟 X 線写真
（2002 年 9 月採取；鈴木淳氏提供）
　左側は通常のサンゴ骨格，右側は白化を受けた骨格．数は西暦年号の末尾 2 けたを表す．図中 1998 年から 1999 年にかけての矢印で示したところは，1996 年，1997 年と比べて，成長速度が極端に落ちて，成長がほとんど停止していたことを示している．

表 6-4　サンゴ骨格の化学組成と環境因子の間接指標との関係

化学組成	環境因子の間接指標	引用文献
$\delta^{18}O$	SST，塩分	Cole and Fairbanks (1990)
$\delta^{13}C$	光量，代謝	Fairbanks and Dodge (1979)
$\Delta^{14}C$	水塊移動，大気-海洋ガス交換，湧昇	Druffel (1981), Toggweiler *et al.* (1991), Guilderson *et al.* (1998), Mitsuguchi *et al.* (2004)
Sr/Ca	SST	Beck *et al.* (1992)
Mg/Ca	成長速度	Inoue *et al.* (2007)
U/Ca	SST	Min *et al.* (1995)
B/Ca	SST	Sinclair *et al.* (1998)
Ba/Ca	湧昇，河川流入，プランクトン繁殖	Lea *et al.* (1989), Tudhope *et al.* (1996), McCulloch *et al.* (2003)
Mn/Ca	湧昇，海底温泉	Linn *et al.* (1990), Shen *et al.* (1991)
Cd/Ca	湧昇，栄養塩，汚染	Shen *et al.* (1987)
Zn/Ca	汚染	Shen *et al.* (1987)
Sn/Ca	汚染	Inoue *et al.* (2004 b)
Cu/Ca	スカベンジング，汚染	Linn *et al.* (1990), Inoue *et al.* (2004 b)
Pb/Ca	スカベンジング，汚染	Linn *et al.* (1990), Shen and Boyle (1988), Inoue *et al.* (2006)

炭素同位体比

　骨格中の酸素同位体比は海水温や海水中の酸素同位体比に依存して変動することが明らかであるが，それに対して，炭素同位体比は日射量や雲量の間接指標となることが指摘されている（Fairbanks and Dodge, 1979；McConnaughey, 1989 a, b）．これは骨格中の炭素同位体比が，共生藻類や海水中の生物群集による光合成の影響で変動すると考えられているからである．しかし，骨格形成に関わる炭素の反応経路は複雑で，成長時の環境要因やサンゴの代謝に関わる多くの情報に左右されるため，サンゴ骨格中の炭素同位体比に関しては明らかにされていない点が多い．そこで，Vaganay et al. (2001) は実験を通して，光と骨格中の炭素同位体比，共生藻類による光合成，呼吸，サンゴの石灰化との相互関係を明らかにした．その結果，光の強度と石灰化，骨格中の炭素同位体比の間に高い相関が認められた．共生藻類は光合成の際に ^{12}C を選択的に摂取するが，日射量が多い時には ^{12}C とともに ^{13}C も摂取し，結果として骨格形成時の炭素同位体比が重い方へシフトする．このことから，Vaganay et al. (2001) はサンゴ骨格中の炭素同位体比は日射量の間接指標として有用であると指摘している．

　実はサンゴ骨格の酸素・炭素同位体比は，反応速度論的同位体効果によっても大きく影響を受けるが，成長速度 5 mm yr^{-1} 以上の場合には平衡からのずれがほとんど一定であることが，環境の間接指標として利用できる大きな利点となっている（McConnaughey, 1989 a）．

微量元素（Cd, Ba, Mn, Pb, Cu, Sn）

　海水中の Cd, Ba は栄養塩と類似した鉛直濃度分布を示す．すなわち暖かい表層水で濃度が低く，低温の深層水で高くなる．したがって，サンゴ骨格の Cd, Ba 含有量の変化は海水の鉛直混合の変化のよい指標となる（Shen et al., 1987；Lea et al., 1989）．一方，海水中の Mn 濃度は，太平洋では表層に多く，深層で減少する傾向にある．そこで，サンゴ骨格の Mn 含有量は Cd, Ba とは逆のセンスとなる（Linn et al., 1990）．また，Pb, Cd は 19 世紀以降の公害物質の海洋環境への暴露の指標として使われてきた（図6-12）（Shen and Boyle, 1988）．サンゴ骨格の Cu, Sn 含有量は船底塗料による港湾の汚染の指標として用いることができる（Inoue et al., 2004 b）．

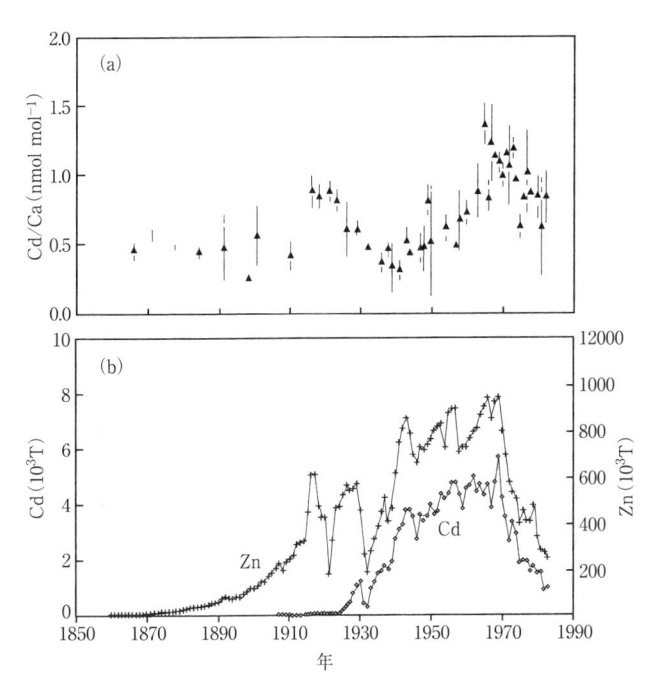

図 6-12 工業活動の指標としてのサンゴ骨格中のカドミウム濃度の変動（Shen and Boyle, 1988）
(a) バミューダ・ノースロックのサンゴ骨格中の Cd/Ca 比変動．ほぼすべての試料に関して3度の繰り返し測定を行っている（誤差：1σ）．(b) 1850年から現在までの米国における亜鉛の生産量と，亜鉛生産に伴うカドミウムの排出量の変動．(a) と (b) にはよい相関が認められる．

蛍光性物質

サンゴ骨格中の蛍光バンドは河川流量の増大に伴う陸源物質（フルボ酸，フミン酸）の存在により発色強度が増すことから，降水量，河川流量変化の指標になるとされている（Isdale, 1984；Boto and Isdale, 1985；Klein et al., 1990；Isdale et al., 1998）．

フォールアウト核種（^{90}Sr, Pu）

1950年半ばから10年間にわたって実施された核実験により，プルトニウム Pu や Pu の核分裂により生じた ^{90}Sr, ^{90}Y, ^{137}Cs などが海洋表層に降下した．核実験場から遠く離れたサンゴ礁域でもこれらの核種がサンゴ骨格中

に検出される（Toggweiler and Trumbore, 1985；Benninger and Dodge, 1986）．大気圏核実験は南赤道太平洋で何度か行われたが，環境に暴露された放射性核種の海水中の現在の濃度は西太平洋で高くなる傾向が見られ，海洋の表層循環を反映したものと考えられている．

6.3.5　シャコガイ（Tridacnidae）

　シャコガイ科は，現生では2属8種が知られている．インド・太平洋のサンゴ礁域に広く分布しており，二枚貝のなかで最大の殻を形成し，100年以上生きるものもある．シャコガイの体内には造礁性サンゴと同様に共生藻類（Zooxanthellae）が生息しているため，光の十分届く水深30 m以浅に生息する．シャコガイ殻の成長速度もサンゴ骨格と同様 $1\text{-}2\ \text{cm yr}^{-1}$ と速いが，サンゴ骨格と対照的に，シャコガイの酸素同位体比は，海水と同位体平衡の下で析出した方解石の値とほぼ等しい（Aharon, 1991）．また，マイクロサンプリング方法を用いてシャコガイ殻について $50\ \mu\text{m}$ 間隔で採取し，その酸素同位体比を測定を行った結果からは，成長線は日輪に相当することがわかった．また，その日輪幅は石灰化量を表すので，日射量の推定が可能であるとの指摘がある（Watanabe and Oba, 1999）．

6.3.6　硬骨海綿（Sclerosponge）

　硬骨海綿は，海綿動物門に属する生物で，サンゴ礁の海域に生息し，イシサンゴとよく似た炭酸塩の骨格を形成する．硬骨海綿は，現在では種ごとに普通海綿綱（Demosponge）と石灰海綿綱（Calcarea）とに分類されている．硬骨海綿は共生藻類を持たず，光が少ないかまったく届かない洞窟内やサンゴが生息できない準浅海域（水深300 m付近まで）に生息している．そのため，骨格の成長速度は $0.1\text{-}1\ \text{mm yr}^{-1}$ と非常に遅く，数百年間にわたって成長を続け，周囲の環境を記録する．

6.3.7　貝形虫亜綱（Ostracoda）

　貝形虫亜綱は，分類学上は節足動物門，甲殻亜門，大顎綱に属し，5つの目からなる．大きさはほとんどが1 mm以下だが，中には3 cm以上の種も

ある（池谷・阿部，1996）．貝形虫は雌雄異体で，一般には有性生殖を行うが，淡水域などに生息する種には単為生殖によって発生する種もある．成長する間4-9回の脱皮を繰り返し，成体に成長するまでの期間はおおよそ20-80日である．

貝形虫は深海，浅海から汽水域，および陸水域まであらゆる水域に生息する．遊泳性の代表的な種として，発光することでよく知られているウミホタル（*Vargula hilgendorfii*）がある．最も古くはカンブリア紀の地層から産出し，化石・現生種を合わせると10万種に達すると言われており，日本周辺ではそのうち約500種が報告されている．

貝形虫は淡水域にも生息するので，その殻は陸域の環境を推定するには貴重な材料である．たとえば，貝形虫殻中のMg/Ca比は水温と相関があると言われてきた（たとえば，Chivas *et al.*, 1993）．ただし，陸水ではMg/Ca比が極端に変化するので水温換算には注意が必要である．また，Sr/Ca比は湖では塩分の指標となることも指摘されているが（De Deckker *et al.*, 1999），研究対象地域に応じた検討が必要である．

6.3.8 サンゴモ類 (Coralline algae)

サンゴモ類は細胞壁に高マグネシウム方解石を沈着させ，藻体を岩石のように硬くする特異な藻類であり，熱帯から寒帯までの潮間帯から透光帯下限までの広い範囲に分布している．サンゴモ類は石灰化していない膝節を持つ有節サンゴモと，膝節を持たない無節サンゴモに大別でき，無節サンゴモには皮殻型から樹枝状・リボン束状のものなど，さまざまな形態のものがある．

6.3.9 腕足動物 (Brachiopod)

腕足動物は，分類学的には腕足動物門に属し，背殻（dorsal valve）と腹殻（ventral valve）の2つの殻を有する．腕足動物は，有関節綱（Articulata）と無関節綱（Inarticulata）の2綱に大別され，前者は初生的に低マグネシウム方解石，後者は主にリン灰石とキチン質の殻からなる．古環境解析に主に用いられるのは前者のグループである．この生物はカンブリア紀初期に出現し，顕生代の全期間にわたって連続的にしかも豊富に化石記

録を有するので，超長期の環境復元には非常に有用である（山本ほか，2006）．たとえば，酸素・炭素同位体に加えて Sr 同位体から，海洋底生産量，大陸地殻の隆起や侵食量の復元（Veizer et al., 1999；Shields et al., 2003），硫黄同位体から硫黄の物質循環（Veizer et al., 1999；Kampschulte et al., 2001），ホウ素同位体から pH や p_{CO_2} の変遷（Joachimski et al., 2005）などの解析が行われている．

6.3.10 アンモノイド類（Ammonoid）

アンモノイド類は一般に螺旋状に巻いた殻を持っており，殻の外形は腹足類（巻き貝）とよく似ているが，分類学的には軟体動物門（Mollusca）頭足綱（Cephalopoda）に属する．現生生物ではオウムガイ類，イカ・タコ類などが頭足綱に含まれる．

アンモノイド類はおよそ 4 億 2000 万年前のシルル紀後期に地球上に出現したと考えられており（棚部，1998），その進化史の中でデボン紀末，ペルム紀末，三畳紀末などの大量絶滅を経て，白亜紀末に地球上から完全に姿を消した（House, 1988）．アンモノイド類はこの約 3 億 5000 万年間のなかで，その多様性変動と海水準変動が調和的であるなど，地球史を通じたイベントと密接に関連した進化史を有することから，古環境変動とそれに呼応する生物多様性変動を知る上でも重要な生物の一つである．

アンモノイド類の殻体はアラレ石からなるため，続成変質により生じた方解石との識別も容易である．外殻は付加成長し，個体サイズも数 cm から数十 cm と比較的大きい．群集の種構成に変化はあるものの，赤道から高緯度域まで連続的に産する．白亜紀のアンモノイドの安定同位体比の分析より，当時の主要な種は基本的に底生であったことが示唆されている（Moriya et al., 2003）．

6.3.11 真珠と真珠貝（Pearl and pearl oyster）

真珠は真珠光沢で特徴づけられ，生物が作った宝石と言われているが，その構造は通常の二枚貝などの炭酸塩殻とは大きく異なっている（和田，1992，1994，1999）．真珠層は①アラレ石（約 0.4 μm）と有機物層（約 0.02 μm）

の何千枚という互層から構成され，②光の回折と③有機物の色により独特の光沢を有している．有名なアコヤ貝（*Pinctada fucata*）は，二枚貝網，翼形亜綱ウグイスガイ科に属しており，その母貝の貝殻は主に方解石とアラレ石というように，一つの生体から異なった鉱物を作り出している（Nakashima et al., 2008）．真珠のアラレ石は酸素同位体比に基づくとほぼ平衡な条件下で形成されていることが報告されている（Kawahata et al., 2006）．巻き貝で真珠層を作るものとしては，腹足網，原始腹足目ミミガイ科エゾアワビがある．

6.4 生物起源炭酸塩の生産と溶解

6.4.1 生物体での石灰化と代謝

生物体での石灰化は P_{CO_2} を上昇させ，大気への二酸化炭素の放出を引き起こす（図 6-13 右）（鈴木，1994；Suzuki, 1998）．

石灰化（CO_2 放出）：$Ca^{2+} + 2HCO_3^- \rightarrow CaCO_3 + H_2O + CO_2 \uparrow$

(式 6-4)

有機物が呼吸などで分解するときの反応は二酸化炭素の放出反応となっている．

呼吸（CO_2 放出）：$CH_2O + O_2 \rightarrow H_2O + CO_2 \uparrow$ （式 6-5）

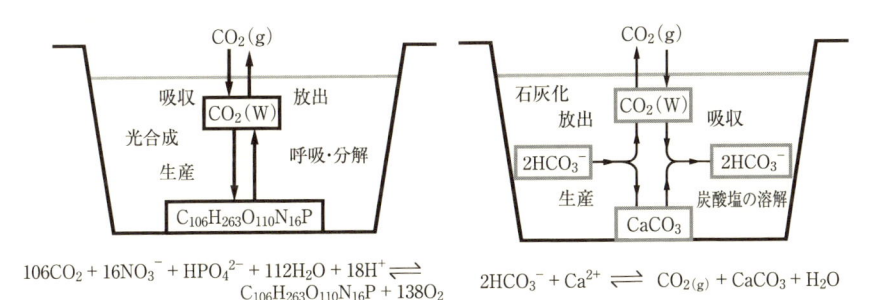

$106CO_2 + 16NO_3^- + HPO_4^{2-} + 112H_2O + 18H^+ \rightleftharpoons C_{106}H_{263}O_{110}N_{16}P + 138O_2$

$2HCO_3^- + Ca^{2+} \rightleftharpoons CO_{2(g)} + CaCO_3 + H_2O$

図 6-13　光合成，呼吸，石灰化および炭酸塩の溶解における炭素の挙動に関する模式図
　　　外洋域にも適用できるように，有機物を表す化学組成はレッドフィールド比で記したが，実際のサンゴ礁の生物群集のC：N：P比の平均は約550：30：1である．

また，共生藻などによる光合成は二酸化炭素の吸収反応となっている．

$$\text{光合成（CO}_2\text{吸収）：CO}_2\downarrow + \text{H}_2\text{O} \rightarrow \text{CH}_2\text{O} + \text{O}_2 \quad \text{（式 6-6）}$$

サンゴのような共生藻を持つものは上の（式 6-4, 6-5, 6-6）の反応が，相当数の有孔虫のように共生藻を持たないものは（式 6-4, 6-5）の反応が同時に進行している．ハマサンゴを例にとって，より詳細に内部を見ていこう．

サンゴの一つ一つの個体であるポリプ*は，互いの個体が骨格部分で連結した群体を構成し，ポリプは骨格の上面に位置している．それぞれのポリプはイソギンチャクと同様に触手を持ち，体の内部に口道から続く消化管の役割をする腔腸という構造を持つ（図6-14）．また，ポリプを構成する細胞内

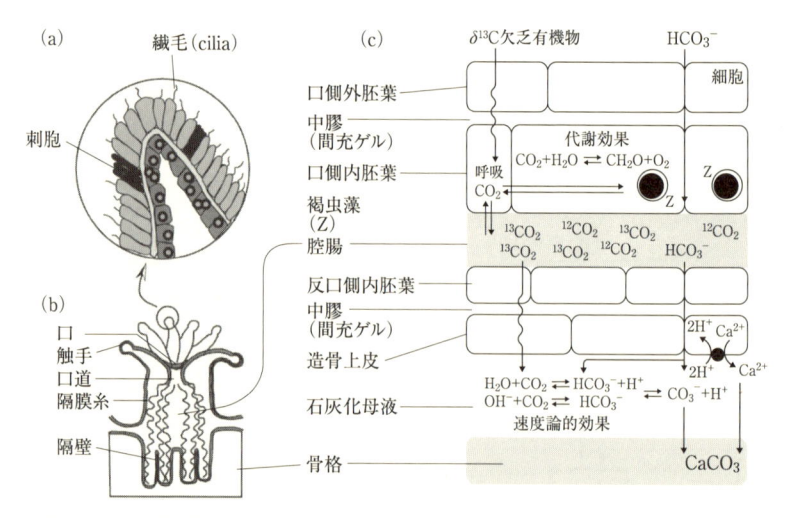

図6-14 サンゴポリプの模式図 (Omata et al., 2006)
　サンゴはイソギンチャクと同様に触手を持ち，体の内部に口道から続く消化管を持つ．上部では共生藻による光合成が活発で，下部ではアラレ石の沈着が起こる．(a) サンゴの触手の部分の拡大（Veron, 2000），(b) サンゴのポリプ，(c) サンゴのポリプにおける炭素循環の模式図．

---

* ポリプ； 生きているサンゴの基本単位で個虫ともいう．サンゴはイソギンチャクに属する動物で，その個体は上向きに口が一つあり，口の周りには多数の触手が放射状についている．ちょうどタコをひっくり返したような形である．このような個体をポリプと呼ぶ．ポリプとは，ギリシャ語のpolypois（多くの足-タコ）に由来する語である．

には褐虫藻という単細胞の渦鞭毛藻を共生させている (Veron, 1995)。サンゴ骨格の炭素供給源は，①細胞間などを通って，骨格形成部分に入り込んだ海水中の重炭酸イオン (HCO_3^-)，②有機物が呼吸によって分解されて発生した CO_2 である。光合成の時に利用されるサンゴ体内の二酸化炭素は，軽い炭素同位体 (^{12}C) を持つものが優先的に光合成回路に取り込まれていく。このとき，重い炭素同位体 (^{13}C) を持つ CO_2 が相対的にサンゴ体内に残る。その結果，サンゴ体内の溶存無機炭素の炭素同位体比は上昇し，この溶存無機酸素が石灰化に関わるので，光合成が活発になると結果的にサンゴ骨格の炭素同位体比は重くなる (Swart, 1983)。有機物起源の炭素の骨格への寄与率は，有機物・海水中の重炭酸イオンおよび骨格の炭素同位体比から約10% (McConnaughey et al., 1997) と計算されている。

サンゴ骨格は共生藻の光合成により石灰化が促進されているが，その理由として以下の5つのプロセスが考えられる：①石灰化にはエネルギーが必要（たとえば Ca^{2+} が細胞膜等を通過・輸送するのに ATP が必要）で，褐虫藻がその栄養素を供給する。②石灰化により二酸化炭素が生産され，これが褐虫藻の光合成により消費され，両反応が相互に促進される。③褐虫藻の光合成により，骨格有機基質などの石灰化促進物質が生産される。④光合成の反応が進行すると，細胞内の液はアルカリ性の方向に変化するが，これは水素イオンの減少をもたらすので，石灰化反応が進行しやすくなり，両者の共存により pH の効果などの抑制が打ち消される (Suzuki et al., 1995)。さらに最近では，⑤ Ca^{2+} と H^+ が細胞膜で交換輸送され，Ca^{2+} 濃度の上昇とアルカリ性化が同時に進行するというプロセスも提案されている。

造礁サンゴ群集の有機・無機炭素生産量は他の群集と比較して，高い値を示す。すなわち，光合成生産と石灰化が同時に進行している。サンゴ礁群集の特徴は，①群集の一次生産は水界群集の中で最も高く，一次生産はその数〜数十％に相当する。②群集の石灰化は水界群集の中で最も高く，最大の場合で同じ群集の光合成生産に匹敵する値となる。一次生産は $4200\ gC\ m^{-2}\ yr^{-1}$ で，一次生産/呼吸量比（P/R 比）は1に近いとの報告がある。

6.4.2 生態系レベルでの石灰化と炭素循環

サンゴ礁生態系では，サンゴの他に石灰藻，通常の藻類などが分布し，高い生物生産と炭酸塩生産によって特徴付けられている．また一方で，呼吸等による有機物の高い分解速度も重要な特徴である．炭素循環に寄与するサンゴ礁生態系における石灰化作用の役割を解析した．

サンゴ礁は，その地形によって環礁（例：マジュロ環礁，モルジブ・南マレ環礁），堡礁（グレートバリアリーフ，パラオ堡礁），裾礁（石垣島白保サンゴ礁）と分類され，海水の滞留時間は堡礁や環礁のラグーン（礁湖）で数日から数ヵ月，裾礁で半日である．ラグーンの水質には毎日の光合成，呼吸，石灰化の効果が蓄積されている．そこで，サンゴ礁生態系の働きにより，P_{CO_2} の変動がわかれば，炭素循環に影響を与えるサンゴ礁生態系の役割を評価することができる．

各サンゴ礁海域において調査したラグーン表層海水の P_{CO_2} は，源水である外洋水に比べて高い値を示した（図6-15b）．外洋とラグーンの平均分圧差は，海水の温度と塩分による影響を補正した後，マジュロ環礁で約23 μatm，南マレ環礁で約10 μatm，グレートバリアリーフで約20 μatm，パラオ堡礁で約48 μatm であった（Kawahata *et al*., 1997, 2000c；Suzuki *et al*., 2001a）．ラグーンでの高い分圧の原因は全炭酸-全アルカリ度図を用いて検討することができる（図6-16）．一般に，光合成は，有機炭素 1 μmol の生産に伴って全炭酸 1 μmol の減少をもたらす．一方，石灰化作用は炭酸カルシウム 1 μmol の生産に伴って全炭酸 1 μmol，全アルカリ度 2 μmol の減少をもたらす．全アルカリ度は有機炭素の生産分解では変化しない．オーストラリアのグレートバリアリーフのラグーン海水の全炭酸と全アルカリ度の減少量の比は，1：2のあたりにプロットされた．このことは，ラグーン海水の組成は，外洋水を源水としてひとえに石灰化によって生じたことを示すものである（Kawahata *et al*., 2000b）．

以上の結果から，サンゴ礁では有機物の生産も活発であるものの，生産された有機物は呼吸などにより素早く分解して再び二酸化炭素に戻ってしまい，サンゴ礁生態系の炭素循環では石灰化による P_{CO_2} の上昇が支配的であることがわかった．この結果は，マジュロ環礁，モルジブの南マレ環礁にもあて

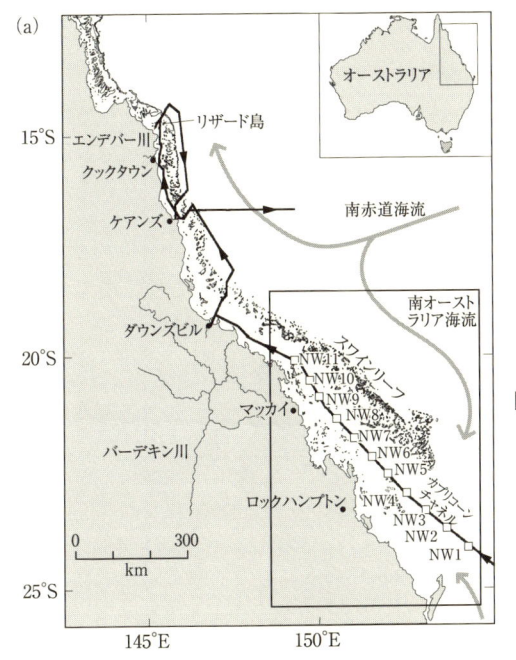

図 6-15 (a) グレートバリアリーフ北部における海洋調査の測線

(b) p_{CO_2}, P_{CO_2}, 水温, 塩分, 全アルカリ度, 全炭酸の観測結果 (Kawahata *et al.*, 2000 c). アルカリ度, 全炭酸は塩分 35 で規格化した.

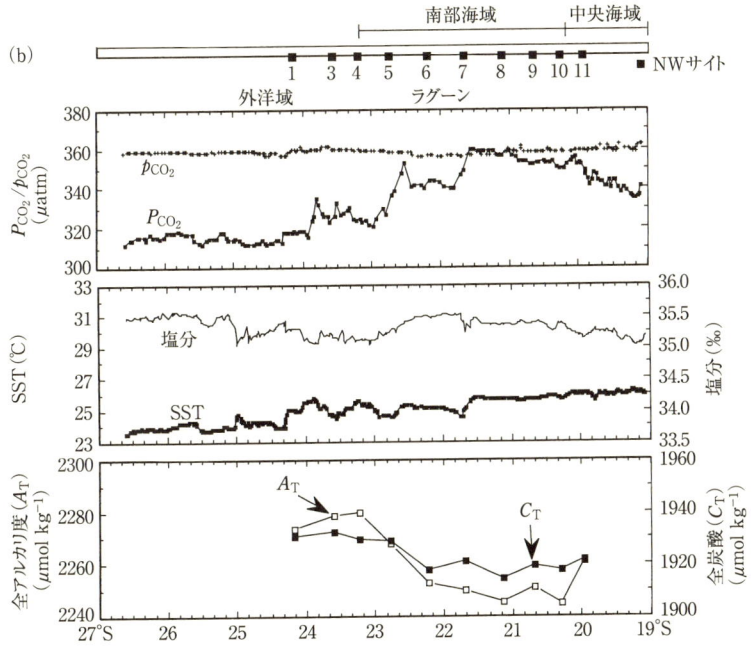

6. 生物生産と地球表層環境システム —— 143

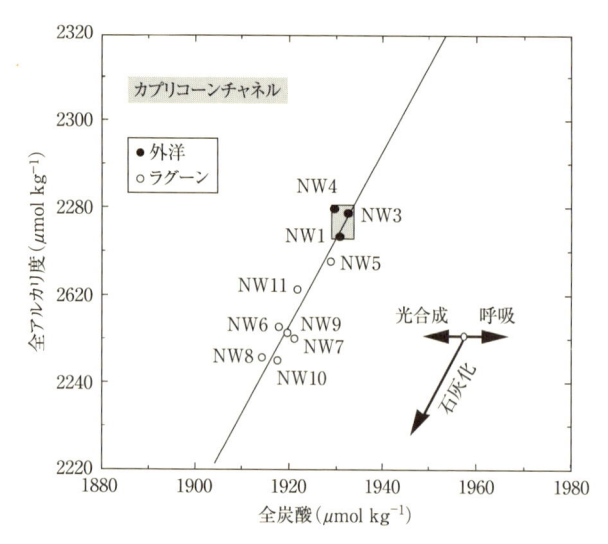

図 6-16　全炭酸-全アルカリ度図におけるグレートバリアリーフにおける外洋水 (offshore water) とラグーン水 (lagoonal water) の関係 (Kawahata et al., 2000 c)

　　全炭酸，全アルカリ度は塩分 35 で規格化した．NW は測点を示す．ラグーン水は石灰化によって生成したことが明らかである．石灰化では，全アルカリ度/全炭酸＝2 の比率で値が減少する．外洋水を起点とした実線は石灰化のラインを示し，ラグーンの値がこのライン上にプロットされるということは，ラグーン水の特性は石灰化のみによっていることを表している．

はまる．以上の事実は，サンゴ礁生態系が潜在的に大気中への二酸化炭素の放出源となっていることを示している (Suzuki and Kawahata, 2003).

　実際，沖縄等のサンゴ礁の浜辺は白いのが特徴で，これは浜辺の砂が炭酸塩の破片などから構成されているために，有機物はほとんど分解されていることを示している（有機炭素含有量 0.4 wt.%以下）(Suzuki et al., 1997). ただし，これまでの結果は，週単位以上の長期間において認められた結果であり，サンゴ礁のような高一次生産で特徴づけられる生態系では，大きな日周変動が報告されている．すなわち，琉球列島の石垣島のサンゴ礁では，測定された表層海水の P_{CO_2} が，光合成の卓越する昼間と呼吸の卓越する夜間で大きな日周変動 (160-520 μatm) を示し，時間帯によってはサンゴ礁は二酸化炭素の吸収源となることもある (Kayanne et al., 1995).

以上のサンゴ礁生態系の結果は，外洋域での有孔虫や円石藻の石灰化にも適用できる．外洋では珪藻などの活動がありシステムがより複雑であるが，円石藻の石灰化を伴う増殖期間では，海洋表層水の P_{CO_2} が上昇するとの報告がある．

6.4.3 炭酸塩の生産と溶解

　現在の海洋における炭酸塩の生産は，ほとんど生物が関与しており，その大部分が外洋域で行われている．現代の海洋では，①表層水と深層水に含まれる炭素濃度の差，深層水の厚さ，そして，深層水の湧昇スピード（200 cm yr^{-1}），②炭酸塩沈積速度の沈積流量，③河川からの Ca 流入量という3つの個別のデータセットに基づく計算が示すところによると，生物によって生産された炭酸塩の約80％は溶解してしまい，約20％が最終的に固定される．

(1) 炭酸塩の溶解

　炭酸カルシウムの溶解特性は方解石とアラレ石で異なり，前者の方が熱力学的に安定な結晶である．現在の海洋表層水は両鉱物について過飽和になっているが，深層水では不飽和になっている．

　炭酸塩が析出（溶解）するかどうか（飽和か，不飽和か）ということは，カルシウムイオンの活量（$a_{Ca^{2+}}$）と炭酸イオンの活量（$a_{CO_3^{2-}}$）の積の値に依存する．飽和度 Ω は次の式で与えられる．

$$\Omega = (a_{Ca^{2+}} a_{CO_3^{2-}})_{海水} / (a_{Ca^{2+}} a_{CO_3^{2-}})_{CaCO_3 に飽和した海水} \qquad (式6\text{-}7)$$

ここで a は活量で，$\Omega=1$ ならば海水はちょうど飽和しており，$\Omega>1$ ならば過飽和で，このような状態が長い間放置されると，炭酸塩が無機的に析出するであろう（2.4.10節参照）．また，$\Omega<1$ ならば不飽和で，不飽和度が大きいほど溶解する．海水中のカルシウム濃度はほとんど変わらず（1％以内），塩分による違いも±1％の範囲でしか変動しないので，Ω 値は $a_{CO_3^{2-}}$（炭酸イオン活量および近似的な濃度）によって支配される．

　飽和した海水の溶解度積は温度にも依存するが，圧力の上昇による影響の方がはるかに大きい．たとえば，水温2℃の海水で比較してみると，500気圧（約5000 m）の場合には，1気圧の時の約1.8倍の溶解度となる

(Broecker and Peng, 1982).また,水素イオン濃度の上昇に伴い,炭酸イオン濃度が減少することによっても炭酸塩の溶解は促進される.

水素イオンは有機物等の分解によって増加する.

$$C_{106}H_{263}O_{110}N_{16}P + 138O_2 \rightarrow 106CO_2 + 16NO_3^- + HPO_4^{2+} + 122H_2O + 18H^+$$
(式6-8)

太平洋の深層水は,大西洋のそれより古く,有機物をより溶解させていて,これらが炭酸系イオンに変化し,付加するため,前者は後者の1.09倍の無機炭素を溶存させている.しかし,上記の化学反応から太平洋の深層水には水素イオンが増加しているため,炭酸イオン濃度は約2/3まで減少している.

海水の交換量をコントロールした上で,海水中の現場で種々の炭酸カルシウムの溶解に関して精密実験が行われている(Honjo and Erez, 1978).それによると,北大西洋の5518 mの水深では,殻が完全に溶解するのに要する時間は有孔虫で218-343日,コッコリスで545-699日,翼足類で108日であった.この結果は,これらのプランクトンが単独に海水に存在した時には,少なくとも2年以内に溶解してしまい,堆積物中には保存されないことを意味している.

(2) リソクラインおよび炭酸塩補償深度(CCD)

現在の海洋では,方解石に関して表層から約1 km以深になると不飽和になるが,わずかに Ω 値が1以下になっても,すぐに炭酸塩の溶解が始まるわけではない(Honjo and Erez, 1978).赤道太平洋の方解石に関する炭酸塩の飽和度の鉛直分布を模式的に示したのが図6-17である.図中三角(▲)は海水の分析から得られたものであるが,水深1 km以下で飽和度は100 %より小さな値となっており,深度に対してほとんど直線的に減少している.一方,方解石の溶解は水深4.0 kmで,急激に増加している.この深度はリソクライン(lysocline)と呼ばれている.

リソクラインより深くなると,表面からの炭酸塩の供給速度と炭酸塩の溶解速度がバランスする深度に達する.これは,炭酸塩補償深度(CCD; Carbonate Compensation Depth)と呼ばれている.現在の海底におけるCCDの分布に関する調査はかなり進んでおり,方解石については,北大西洋で約5000 m,南大西洋で約4000 m,南太平洋で約3500 m,北太平洋で3000 m

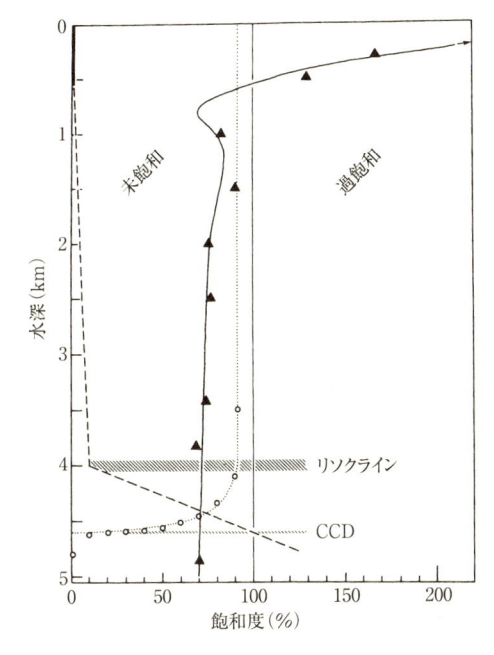

図 6-17 方解石に関する炭酸塩の飽和（van Andel, 1975）．
▲ は方解石の飽和度，破線は方解石の溶解/供給比，点線は計算で求めた堆積物中の炭酸塩含有量（％），○はその実測値を表す．
　水深 1 km 以深では飽和度は 100％ より小さくなるが，溶解強度が増大するのは，リソクライン以深である．上から沈降する炭酸塩粒子の供給量と海底での溶解速度がつりあうのが，炭酸塩補償深度（CCD）である．

にその境界が存在している．アラレ石の場合には方解石より溶解度が高いため，これらの水深より約 1-2 km 浅くなる．

　炭酸塩の供給速度と溶解速度を支配する重要な因子としては，①有光層における炭酸カルシウムの生産率，②鉱物の接する海水の飽和度，③有機物による鉱物表面の被覆度，④粒子の大きさ，⑤粒子の形，⑥堆積物の鉱物組成，⑦底層水の流速，⑧底生生物の活動等を挙げることができる．

6.5　堆積物に記録される生物生産の指標

6.5.1　有機炭素含有量データに基づく一次生産の推定

　過去の一次生産（$gC\,m^{-2}\,yr^{-1}$）を推定するにあたり，生体構成物質の有機炭素を用いる方法は，最も有用な方法の一つと思われる．有機炭素含有量からの一次生産の推定を行う際には，堆積物に含まれる有機物のほとんどが海成起源であることが求められることはいうまでもない．これは，堆積物中

の有機炭素/全窒素比（C_{org}/N），炭素同位体（$\delta^{13}C$）等のデータを基に判断することが可能である．

Müller and Suess (1979) は主に外洋域を対象として，表層堆積物26試料のデータをプロットして，堆積物中の炭素含有量，乾燥密度，堆積速度のデータを基に過去の一次生産（PP）を求める下式を提案した．

$$PP = (\%C \cdot DBD)/(0.03 \cdot SR^{0.3}) \qquad (式6\text{-}9)$$

ここで，PP は一次生産（$gC\,m^{-2}yr^{-1}$），%C は堆積物中の有機炭素含有量（%），DBD は乾燥密度（$g\,cm^{-3}$），SR は堆積速度（$cm\,kyr^{-1}$）である．

セジメントトラップのデータに基づく有機炭素粒子束が，一次生産（PP）と水深（Z）との強い相関（Suess, 1980）の関係にあることが経験的に知られている．これを発展させ，海底水深も考慮して一次生産（PP）および新生産（NP）を求める式が Sarnthein *et al.* (1988) により以下のように提案されている．

$$NP = 0.0238 \cdot \%C^{0.6429} \cdot SR^{0.8575} \cdot DBD^{0.5364} \cdot Z^{0.8292} \cdot (SR(1-\%C/100))^{-0.2392}$$
$$(式6\text{-}10)$$

$$PP_{total} = 2 \cdot NP \quad (NP > 100) \qquad (式6\text{-}11)$$

$$PP_{total} = 20 \cdot \sqrt{NP} \quad (NP \leq 100) \qquad (式6\text{-}12)$$

現在のところ，有機炭素含有量に基づく推定値の絶対値についてはかなりの誤差を含んでいることが明らかなので，以下に述べるさまざまな方法で求めた一次生産推定値と比較して，確度をあげることが求められる．

6.5.2　生物起源オパールによる一次生産の推定

セジメントトラップ観測によると生物起源オパールの粒子束は海洋の一次生産と強い相関がある（Honjo, 1996）．さらにオパール生物殻が繁殖する時期には，海洋表層から有機炭素が効率的に除去され，海洋表層水の P_{CO_2} も下がる（Kawahata *et al.*, 1998a）．ただし，海水はオパールについて不飽和なので，堆積物中のオパール量あるいは解析から過去の生産を定量的に推定することは，相当量の誤差が生ずるおそれがある．しかし，中高緯度では有機物の生産は珪藻に依存する部分がかなりあるので，有機炭素による一次生産の推定の精度をあげるために，生物起源オパールとの相関を解析すること

は非常に有意義である．

　珪藻の種を用いた一次生産の推定も可能であるが，珪藻の群集組成は海域によってかなり異なることが知られているので，変換する式を直接他の地域に適用することはできないという欠点がある．

　オパール生物殻を有するもう一つのグループには放散虫があるが，この動物プランクトンに関しては海洋生物学的情報が乏しく，未開拓な領域となっている．

6.5.3　浮遊性有孔虫による一次生産の推定

　珪藻の場合と同様，浮遊性有孔虫の種を基にした一次生産の推定が可能である．とくに，大西洋ではリソクラインが比較的深く，しかも海底深度が小さいため，この種の研究には適している．また，*G. bulloides* などの湧昇域に多産する種の出現頻度は，生物生産の定性的指標となる．

6.5.4　バイオマーカーによる生物生産の推定

　炭素数 37-39 で二重結合を 2-4 個持つメチルおよびエチルケトンは長鎖不飽和アルケノンと呼ばれている（4.4.4 節参照）．これらの沈積流量は円石藻の生産の指標として知られており，円石藻の殻の数と調和的である．また，このほかにも特定の陸上植物あるいは海洋生物にしか産しない化合物を特定することで，分子単位で源を突き止め，その量から生物生産を推定することも可能になってきた．ただし，これらのバイオマーカーはもともと有機物のため，酸化的条件下では分解しやすい．たとえば，珪藻が作り出す色素としてフコキサンチン（fucoxanthin）とジアジノキサンチン（diadinoxanthin）は特徴的であり，表層水や沈降粒子中に多く認められるが，表層堆積物では続成作用の結果ほとんど見られない場合がある（De Mandolia, 1981）．

　一方，近年では分解に耐性のある有力なバイオマーカーも報告されてきている．光合成生物はクロロフィルを持っているが，これは堆積物では変質してポルフィリン（porphyrin）という化合物となる．最近この微量分析および単離したものの同位体分析が可能となり，将来これらの化合物を用いた物質循環研究が盛んになると期待される（Kashiyama *et al.*, 2007）．

6.6 無機元素および放射性核種の沈積流量と一次生産

6.6.1 バリウム（Ba）

溶存バリウム濃度の深度分布は，表層水中で非常に低く，深層水中での濃度が高く，硝酸塩やリン酸塩などの栄養塩の典型的なプロファイルを示しており，表層での生物による摂取と深海での沈降粒子の溶解による供給が示唆される（Chan et al, 1976；Jeandel et al, 1996）．またその濃度は太平洋が高く，インド洋，大西洋の順で低くなっている．

海水中の粒子状 Ba の量は，粒子状有機炭素と非常によい相関を持っており，その Ba はほとんどが重晶石（$BaSO_4$）の結晶中に含まれるので，過去の一次生産の間接指標となるのではないかとされている（Gingele and Dahmke, 1994）．ただし，海水は重晶石に関して不飽和であるのに，なぜ重晶石が晶出するのか，その詳細なメカニズムは不明である．

重晶石の含有量を得るには，2つの方法がある：①X線回折法で，重晶石結晶のピークの高さから重晶石の含有量を求める．②Ba の化学分析を行い補正計算をして含有量を求める．両者は基本的に整合的である．Ba を使用する際の注意としては2つある：①半遠洋性から沿岸堆積物までさまざまな堆積物に対応して有機炭素/Ba 比が大きく変動する．セジメントトラップ観測によると，水深200 m のレベルでは有機炭素/Ba 比は約200で，有機炭素の分解や Ba の付加によりその比は水深とともに増加していく．この比率は，太平洋で大きく，赤道太平洋，西大西洋の順に低くなり，海盆でも異なる（Dymond et al., 1992；Francois et al., 1995）．②還元的環境下での続成作用では $BaSO_4$ は不安定となり溶解するので，Ba が再移動してしまう．この場合，過去の一次生産のシグナルは消されてしまう（Von Breymann et al., 1990）．重晶石は硫酸イオンが存在している海水中などでは不溶性の化合物である．しかし，続成作用によって硫酸還元バクテリアが活動的になり，硫化物が顕著になると重晶石が溶出し，オリジナルの環境指標が反映されないようになってしまう．

植物プランクトンによる能動的な取り込みによらなくても Ba という元素が栄養塩に似たプロファイルを示すという事実は，他の栄養塩型の水柱濃度

プロファイルを示す微量金属へもこの方法が適用できるかもしれないとの期待を抱かせる．実際，Cu，U についてエクスポート生産量の間接指標として使用できる可能性が指摘されている（Brongersma-Sanders, 1983）．

6.6.2 アルミニウム（Al）

陸域から遠く，一次生産の高い海域では，チタン Ti に比べて Al の沈積流量が顕著に増加し，その Al/Ti 比は，通常の陸起源物質の 3-4 倍に達している．その Al/Ti 比プロファイルは生物起源物質の沈積流量と調和的であるので，沈降する生物起源粒子によって，Al が海水から急速に除去されていることが示唆され，一次生産の低い海域では生物生産の指標として用いられることがある（Murray et al., 1993）．

ただし，通常の海域では Al や Ti は難溶性なので，陸起源物質を表す指標として用いられることが多い．とくに，Al/Ti 比の逆数である Ti/Al 比は，風速を表す間接指標として用いられることがある．これは，Ti が堆積粒子の中で，比較的荒い粒子，とくにイルメナイト，ルチル，チタノマグネタイト，オージャイト等をしばしば含む重鉱物の組み合わせに濃集するためである（Schmitz, 1987）．また，海域によっては，石質成分の中での重鉱物濃度を意味する Ti/Al 比は風成塵の輸送挙動の変動を表す指標として用いられることもある（Boyle, 1983）．

6.6.3 モリブデン（Mo）およびウラン（U）

Mo と U のような酸化-還元に敏感な金属元素は，有機物に富む還元的堆積物中に選択的に沈積することが知られている（Pedersen et al., 1988；Anderson et al., 1989）．この濃集のプロセスとしては，続成過程か有機錯体によるもの，あるいはその両者である可能性も考えられる．大陸斜面の酸素極小層に位置する地点では，Mo に濃集が認められ，Mo 濃度と有機炭素の間に強い相関があることが報告されている（Shimmield, 1992）．U は有機物と結合していることが多く，そのため U 濃度は一次生産が大きな湧昇帯の中心から離れるに従って減少していく．U は一度固定されると，タービダイトのような有機物を多量に含む堆積物でない限り（Colley et al., 1989），堆積

後に溶出するようなことはほとんどない．この点において，還元性の高い堆積物中で続成作用により再移動をしてしまう Ba と異なり，U/Th 比の分布は過去の一次生産の変動を記録している可能性が高い．

6.6.4 トリウム 230 (^{230}Th)

^{230}Th は ^{234}U から放射壊変により生成する．^{234}U は海水中で均一に分布する一方，^{230}Th は不溶性なので，沈降粒子などに吸着して海水中から速やかに除去される．そこで，一次生産が増加すると，沈降粒子も増加し，^{230}Th 粒子束も増加することが報告されている．堆積物中には ^{230}Th も ^{234}U も存在するが，とくに放射平衡となった ^{230}Th（半減期 7 万 5380 年）を差し引いた残りが過剰 ^{230}Th として，過去の一次生産の推定として用いられている．

7. 粒子状物質と地球表層環境システム

海洋表層で生産された粒子状物質は中深層へ沈降していく.その過程で粒子状物質は海水と反応し,両者の組成は変化していく.そして,最終的に埋没したのが堆積物である.

7.1 粒子状物質と溶存物質

海水中には,「溶存物質」と「粒子状物質」が存在している.両者を分ける慣用的な基準は $0.45~\mu m$ のフィルターを通過するものが前者,通過しないものが後者である.これは単なる人為的な基準である.$0.45~\mu m$ のフィルターを通過した「溶存物質」とされるものの中にも,1 nm 以上の小さな粒子状物質が存在している.これは通常コロイド*と呼ばれている.

Koike et al. (1990) は,北太平洋を対象域として 0.35-$1~\mu m$ のコロイドを報告している.この中の 95% は生命活動が認められない (non-living) 物質で,濃度は表層から 50 m の深度の海水で 5-8×10^7 粒子 mL^{-1},200 m の深度で 2×10^6 粒子 mL^{-1} であった.コロイドを構成する物質のほとんどは有機物との報告がある (Wells and Goldberg, 1991).このようなコロイド状態の粒子自体の全粒子に占める割合は 10% 程度と推定されている.現在の全海洋での粒子状物質の総量 (total suspended matter) は約 10^{16} g で,その平均濃度は約 10-$20~ng~L^{-1}$ と計算される (Lai, 1977).

---

* コロイド; コロイドとは微粒子などが液相の中に永続的に分散している状態を指すので,必ずしも粒径には依存しない.

7.2 粒子状物質を構成するもの

沈降・堆積粒子を分類する際には，生物起源物質*（biogenic material；有機物，炭酸塩，生物起源オパール），石質成分（lithogenic material），海成起源物質（hydrogenous material），宇宙起源物質（extraterrestrial material）となる．この中で，スカベンジングに関係した固相は広義の海成起源物質に属するが，マンガンノジュール（マンガン団塊）などを除くと海成起源物質の量は少ない．また，宇宙起源物質も通常非常に少ないので，①有機物，②炭酸塩，③生物起源オパール，④石質成分という4成分に分類されることが多い．

7.3 粒子状物質の鉛直分布

粒子状物質の水柱での鉛直方向の分布は，3つに分類できる（図7-1）．
①海洋表層： 海洋リザーバーの外からの供給という点では，河川や風による供給が挙げられる．海洋内での生成という点では，一次生産に伴う生物

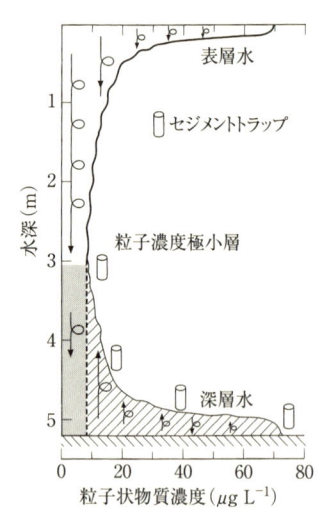

図7-1 典型的な海洋の水柱における全粒子の存在量（Gardner et al., 1985）

---

* 生物起源物質； 生物活動によって生成した物質．通常，生物体の主成分である有機物や炭酸塩，生物起源オパールなどの殻を指すことが多い．

生産を挙げることができる．海洋表層での粒子の濃度は，沿岸では 100 μg L^{-1} 以下から 3000 μg L^{-1} 以上まで，外洋の亜熱帯循環で 10 μg L^{-1} 以下である（Chester and Stoner, 1972）．

②海洋中層での粒子濃度極小層： 表層で作られた粒子状物質は分解するとともに，沈降して除去されるためにその濃度が減少する．

③海洋深層： 海底付近の高濁度層であるネフェロイド（neferoido）層では堆積物表面に存在している粒子が頻繁に再懸濁している．

7.4 粒子状物質の粒径

粒子状物質は粒径からも分類することができる（表7-1）．小さな粒子に関する沈降の速度はストークスの式より求められてきた．この式では，粒子に働く上向きの力（流体中を落下する球体に働く抵抗力（$F=6\pi\eta rv$）と浮力（$F_b=4\pi r^3/3\times\rho_f g$））が，粒子に働く下向きの力（重力（$F_g=4\pi r^3/3\times\rho_p g$））とつり合ったときの粒子の終端速度（$v=2r^2(\rho_p-\rho_f)g/(9\eta)$）が与えられる．ここで，$v$ は落下速度（cm s^{-1}），r は粒子半径（cm），η は流体の粘度（g cm^{-1} s^{-1}），ρ_f は流体の密度（g cm^{-3}），ρ_p は粒子の密度（g cm^{-3}），g は重力加速度（cm s^{-2}）である．そこで，沈降終端速度は粒径が大きくなると速くなることがわかる．たとえば，粘土サイズの粒径が 1 μm の粒子の沈降速度は 0.147 cm hr^{-1} なので，深さ 4 km の水柱を沈降するには 310 年もかかる．通常の海洋では水の流れがあるので，これよりずっと時間がかかるはずである．実際，円石藻のコッコリスは密度の高い方解石でできているものの粒径が小さいため，海底付近では潮流も含めて底層水の強い

表7-1　粒径とストークスの法則に基づいた沈降速度

粒子	粒径直径 μm	沈降速度 cm hr^{-1}	4 km の水柱の沈降に要する時間
極細粒砂	100	1472	11 日
シルト	50	31	1.4 年
粘土	1	0.147	310 年

流れがあるので,一度再懸濁すると溶存成分のように長期間底層水を漂う.海洋におけるほとんどの懸濁粒子は 2 μm 以下である.

上記の細粒懸濁物(FPM；Fine Particulate Matter)に対して,粒径が大きい粒子は,大粒懸濁物(CPM；Coarse Particulate Matter)と呼ばれ,生物起源物質に取り込まれた集合粒子となっていて,通常 50 μm 以上である.極細粒砂サイズ(粒径が 100 μm)の粒子の場合には,沈降速度は 1472 cm hr^{-1} となり,たった 11 日で 4 km の水柱を沈降してしまう.実際,西赤道太平洋域でのセジメントトラップ観測による沈降粒子の平均沈降速度は約 160 m day^{-1} であった(Kawahata et al., 1998 b).

粒子状物質の粒径に加えて成分も沈降速度に影響を与える.通常,生きているプランクトンの密度は約 1.025 g cm^{-3} で(Smayda, 1970),これは海水の密度にほぼ匹敵している.通常,水分とセルロースなどの有機物が集合態を構成している場合には,密度は海水のそれより大きくずれることはない.しかしながら,方解石(密度=2.71),オパールや火山ガラスなどの石質成分の含有量が大きくなると粒子全体の密度が増加し,鉛直下方への輸送が促進される.

7.5 沈降粒子と沈降過程

沈降粒子は鉛直下方へのベクトルを持っている.沿岸から大陸斜面にかけては水平方向の運搬が卓越する場合もあるが,半遠洋域から外洋域に堆積した,古環境の復元に適した堆積物コアの粒子は,生物生産に関連して形成された沈降粒子にその起源を持つものが多いと考えられている(図 7-2)(Honjo et al., 1982 a).有光層内で生産した有機物は鉛直下方に輸送されるが,粘土鉱物などの石質成分についても,これらの生物生産過程に生物体内に取り込まれて表層から深海に効率的に輸送されることが確認されている.

前述したように,沈降粒子の解析では 4 成分に分類されることが多い.沈降粒子の総流量は全粒子束(フラックス)と呼ばれている(6.1.1 節注参照).有機物,炭酸塩,生物起源オパールについては実測され,有機物粒子束は通常有機炭素粒子束に 1.8 を乗じた値で与えられる*.石質成分の粒子

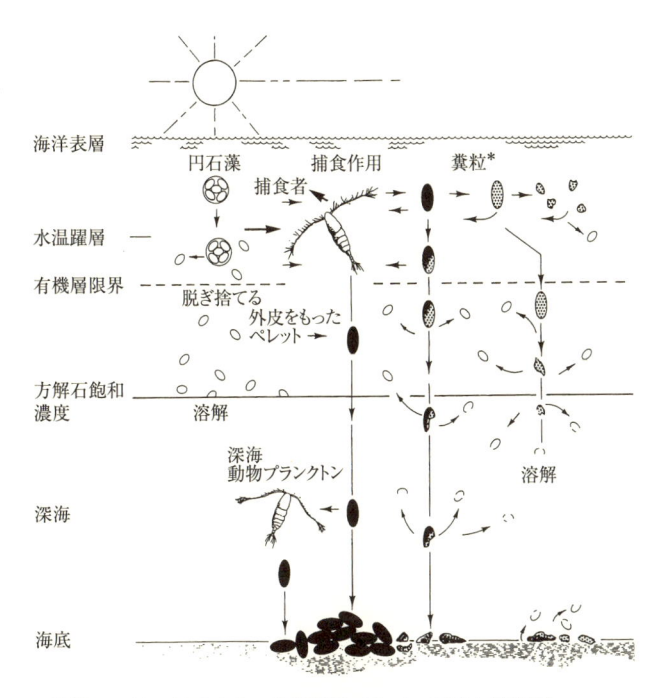

図 7-2　海洋における鉛直方向の物質輸送（Honjo, 1976 を簡略化）
　　　円石藻のコッコリス一つ一つの粒子の沈降速度は $0.15\ \mathrm{m\ day^{-1}}$ であるが，コッコリスが集合した大粒子の場合の沈降速度は $160\ \mathrm{m\ day^{-1}}$ に増加する．糞粒とは，フィーカルペレット（fecal pellets）の訳．動物プランクトンの種類によって形状・大きさなど異なり，沈降速度にも影響を与える．

束は，全粒子束から有機物・炭酸塩・オパール粒子束の合計を差し引いて求められることが多いが．アルミニウム含有量を測定し，その粒子束に定数を乗じて求められることもある．全海洋，とくに半遠洋域から外洋域についてこれまでに得られた沈降粒子の主要成分の粒子束を整理したのが表 7-2 である．

＊　有機物と有機炭素；　海洋の有機物は炭素の他に，水素，窒素，酸素，リンなどが含まれている．この中の中核となる炭素のみを表したのが有機炭素で，酸化すると二酸化炭素になるので，比較的簡単に精度の高い分析値が得られる．有機物に含まれる有機化合物は多種多様なので厳密には変化するはずであるが，経験的に有機物と有機炭素との比率は沈降粒子の場合1.8位になることが知られている．

表7-2 各海域での沈降粒子の主要成分の粒子束

採取地点	緯度経度	海底の深さ (km)	採取の深さ (km)	サンプリング期間	全粒子束 mgm⁻²day⁻¹	炭酸塩粒子束 mgm⁻²day⁻¹	有機炭素粒子束 mgm⁻²day⁻¹	オパール粒子束 mgm⁻²day⁻¹	文献
大西洋									
中央フラム海峡	78°52'N 01°22'E	2.8	2.4	84年8月-85年8月	18.1	3.8	1.1	1.6	Honjo et al., 1987
グリーンランド海盆	74°35'N 06°43'W	3.4	2.8	85年8月-86年7月	29.6	9.0	1.1	7.1	Honjo et al., 1987
北大西洋北部 (NABE)	48°N 21°W	4.4	3.7	89-90年	71.2	41.1	2.7	16.4	Honjo and Manganini, 1993
北大西洋中部 (NABE)	34°N 21°W	5.1	4.5	89-90年	57.5	35.6	2.5	5.5	Honjo and Manganini, 1993
南極海									
ウェッデル海	62°26'S 34°45'W	3.9	0.9	85年1月-12月	1.0	0.0	0.1	0.8	Fischer et al., 1988
ブランスフィールド海峡	62°15'S 57°31'W			83年12月-84年11月	295.1	14.2	11.8	106.3	Wefer et al., 1988
黒海	41°51'N 30°21'E	2.1	1.2	86年9月22日-87年5月12日	28.6	3.8	3.8	11.2	Hay et al., 1993
インド洋									
西アラビア海	16°18'N 60°28'E	4.0	3.0	86年5月-87年4月	92.9	52.1	4.9	19.9	Nair et al., 1989
中央アラビア海	14°29'N 64°46'E	3.9	2.9	86年5月-87年3月	72.5	47.9	4.2	8.4	Nair et al., 1989
東アラビア海	15°32'N 68°45'E	3.8	2.8	86年5月-12月	64.6	32.5	4.3	8.6	Nair et al., 1989
北ベンガル湾	17°26'N 89°35'E	2.3	0.8	87年10月-88年9月	136.4	31.6	9.8	26.9	Ittekkot et al., 1991
中央ベンガル湾	13°09'N 84°21'E	3.3	0.9	87年10月-88年9月	96.3	40.1	7.2	17.4	Ittekkot et al., 1991

採取地点	緯度経度	海底の深さ (km)	採取した深さ (km)	サンプリング期間	全粒子束 mgm^{-2} day^{-1}	炭酸塩粒子束 mgm^{-2} day^{-1}	有機炭素粒子束 mgm^{-2} day^{-1}	オパール粒子束 mgm^{-2} day^{-1}	文献
南ベンガル湾	4°26′N 87°19′E	4.0	1.0	87年10月–88年9月	89.9	44.1	6.5	11.2	Ittekkot et al., 1991
北太平洋									
中央オホーツク	53°N 149°E	1.1	1.1	90-91年	128.8	11.0	4.7	68.5	Honjo, 1996
北東北太平洋 (測点P)	50°00′N 144°59′W	4.3	3.8	84-85年	86.8	35.6	3.5	42.9	Honjo et al., 1995
中央太平洋									
亜寒帯 (測点8)	46°07.2′N 175°01.9′E	5.4	1.4	93年5月1日–94年9月1日	207.7	38.5	8.1	143.4	Kawahata et al., 1998 b
遷移帯 (測点7)	37°24.2′N 174°56.7′E	5.1	1.5	93年5月1日–94年4月15日	94.6	41.5	6.4	17.5	Kawahata et al., 1998 a
遷移帯 (測点5)	34°25.3′N 177°44.2′E	3.4	1.3	93年5月1日–94年9月1日	41.1	23.3	2.9	3.7	Kawahata et al., 1998 a
亜熱帯-遷移帯境界 (測点6)	30°00.1′N 174°59.7′E	5.4	3.9	93年5月1日–94年9月1日	47.4	30.2	2.7	4.2	Kawahata et al., 1998 a
低緯度 (測点4)	7°55.6′N 175°00.4′E	5.3	4.7	92年9月15日–93年4月15日	15.8	10.1	0.8	3.5	Kawahata et al., 1998 a
赤道 (測点3)	0°00.2′N 175°09.7′E	4.9	1.4	92年5月1日–93年4月15日	40.1	30.2	2.4	3.5	Kawahata et al., 1998 a
南シナ海	14°60′N 115°10′E	4.3	1.2	90-93年	73.6	29.6	3.8	21.7	Wiesner et al., 1996
カロリン海盆	2°59.8′N 135°01.5′E	4.4	1.6	91年6月4日–92年9月15日	160.7	71.5	9.3	40.9	Kawahata et al., 1998 b
中央・東太平洋									
パナマ海盆 PB	5°21′N 81°53′W	3.9	1.3	79年8月-12月	104.5	39.0	9.0	22.7	Honjo et al., 1982 b
東赤道太平洋	9°00′N 139°59′W	5.1	2.3	92-93年	22.1	13.2	1.3	5.4	Honjo et al., 1995
東赤道太平洋	0°04′N 139°45′W	4.4	3.6	92-93年	95.2	63.2	4.4	23.8	Honjo et al., 1995

7.6 主要成分の粒子束

7.6.1 有機炭素粒子束

　有光層から沈降粒子等で除去される有機炭素量は，エクスポート生産と呼ばれている（6.1.1節参照）．この生産は現在の海洋では基本的にセジメントトラップ観測で測定される沈降粒子束として与えられる．この量は定常状態なら新生産にほぼ等しくなるはずである（Eppley, 1989）（図6-2）．しかしながら，短い時間スケールではエクスポート生産と新生産が等量でないことが起こる．たとえば，赤道湧昇帯では水塊が赤道から離れるように緯度方向に水平移動するので，栄養塩の供給されるところと粒子状物質の除去されるところがずれることになる．

　一般に，一次生産の増加はエクスポート生産の増加を伴う．また，有機炭素粒子束 J；$g\,m^{-2}\,day^{-1}$ は水深（z；m）の増加とともに減少する．Suess (1980) によると，

$$J(z) = 40 \times PP/z \qquad (式7-1)$$

となる．Berger et al. (1987) らのデータ解析によると，有機炭素粒子束の一次生産に対する比率は，概して水深100 mで20%，200 mで10%である．このような式を用いると全世界の一次生産を $40 \times 10^{15}\,gC\,yr^{-1}$ とした場合，有機炭素粒子束は全世界の100 mの水深レベルで $8 \times 10^{15}\,gC\,yr^{-1}$，200 mで $4 \times 10^{15}\,gC\,yr^{-1}$，500 mで $1.6 \times 10^{15}\,gC\,yr^{-1}$ になると推定される．

　近年のより詳細な有機物成分の分析結果によると，一次生産によって生産される有機物の組成と，沈降粒子によって下方に除去される粒子の有機物の組成とは同じではない．さらに高緯度域と中低緯度域ではプランクトンの群集も異なり，殻を持つ生物で分類すると，高生物生産海域である高緯度域では珪藻を主体としたものが，低生物生産海域である亜熱帯循環域では有孔虫・円石藻などの寄与が大きくなる．同一地点でもブルームの時と通常期では，生物生産に関与するプランクトンの種類が異なるので，有機炭素粒子束も異なり，生産される有機物組成も変動する．

7.6.2 炭酸カルシウム粒子束

炭酸カルシウム粒子束も一次生産が高くなるほど大きくなる傾向を示すが，その変動率は有機炭素粒子束より小さい．たとえば，北太平洋の東経175度の赤道から亜寒帯域までの炭酸カルシウム粒子束の変動幅は 10-42 mg m^{-2} yr^{-1} であるが，この変動率は有機炭素粒子束の変動率（0.8-8.1 mg m^{-2} yr^{-1}）と比較すると小さい．このことは，一次生産が低い状態から高い状態に移行すると，エクスポート生産の増加に伴い有機炭素/炭酸カルシウム炭素比も増加し，沈降粒子による二酸化炭素の固定能力が増加することを示唆する．

方解石殻を作る代表的なプランクトンの浮遊性有孔虫は，生活様式に応じた殻構造を備えている．一般に海洋表面付近に棲む種類では殻は薄く，殻壁に多くの小孔が発達するなどの特徴があり，溶解作用を強く被る傾向がある．一方，深い方に生息する種類は殻が緻密で厚く，溶解作用に対して強い．このように浮遊性有孔虫殻は溶解に対して抵抗力の弱い種類と強い種類があり，堆積物に最終的に埋没したものの群集組成は，海洋表層で観察されたそれと異なる場合が多い．ちなみに，生体群集は表層で生息する群集を，化石群集は堆積物に残った群集を表している．セジメントトラップ観測される群集は遺骸群集と呼ばれ，生体-遺骸-化石群集の掛け橋の役割を果たしている．これは円石藻の殻についてもあてはまる．

7.6.3 オパール粒子束

生物起源オパール殻を持つ代表的なプランクトンは，北太平洋や南極海に多く分布する植物プランクトンの珪藻と，赤道域と極域に主に生息する動物プランクトンの放散虫である．オパール粒子束の分布は，基本的に有機炭素粒子束と類似するが，亜熱帯循環域では 2 mg m^{-2} day^{-1} 以下と非常に小さな値を示すのに対し，南極海では 100 mg m^{-2} day^{-1} 以上というように，有機炭素粒子束と比較すると変動幅が大きい．珪藻の繁殖は溶存シリカが表層水にどれだけ供給されるのかということに支配されているので，湧昇が起こりやすい海域で珪藻の生産が高いという傾向が認められる．

高緯度域ではオパール生産が急速に増大し，珪藻が炭酸塩を生産しないこ

ともあり，有機炭素/炭酸カルシウム炭素比も増加する傾向がある．この有機炭素/炭酸カルシウム炭素比は大気-海洋間での二酸化炭素の吸収/放出に潜在的に関係しているので，この比率が大きくなると粒子状物質として二酸化炭素を除去する能力が高い．そこで，オパール生物殻が繁殖する時期には，相対的に大気中の二酸化炭素を吸収する効果が増大することになる．高緯度海域で重要な珪藻は，炭素循環の中でも海洋への炭素の固定と除去という点で重要な役割を果たしている．

7.7 堆積物表層と続成過程

7.7.1 沈降粒子から堆積粒子へ

　沈降粒子が海底面に達し，そのまま堆積粒子となるわけではない．粒子状物質による粒子束が大きく変化するところは2つある：①表層水の直下と②堆積物と底層水との境界．この変化には，動物による摂食，酸化分解，バクテリアによる分解等が関係している．

　沈降粒子の沈降速度は約 160 m day^{-1} と速い*．海洋表層から表層堆積物

表7-3　西赤道太平洋海域（3°N，135°E）における主要成分の鉛直フラックス（Kawahata *et al*., 1998 b）

	全粒子束		炭酸塩炭素粒子束		有機炭素粒子束		総窒素粒子束	
	gm^{-2} yr^{-1}	%	gm^{-2} yr^{-1}	%	gm^{-2} yr^{-1}	%	gm^{-2} yr^{-1}	%*
一次生産					80.0	100	14.06	100
トラップ（1592 m）	57.10	100	3.0	100	3.4	4.2	0.51	3.6
トラップ（3902 m）	53.83	94	2.7	88	2.7	3.4	0.43	3.0
堆積物（4402 m）	9.72	17	0.0155	0.52	0.078	0.10	0.0119	0.08

	Corg/N 原子比	生物起源オパール粒子束		石質成分粒子束	
		gm^{-2} yr^{-1}	%	gm^{-2} yr^{-1}	%
一次生産	6.6				
トラップ（1592 m）	7.7	14.7	100	11.4	100
トラップ（3902 m）	7.5	14.1	96	12.7	111
堆積物（4402 m）	7.6	1.5	10	7.9	69

* 窒素固定量はレッドフィールド比（Redfield *et al*., 1963）を用いて計算した．

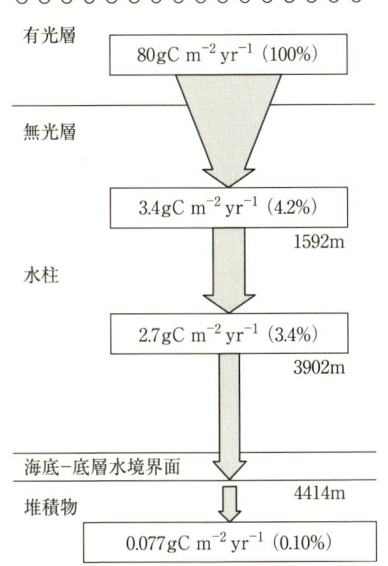

```
有光層        ┌─────────────────────┐
              │ 80 gC m⁻² yr⁻¹ (100%) │
無光層        └─────────────────────┘

水柱          ┌─────────────────────┐
              │ 3.4 gC m⁻² yr⁻¹ (4.2%)│
              └─────────────────────┘
                              1592 m

              ┌─────────────────────┐
              │ 2.7 gC m⁻² yr⁻¹ (3.4%)│
              └─────────────────────┘
                              3902 m

海底−底層水境界面
堆積物                          4414 m
              ┌──────────────────────┐
              │ 0.077 gC m⁻² yr⁻¹ (0.10%)│
              └──────────────────────┘
```

図 7-3 西赤道太平洋のセジメントトラップ観測に基づいた鉛直方向の炭素粒子束の変化 (Kawahata *et al.*, 1998 b)

への鉛直方向の主要成分の変化を西赤道太平洋での結果で示したのが表 7-3 である．一次生産は約 $80\,gC\,m^{-2}\,yr^{-1}$ と推定され，水深 1.6 km と 3.9 km での有機炭素粒子束は一次生産力のたった 4.2％と 3.4％で，最終的に堆積物に埋没された有機炭素はわずか 0.10％であった（図 7-3）．これはアラビア海の結果とほぼ同じ値であった（Haake *et al.*, 1993）．ちなみに，海洋全体での堆積物への有機物の堆積量は年あたり $160\times10^{12}\,gC$ で，一次生産は $40\times10^{15}\,gC\,yr^{-1}$ なので，陸源有機物の寄与がなかったと仮定すると，海洋表層で生産された有機物の 0.4％が堆積物に埋没することになる（Kawahata *et al.*, 1998 b）．

海底付近では次々に上から降ってくる粒子によって粒子が埋没し，海水との接触が妨げられるが，これは「シール効果」と呼ばれている．海底付近での炭酸塩などの溶解反応は堆積速度を減少させ，シール効果を減じ，さらな

---

* 沈降速度； 沈降粒子は大粒子なので，表 7-1 で示した砂粒径より速く沈降すると予想されるが，沈降粒子の密度は石質成分より海水の密度に近いので，$160\,m\,day^{-1}$ 位になってしまう．

る溶解を促進させるというように正のフィードバック効果となる．堆積速度が小さい海底面付近での生物起源オパールの沈積にはこの効果が効いてくる．

7.7.2 生物攪乱

海洋表層等から鉛直下方への有機物の輸送は海底の生物に栄養を補給しており，深海底でも相当量の底生生物の活動が認められている．生物攪乱（bioturbation）とは海底付近に棲息する生物によって表層堆積物がかき回されることである（図7-4）．その平面的・鉛直的範囲およびその頻度は，海域によって異なっている．一般に生物への有機物等の栄養分の供給が大きな沿岸域でその影響が大きく，供給の小さな深海底は相対的に小さくなっている．堆積後に生物による攪乱が起こったかどうかは，放射性核種や火山灰層の乱れによって判断することが可能である．図7-5に典型的な例を掲げたが，ここでは生物攪乱によって表層から8cmまでの堆積物では^{14}Cの濃度が均一化されており，混合していることがわかる．

なお，堆積物中に生物攪乱が観察されないことは無酸素事変などでしばしば生物が存在しなかった証拠とされる．先カンブリア時代の縞状鉄鉱層の試料では，骨格を持った生物がいなかったので生物攪乱はなかった．

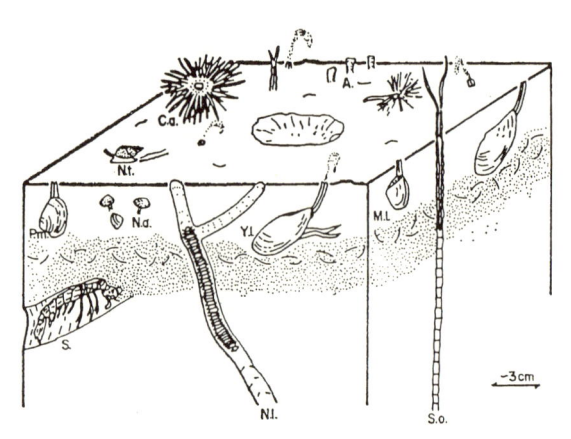

図7-4 アメリカ合衆国東部のロングアイランドの堆積物に主要な穴を掘って棲息している底棲動物群を表した模式図

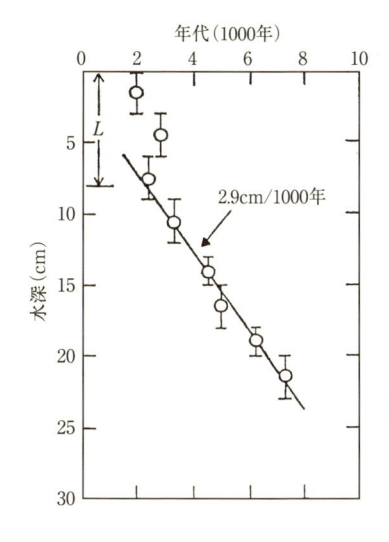

図7-5 大西洋の堆積物の ^{14}C 年代と深度の関係 (Berner, 1980)
　傾きがくずれる深度から推定される生物撹乱による深さは L（8 cm）である．

7.7.3 表層堆積物中の粒子間の間隙

　粒子間の水分は間隙水と呼ばれている．水−堆積物の境界付近の堆積物には，堆積物とほぼ同量の海水が含まれていることが多く，場合によっては水分が粒子の数倍のこともある．このような状況下では，水分は粒子と反応したり，粒子から分解して出てきたものを溶解させたりして，元の海水の組成から変化している場合が多い．表層堆積物中の物質循環における間隙水の大きな役割は，間隙水の移動・拡散により，一度堆積物に入った物質が再び海洋に戻っていくことである（Berner, 1980）．堆積粒子が積もってくると，以前に最上層にあった堆積粒子と間隙水は，上の堆積物によって圧迫され，密度が増大し，間隙水は上方向へ移動する．また，堆積粒子の間隙が同じで，実質的な間隙水の移動がなくても，水に溶存している物質は分子拡散によって広がることができ，再び海洋に戻っていく．このように，間隙水は輸送媒体としての役割もある．さらに間隙水は堆積粒子に囲まれているので，その溶存炭素濃度は海水の71倍で，蓄積量は海水のそれの17倍に相当し，炭素リザーバーとしても重要である．

　堆積粒子と間隙水の反応に関しては，①溶液からの沈殿物の形成，②溶液と堆積粒子とのイオン交換，③有機・無機反応，④粒子への吸着等が挙げら

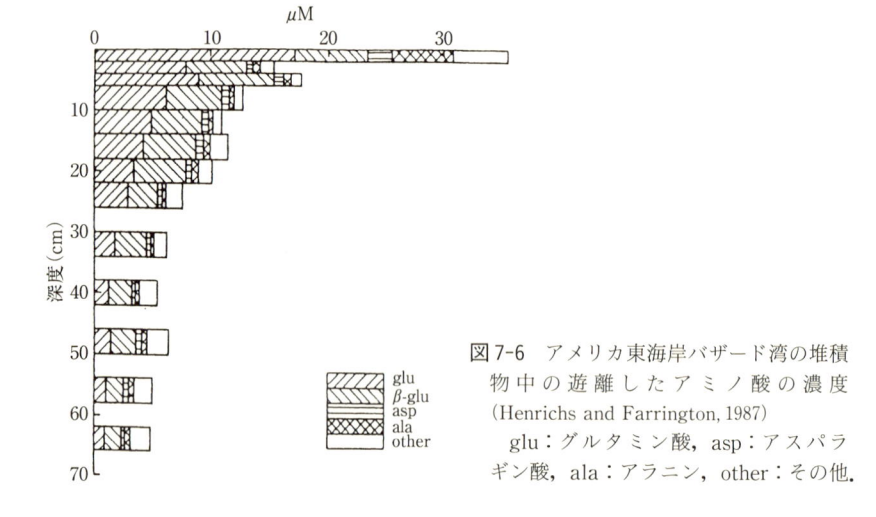

図 7-6 アメリカ東海岸バザード湾の堆積物中の遊離したアミノ酸の濃度 (Henrichs and Farrington, 1987) glu：グルタミン酸, asp：アスパラギン酸, ala：アラニン, other：その他.

れる．これらの反応速度は物質によって異なっている．また，アミノ酸・糖類などの易分解性有機物は，堆積物の深度が異なると含有量のみならず組成も変化する．このような変化は，生物が関与した反応と関与しない反応に分けられる．関与した反応に関しては，先に述べたアミノ酸・糖類などは，生きている生体物質の 40-80 %を占めており，従属栄養の生物にとって重要な食物として摂取され，急速に再利用されるためにその濃度・組成変動は激しい．さらに，堆積粒子と間隙水との反応によって，堆積粒子の組成も埋没とともに変化していく．図 7-6 は，沿岸堆積物でみられたアミノ酸の濃度分布であるが，極表層と深さ 50 cm の層準を比較するとアミノ酸の含有量が組成ともに変化していることがわかる．このように，同じ物質が堆積し続けても，海底表層下で堆積物の性質が変質することは続成作用*と呼ばれている．

7.7.4 続成過程と間隙水の組成変化

海洋表層で生産された有機物は，まず海洋表層で分解され，続いて沈降過程の中・深層，到達した海底上，そして埋没後の堆積物中で分解される．この一連の分解過程は主に微生物による酸化的分解過程である．反応時に使用

---

* 続成作用； 堆積物がさまざまな作用を受けながら固結し，より硬い地層に変化していく過程のこと．その間，化学成分の溶解や沈殿が起こる．

される酸化剤は，まず溶存酸素，硝酸イオン，マンガン酸化物，鉄酸化物，硫酸イオンであって，これらの酸化剤はこの順に消費され，酸素還元，硝酸還元，マンガン還元，鉄還元，硫酸還元と呼ばれる．これらの酸化剤が消費されてしまうと，有機物の分子内酸化還元であるメタン発酵が起こる．この一連の反応の順序は，酸化還元電位が低下していく順序で有機物の反応により放出される自由エネルギーが減少していく傾向がある（図7-7）．

酸素を用いた好気性条件は酸化還元電位が最高であることが特徴である．分子状酸素が枯渇している浸水した土壌や湿地のような場合には，硝酸イオンがあればそれが一番有効な酸化剤となる．脱窒微生物は硝酸イオンを消費してN_2を放出する．脱窒微生物は汚染のひどい河川，有機物が蓄積する河口域，外洋域でも溶存酸素がほとんどない場合に活発である．硝酸イオン濃度が低く，Mnと酸化第二鉄が豊富な嫌気性の環境では，その金属酸化物が微生物による酸化の酸化剤源となる．硫酸イオンがH_2SやHS^-へ還元される反応は，硫酸イオンが豊富な海底の堆積物中では非常に普遍的なことである．湿地，水田，閉鎖性の湾，湖の堆積物のようにメタン生成菌の存在する

$CH_2O + O_2 \rightarrow CO_2\uparrow + H_2O$

$CH_2O + NO_3^- \rightarrow N_2\uparrow + CO_2\uparrow$

$CH_2O + MnO_2 \rightarrow Mn^{2+} + CO_2\uparrow$

$CH_2O + Fe(OH)_3 \rightarrow Fe^{2+} + CO_2\uparrow$

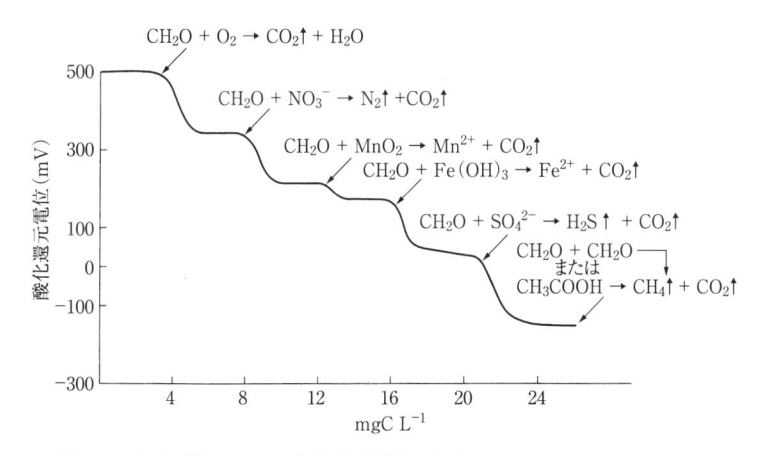

$CH_2O + SO_4^{2-} \rightarrow H_2S\uparrow + CO_2\uparrow$

$CH_2O + CH_2O$
または
$CH_3COOH \rightarrow CH_4\uparrow + CO_2\uparrow$

図7-7　水系環境における酸化還元電位の順序（Stigliani, 1988）
　　20℃の自然水柱のO_2は1Lの水に含まれる約3.4 mgの有機炭素（ここではCH_2O）を十分酸化できる．大気からの酸素の補充がCH_2Oの酸化速度よりも遅い場合，酸素は枯渇し，微生物はシークエンスに示す次の最もエネルギーが高い酸化剤を選択する．簡略化のために，主な生成物とその荷電状態のみを示す．

ところでは，酸化還元電位が非常に低くなると，部分的に還元された炭化化合物よりメタンと CO_2 を生成する．一般に淡水系の方が海水よりも硫酸イオン濃度が1％程度と低いのでこの反応が起きやすい (Spiro and Stigliani, 1995)．

堆積物を薄片観察すると，しばしば黒色のフランボイダルパイライト (framboidal pyrite；FeS_2) が見付かる．この生成機構では，間隙水中の硫酸イオンが元素状硫黄や硫化水素に変換され，これらが元素状硫黄 (S^o) の存在下の下，堆積物中で溶出した Fe と反応する (式7-2, 式7-3)．

$$FeS_{mackinawite} + S^o \rightarrow FeS_2 \quad \text{(式7-2)}$$
$$Fe_3S_{4,greigite} + S^o \rightarrow FeS_2 \quad \text{(式7-3)}$$

このプロセスには微生物が関係している．すなわち，有機物の酸化で微生物活動は生活エネルギーを得るので，有孔虫や珪藻などのプランクトン遺骸に有機物がしばしば少量残っていると，これらの殻に付着する形でフランボイダルパイライトが観察されることが多い．

氷期の日本海では，海水準の低下により，対馬海峡，津軽海峡などで，外洋との海水交換が制限され，表層の低塩分化による成層化により中・深層が還元的になったと推定されているが，日本海深海底の堆積物コアの最終氷期の層準には最大5 wt.%にも達する還元態硫黄の高濃度層があり，これは海底のみならず水柱でも黄鉄鉱 (pyrite) の形成が盛んであったためと説明されている (Masuzawa and Kitano, 1984)．現在の海洋でも黒海では深・底層が還元的で，硫化水素が発生し，多量の黄鉄鉱が水柱で形成されていることが報告されている．

海水は生物起源オパールに関して未飽和である．間隙水の溶存ケイ酸は，海底面より数 cm 以深で急激に上昇し，ほぼ一定の値になる．溶存ケイ酸の濃度は生物起源オパールが多い層では高くなる傾向がある．pH については，有機物が溶存酸素により酸化される場合には二酸化炭素ができるので，間隙水のpHは下がる．同様にpHが下がるのは硫酸還元で，弱酸である硫化水素 (H_2S) や HCO_3^- が生成するためで，H_2S濃度が上がると，pHは低くなる．逆に，Mn還元の場合には OH^- ができるので，pH はかなり上昇する．

7.7.5 ガスハイドレート

ガスハイドレートは，クラストレート化合物とも呼ばれ，水分子が籠型に結合してできた真ん中の空隙に，メタンや二酸化炭素等の気体分子が入り込んだものである．通常，天然ガスの主成分はメタンガスなのでメタンハイドレートが多い（図7-8）（松本ほか，1994）．

堆積物中でメタンガスの周囲に水が豊富にあり，かつ低温・高圧の状態におかれるとメタンハイドレートの結晶が生成する．メタンハイドレート中のメタンと水分子の比は8：46だから，理想化学式は$CH_4・5.75H_2O$と表される．そこで，メタンハイドレート中に含まれるメタンガスの体積は，標準状態でハイドレート自体の約170倍と計算される．図7-8の相図によると，実線の左側はメタンハイドレートが安定な領域で，右側ではメタンハイドレートは分解してメタンガスと水になってしまう．点線は一般的な海水温の鉛直分布であるが，水圧40気圧（水深400 m），水温4°Cより下だとメタンハイドレートが安定な領域になる．

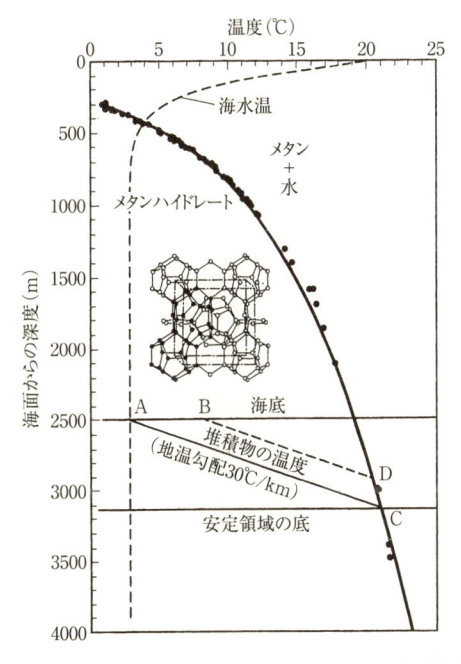

図7-8 メタンハイドレートの相図
　縦軸は圧力を海面からの深度として表示．挿入図は結晶格子（水分子の配列だけを示す）（松本，1996）．単位胞は5角12面体のケージ2個と変形14面体のケージ6個からなる．8個のメタン分子を46個の水分子が取り囲み，水和数は5.75となる．曲線の左下（低温高圧部）でメタンハイドレートが安定に存在し，水温曲線（破線）が交差する水深400 m以深の堆積物中で生成しうる．海底面の水深が2500 m（A点）で，底層水温が3°Cで，地温勾配が30°C km^{-1} とすると，海底下610 mで堆積物の温度が生成温度を越え，そこまでがメタンハイドレート安定領域となる．水温が5°C上昇すると（B点），安定領域基底は海底下420 mとなる．

ハイドレートが存在している地層と，その下の存在しない地層では物性が異なるために，地震波の反射あるいは位相にずれができて，海底疑似反射面（BSR；Bottom Simulating Reflector）が観察されることが多い．このようなBSRを基にして，地震探査の手法を用いて資源調査が行われ，全世界のメタンハイドレートの存在量が見積られている（松本ほか，1994）．メタンハイドレートは，水深3000-4000 mの下部大陸棚～大陸棚斜面の堆積物中に分布しており，南海トラフ，アメリカ・ニュージャージー沖などでは，調査域の30-70％の面積でBSRが見付かっている．現在の海洋での水深400-3000 mの海底面積の合計は3900 km^{2}で，そのうちの25％または10％にメタンハイドレートが分布しているとすると，メタン量はそれぞれ1万4300×10^{15} g，5700×10^{15} gに達し，従来型の化石燃料の総資源量にほぼ匹敵する．これは，海洋の全溶存炭素量の16-41％，大気中二酸化炭素量の9-22倍となる．ただし，この試算の基礎となったデータは一部の海域の調査のみで，しかもBSRの存在を基準としており，実際の存在量はこれらの値よりかなり小さくなるものと予想される．なお，メタンハイドレートはシベリアの永久凍土の中にも埋蔵されており，地球温暖化により凍土が融解しメタンが直接大気に放出されることが危惧されている．メタンは二酸化炭素の20倍もの温室効果があるため，一度にメタンハイドレートが崩壊して気化すると急激な温暖化をもたらす．

　なお，メタンハイドレートは温度・圧力に非常に敏感である．たとえば，堆積物直上の水温が5℃上昇した場合（図7-8のB点），堆積物内部の温度は図中C点からD点に移動し，メタンハイドレートが安定に存在できる厚みは200 m減少する．すると，分布面積は900万km^{2}減少し，炭素換算で約2100 Gtのメタンハイドレートが分解すると計算できる．また，氷期に間氷期よりも海水準が120 m*下がった場合（12気圧減圧）には，図中Cのところはメタンハイドレートの不安定領域となってしまい，約730 Gt（炭素換算）が分解するとされている（松本，1996）．もし，分解したメタンハイドレートが海洋から大気に輸送されると，大気の温室効果を高める．このよ

---

* 120 m； 本書では最終氷期最盛期の海水準低下は130 mとしているが，ここで130 mに変更すると分解量の推定値にも影響が出るため，ここでは引用のままとした．

うな事態が今から 5500 年前の暁新世/始新世に起こったと提案されている*.

7.8 沈降粒子束を支配する海洋および気候因子

外洋域の生物地球化学プロセスは，大気中の二酸化炭素分圧 p_{CO_2} にも大きな影響を与えていると考えられている．まず，粒子束の性質について太平洋を例にとり，緯度方向の変化，赤道域の経度方向の変化などの特徴をまとめる．次に，沈降粒子の形成と気候・海洋環境との関連についてまとめる．

7.8.1 海域と沈降粒子の特徴
(1) 北太平洋の緯度方向での沈降粒子の特徴

海洋表層の水塊構造あるいは栄養塩の分布は緯度方向で大きく異なるので，東経 175 度沿いに赤道から北緯 46 度にかけて沈降粒子を観測した．赤道の測点は太平洋の赤道湧昇帯の西端に位置しており，比較的低い全粒子束が観測された．北緯 8 度の測点は北赤道海流の影響下で，東経 175 度に沿う沈降粒子観測の中で最も低い全粒子束が観察され，季節変動がほとんど認められなかった．北緯 30 度の測点は亜熱帯循環の北端に位置し基本的に低い全粒子束だったが，黒潮続流域の影響が認められた 1 月から 3 月までの冬季には中程度の全粒子束が観測された．北緯 34 度と北緯 37 度の測点は黒潮続流域（遷移帯）に位置し，6 月には比較的高い全粒子束，3 月には中程度の全粒子束が観測された．より北に位置する北緯 37 度の測点の方が粒子束は概して多かった．北緯 46 度の測点は亜寒帯循環に位置しており，東経 175 度上で最も高い全粒子束が観測された（図 7-9）．ここでは，7 月から 12 月にかけて大きなピークが認められた（Kawahata et al., 1998 a, 2000 d；Kawahata and Ohta, 2000；Gupta and Kawahata, 2003 a,b）．

全粒子束の年平均値は，赤道から北へ向かって北緯 46 度までの測点の順

---

* 暁新世/始新世境界；この境界での炭素同位体比の負の異常を説明するために，メタンハイドレートの崩壊が示唆されている．この境界では酸素同位体比より，急激に温暖化したと推定されている．メタンは強い温室効果を有するが，酸素が大気中・海水中に存在する条件下では，数年以内のレンジで二酸化炭素に酸化される．ただし，二酸化炭素も温室効果気体である．

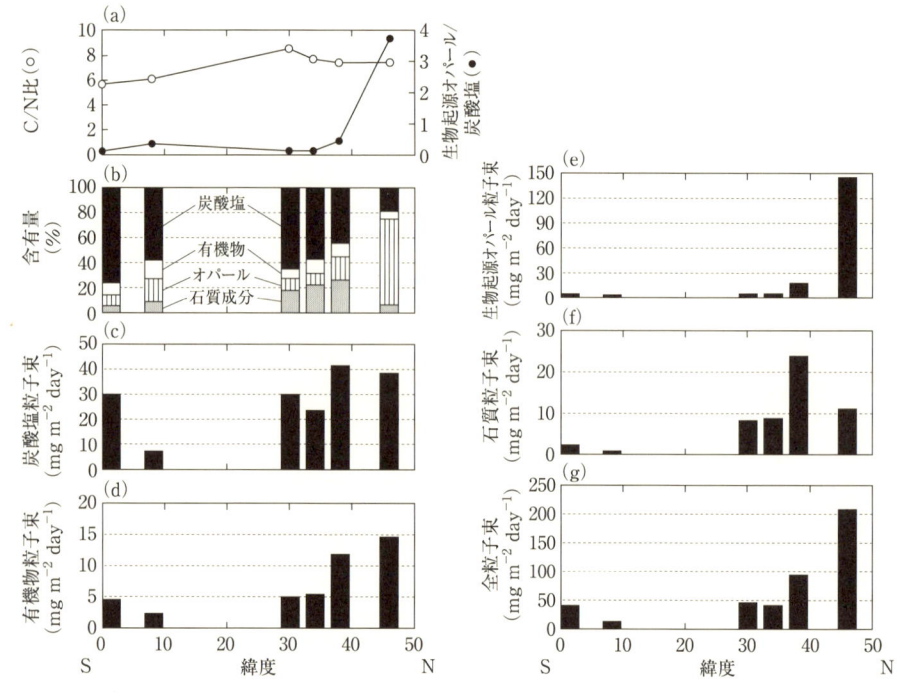

図7-9 北太平洋,東経175度に沿った赤道から北緯46度までの年間粒子束データに基づく (a) 生物起源オパール/炭酸塩比,有機炭素/全窒素比の変化,(b) 主要成分の寄与率,(c) 炭酸塩粒子束,(d) 有機物粒子束,(e) 生物起源オパール粒子束,(f) 石質粒子束,(g) 全粒子束 (Kawahata et al., 1998 a)

に40.1, 15.8, 47.4, 41.4, 94.6, 208 mg m^{-2} day^{-1}であった (図7-9). 全粒子束,有機炭素粒子束,生物起源オパール粒子束ともに,北緯35度付近を中心に黒潮続流域(あるいは遷移帯)以北で顕著に増加した.生物起源オパール粒子束の増加は急勾配で,高緯度域では低緯度域の10倍以上の値を示した.一方,炭酸塩粒子束は赤道から北緯46度までほとんど変化がなかった.この結果は成分にも反映されていて,北緯46度の測点では主要4成分の中で生物起源オパールが最も多かったが,他の測点では炭酸塩が最も主要な成分であった.石質成分は黒潮続流域で最大値を示したが,これは偏西風によってアジア大陸より風成塵がもたらされたためである.

これらの値を基に,西太平洋の外洋域(東経150-180度の赤道〜北緯48

度で囲まれた範囲）の水深 100 m を通過する有機炭素量を計算すると 0.23×10^{15} gC yr^{-1} となり，生物ポンプ* の働きは他の海域と比べて小さかった．これは貧栄養で特徴付けられる亜熱帯循環がこの海域の中央に存在し，一次生産が低いためである．

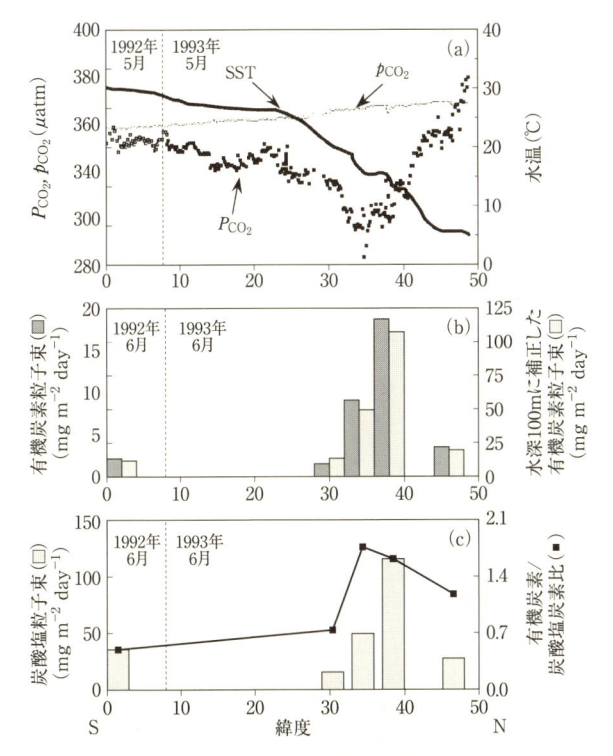

図 7-10 北太平洋，東経 175 度に沿った赤道から北緯 46 度までの，(a) 5 月に観測された p_{CO_2}，P_{CO_2}，水温 (SST)，(b) 有機炭素粒子束，水深 100 m に補正した有機炭素粒子束，(c) 炭酸塩粒子束，有機炭素/炭酸塩炭素比の変化 (Kawahata *et al.*, 1998 a)

この時期，北緯 34-40 度付近での有機炭素粒子束は顕著に増加していた．有機炭素/炭酸塩炭素比も上昇しており，吸収効率も高かったことを示す．

---

* 生物ポンプ： 6 章冒頭で説明したように，バイオロジカルポンプとも呼ばれ，海洋のプランクトンによって海洋表層から深層へ鉛直下方に物質が輸送されるプロセス．一次生産によって固定された有機炭素などが深層へ運搬されると，表層水の炭素含有量が減少する．

(2) 生物ポンプによる二酸化炭素の吸収

大気中から海洋への二酸化炭素の吸収では，二酸化炭素の溶解とそれに引き続く生物ポンプなどの働きが必要とされる．東経175度に沿った赤道から北緯48度の範囲の5月の表層水中のP_{CO_2}を示したのが図7-10である．5月は黒潮続流域から亜寒帯循環にかけて，植物プランクトンの繁殖が活発になり，生物生産が非常に高く，生物ポンプが強く働いていたことが図7-10よりわかる．

観測を実施した5月には，とくに北緯34-40度付近で表層水のP_{CO_2}が大気中のp_{CO_2}よりも小さな値を示しており，表層水が二酸化炭素を吸収できる状態であった．

これらの結果は，黒潮続流域（北緯34-40度付近）では春季に生物起源オ

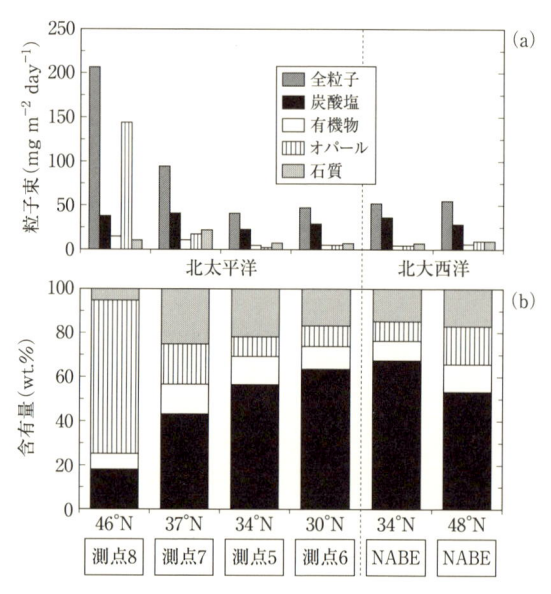

図7-11 北太平洋および北大西洋中緯度以北における粒子束の比較（Kawahata, 2006）

測点5-8，NABE（北大西洋ブルーム観測プログラムの略）の詳しい位置は表7-2参照．各々の測点における（a）全粒子束，炭酸塩粒子束，有機物粒子束，生物起源オパール粒子束，石質粒子束，（b）炭酸塩，有機物，生物起源オパール，石質成分の含有量．

パール生物を伴う有機炭素粒子束が増加し，表層水からの二酸化炭素の除去に重要な役割を果たしたことを示している（Kawahata *et al*., 1998 a）．

(3) 北太平洋，北大西洋の中緯度での沈降粒子の比較

　中緯度での沈降粒子の特徴を知るため，北太平洋，北大西洋の結果を比較した．北太平洋では北大西洋より生物起源オパールが大きかった．その理由として，北太平洋は地球的規模の深層大循環の末端に位置しているので，より栄養塩に富んでいるために湧昇に伴う生物生産が活発であることと整合的であった（図 7-11）（Kawahata, 2006）．この海域での湧昇は深層からの潜在的な二酸化炭素の放出として働くが，生物生産が活発なためにその一部は沈降粒子として再び深層に戻される．

7.8.2　沈降粒子と気候・環境因子

　気候・環境の特徴は沈降粒子の形成にも影響を与える．

(1) アジアモンスーンと湧昇（アラビア海）

　アジアモンスーンはアラビア半島，南アジア（インド）から東南アジアや極東アジアにかけての広い範囲の気候に影響を及ぼすが，その特徴は地域により異なる．アラビア海では沿岸に沿って栄養塩に富んだ水が湧昇してきて，世界でも有数の一次生産の高い海域となっている（図 7-12 a）．アラビア海の西部，中央部，東部の 3 観測点の結果によると，全粒子束は西部で 34 $g\,m^{-2}\,yr^{-1}$，中央部で 27 $g\,m^{-2}\,yr^{-1}$ で，東部で 24 $g\,m^{-2}\,yr^{-1}$ であった．西部・中央部の粒子束のピークはアジアモンスーンに対応した南西の季節風（6-9 月）と北東の季節風（12-2 月）の卓越する期間に対応していた．とくに，西部地点では全粒子束は南西風の時期に 24 $g\,m^{-2}\,yr^{-1}$，北東風の時期に 5 $g\,m^{-2}\,yr^{-1}$ を示していた．この 2 つをあわせた合計で 1 年間の全粒子束の 85 ％を占めるように，アジアモンスーンの影響は大きかった．

　組成的には 56 ％が炭酸塩，22 ％がオパール，13 ％が石質成分（非生物物質），9 ％が有機物であった．これらの全粒子束のパターンは，①季節風によって混合層の深度が深くなり，②それに伴い躍層以深の冷たい海水が湧昇して栄養塩が有光層にもたらされ，その結果高生物生産になったと説明できる．しかも，アラビア半島からの風成塵の供給により，沈降粒子の比重も大

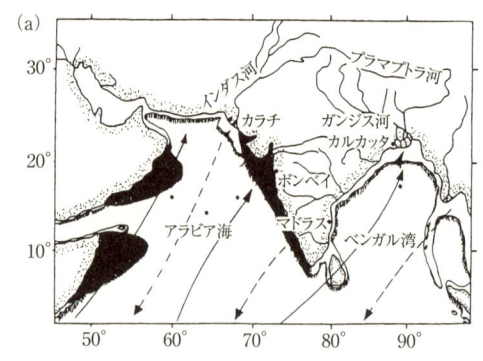

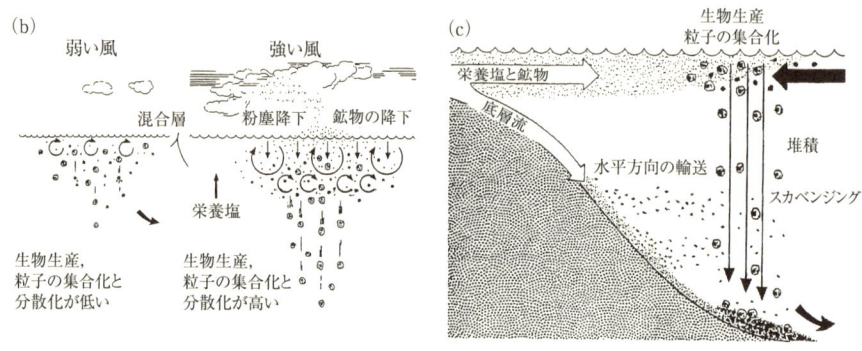

図7-12　(a) アラビア海とベンガル湾のセジメントトラップ観測測点
　　　灰色の部分はモンスーンの影響で湧昇の顕著な海域で，矢印は，夏期の南西モンスーン（実線）と冬季の東北モンスーン（破線）のシーズン中の風の方向 (Ittekkot et al., 1991)．
　　(b) アラビア海における有機物生産と深海への炭素除去の模式図
　　　海の表面への風成塵の増加は，有機物の集合体と相まって粒子の密度が高くなり，粒子は急速に沈降する (Ittekkot, 1991)．
　　(c) ベンガル湾での河川からの物質の流入と粒子の形成に関する模式図
　　　陸水の流入は栄養塩を海洋にもたらし，生物生産を活性化させる．陸源の鉱物粒子は生物によって作り出される粒子に取り込まれ，高密度の粒子を作り，沈降速度を加速させる効果を持つ (Ittekkot, 1991)．

きくなり，粒子の沈降速度の上昇をもたらし，海洋表層での有機物の分解が抑制され，炭素の除去過程を促進させたと考えられる（図7-12 b）(Nair et al., 1989；Ittekkot, 1991)．

(2) 河川による物質流入と沈降粒子（ベンガル湾）
　モンスーンの影響を強く受けているという共通点もあるものの，ベンガル

湾はインド亜大陸をはさんでアラビア海と逆の東側に位置しており，モンスーンの効果は別の様相を呈する（図7-12a）．ベンガル湾には世界でも有数の流量を有するガンジス河とブラマプトラ河が流入しているので，ヒマラヤの氷河の融水に起源を持つ淡水と陸源性の粒子状物質が多量に海洋へ運搬されている．

南北方向の3点で観測が実施され，全粒子束は，北部で50 g m^{-2} yr^{-1}，中央部で35 g m^{-2} yr^{-1}，南部で33 g m^{-2} yr^{-1} で河口から離れるに従い減少した．北部の沈降粒子の組成は，炭酸カルシウムが21％，オパールが16％，有機物が9％，石質成分が54％と石質成分の寄与が非常に多かった．北部から南部に向かって，炭酸カルシウムが増加し，オパール，石質成分は減少した（Ittekkot et al., 1991）．粒子束のピークは南西の季節風の時期に観察され，河川水の海への流入が最大になった時期と一致していた．これらの粒子束のパターンの支配要因は，①モンスーンによる淡水と陸源砕屑物の流入，②それに影響された海洋生物生産とされている（図7-12c）（Ittekkot, 1991；Ittekkot et al., 1991）．

(3) エルニーニョ・南方振動

熱帯域では，大気と海洋が密接に相互作用して東赤道太平洋の表面水温が周期的に大きく変動することが知られている．これはエルニーニョ・南方振動（ENSO；El Ninõ and Southern Oscillation）と呼ばれ，全球的気候変動にも大きな影響を与えているものとして注目されている．ENSOは，エルニーニョ，通常期，ラニーニャの期間に分かれるが，とくにエルニーニョ期には，東赤道太平洋の表面水温が上昇し，ペルーでは洪水，オーストラリア等では干ばつになる傾向がある．セジメントトラップ観測を行った赤道太平洋の東経135度から西経170度の範囲は，通常期は西から暖水塊，遷移帯，赤道湧昇帯に分かれるが，これらの水塊はエルニーニョでは東に移動し，ラニーニャでは逆に西に移動する（図7-13）．

インドネシア多島海周辺付近の西太平洋暖水塊では，エルニーニョ時には栄養塩の躍層が浅くなり，生物起源物質，アミノ酸，石質成分の粒子束が増加した．逆に，比較的一次生産が高い赤道湧昇帯ではエルニーニョ時には，全粒子束，主要成分，アミノ酸の粒子束が減少していた．これは躍層が深く

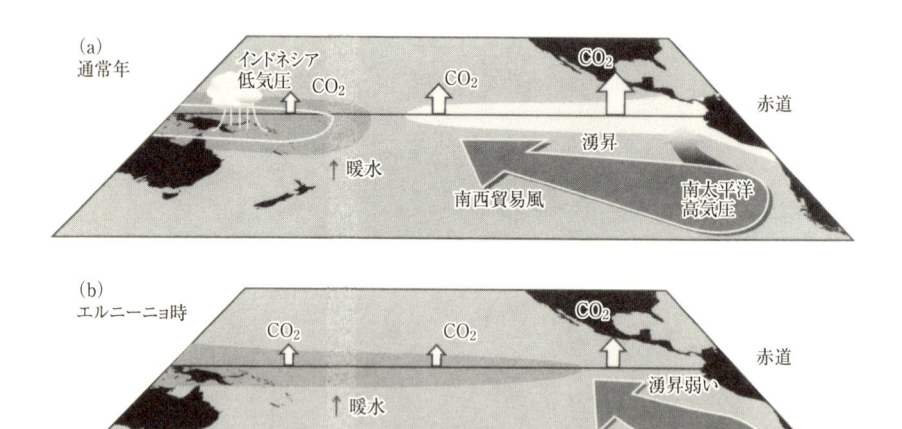

図 7-13 エルニーニョ・南方振動の (a) 通常年と (b) エルニーニョ時の赤道太平洋での海洋表層環境の概要

インドネシア周辺海域を囲った線は水温が 28°C より高い西太平洋暖水塊を表す．また，通常年の東部赤道域では，湧昇により深所より冷たい海水が湧昇している．深いところの水は P_{CO_2} が高いために，湧昇が強いと二酸化炭素の放出がさかんになる．

なったためである．これらの結果は，ENSO に呼応して水塊が移動し，海洋表層の栄養塩分布も変化し，それに伴い表層水内での生物生産の量も質も，かつ粒子状物質による二酸化炭素の固定能力も変化することを意味している（図 7-14）（Kawahata et al., 2000 d；Kawahata, 2006）．一方で，有機物の分解の程度を示す β-アラニン，γ-アミノブチル酸の含有量は，ラニーニャ時にいずれの海域でも増加し，有機物の分解が全域で進行していた．これは水塊移動では説明がつかず原因は不明である．

(4) 海氷と沈降粒子の形成（南極海）

ウェッデル海は大西洋の南方の南極海に位置していて，底層水が作られる海域として有名である．観測点は南極の温暖季（北半球の冬）には表層が普通の海水に覆われているものの，南極の寒冷季（北半球で夏）には海氷に被覆されているという特徴がある（図 7-15）（Fischer et al., 1988）．観測期間の全粒子束は，これまで観測されたものの中で最も低い値を示していて，全

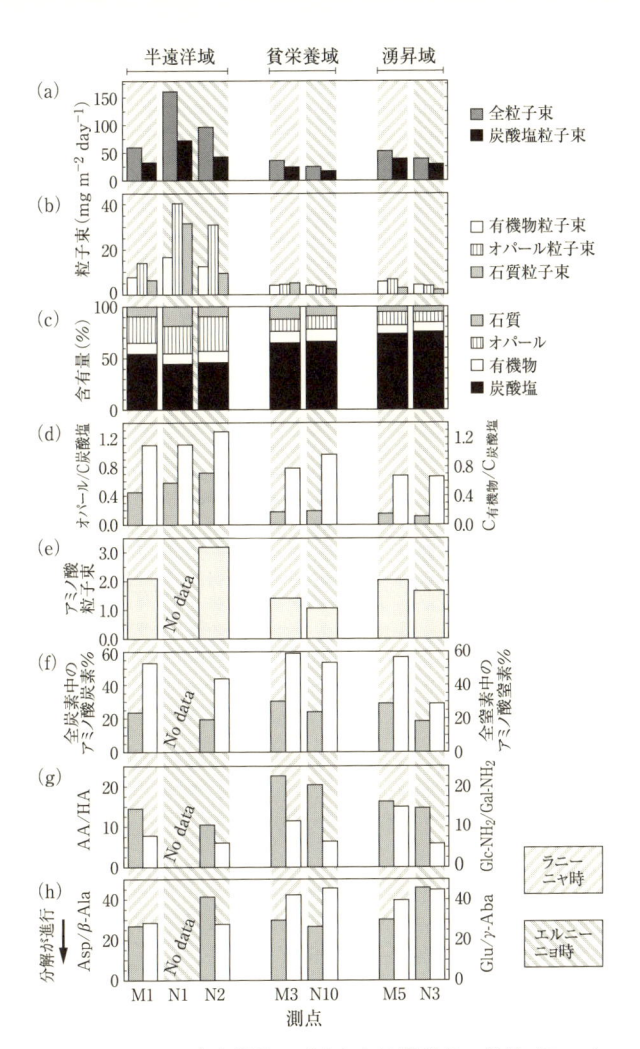

図 7-14 エルニーニョ・南方振動に呼応した沈降粒子の挙動(Kawahata and Gupta, 2003)

(a) 全粒子束と炭酸塩，(b) 有機物 (OM)，生物起源オパールおよび石質成分の平均粒子束．(c) これら4成分の相対寄与度．(d) 生物起源オパール/炭酸塩比 (■) および有機炭素/炭酸塩炭素比 (□)．(e) 西太平洋暖水塊の全アミノ酸粒子束．(f) アミノ酸炭素/有機炭素比 (THAA-C %) (■) およびアミノ酸窒素/有機窒素比 (THAA-N %) (□) の平均値．(g) アミノ酸/ヘキソアミン比 (AA/HA) (■) とグルコースアミン/ガラクトースアミン比 (Glc-NH$_2$/Gal-NH$_2$) (□)，(h) アスパラギン酸/β-アラニン比 (Asp/β-Ala) (■) とグルタミン酸/γ-アミノブチル酸比 (Glu/γ-Aba) (□)．測点は M1 (4°N, 135°E)，N1 (3°N, 135°E)，N2 (4°N, 136°E)，M3 (0°N, 145°E)，N10 (1°N, 161°E)，M5 (0°N, 175°E)，N3 (0°N, 175°E)．

7. 粒子状物質と地球表層環境システム——179

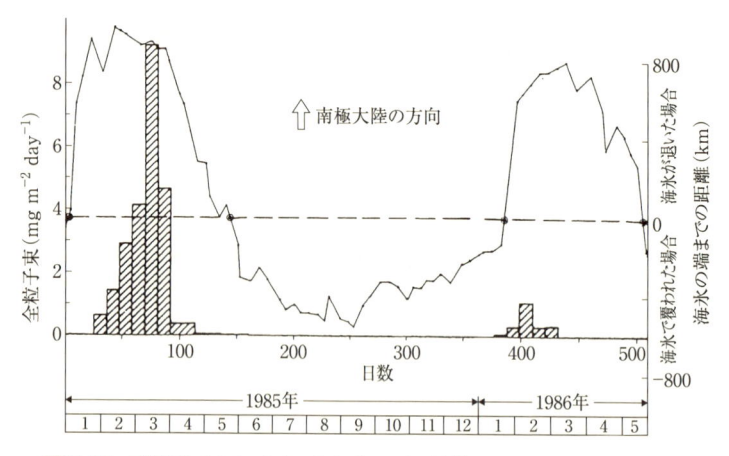

図7-15　南極海でのセジメントトラップの結果
各々の期間の全粒子束（$mg\,m^{-2}\,day^{-1}$棒グラフ）．折れ線グラフはセジメントトラップ設置地点と氷に覆われた端との最短距離を表す（Fischer et al., 1988）．南極の冬にあたる氷に覆われている期間には，粒子束がほとんどなかったことが示されている．

粒子束はたった$0.371\,g\,m^{-2}\,yr^{-1}$，有機物と生物殻を併せたものが$0.367\,g\,m^{-2}\,yr^{-1}$，石質成分はわずか$0.004\,g\,m^{-2}\,yr^{-1}$であった．

これを期間に分けて見てみると，1985年1月の末から3月の南極の夏期には，海氷が南極大陸の方に向かって退却していき，氷が割れて，海面が出現し，約10週間小さいながらも全粒子束が観察された．逆に，その他の期間には海の表面が氷で覆われ，植物プランクトンの活動はほとんど停止していたため，全粒子束はほぼゼロであった．この特徴は南極海における一次生産の観測からも支持される．すなわち，一次生産は沿岸地域で最大で$170\,g\,m^{-2}\,yr^{-1}$と大きな値を示す場合もあったが，永久に海氷に覆われている海域でほぼ$0\,g\,m^{-2}\,yr^{-1}$であった（Wefer and Fischer, 1991）．

極域は海氷に覆われなければ表層水は栄養塩に富むので，日射があれば一次生産は高くなるはずである．南極海の別の海域であるブランスフィールド海峡では，海氷に覆われる期間を除くと，生物生産は大きくなり，全粒子束も大きなピークを示し，結果として全期間を通じた粒子束も大きくなっていた（表7-2）（Wefer et al., 1988）．

(5) 火山の大噴火と沈降粒子

大規模な火山活動の場合には，火山灰が時には成層圏まで高くまいあがり，太陽から受け取るエネルギーを遮断し，全球の平均気温がわずかながら下がることが報告されている．

1991年6月のフィリピン，ルソン島のピナツボ火山の爆発は，今世紀最大級と言われたが*，その最初の大きな爆発は1991年6月12日に起こり，14日から15日にかけて大規模な噴火となった．その頃ピナツボ火山のわずか50 km北を通過した台風の強い風によって，火山灰は西側に流され，南シナ海にかなりの量が降下した．その火山灰の動きは衛星画像からも追跡さ

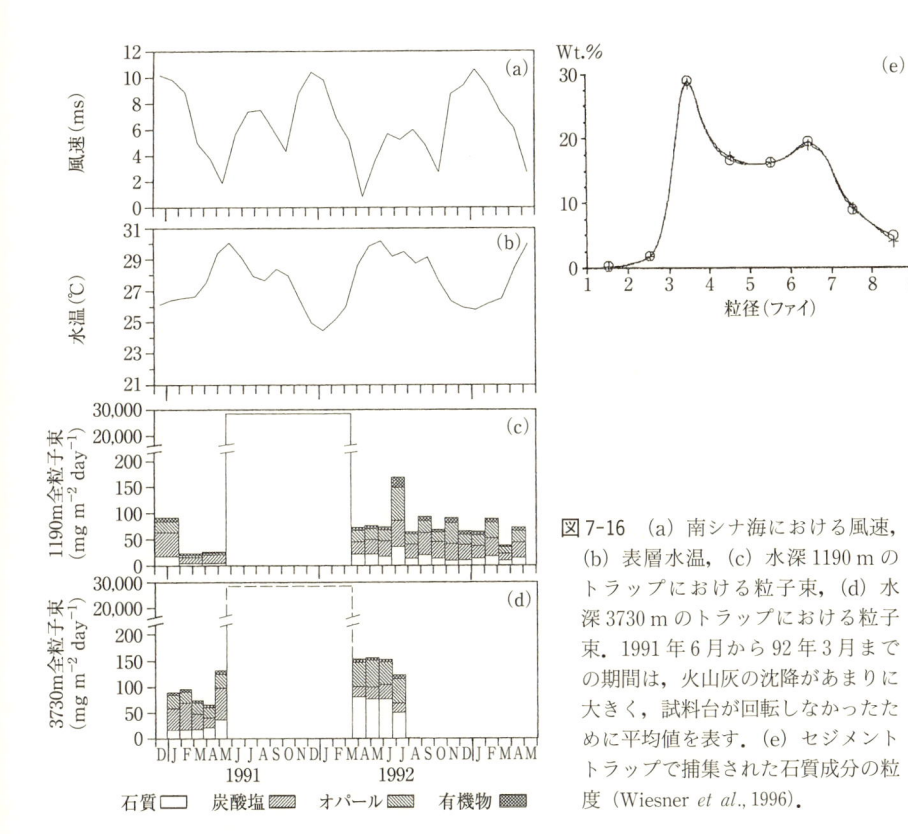

図7-16 (a) 南シナ海における風速，(b) 表層水温，(c) 水深1190 mのトラップにおける粒子束，(d) 水深3730 mのトラップにおける粒子束．1991年6月から92年3月までの期間は，火山灰の沈降があまりに大きく，試料台が回転しなかったために平均値を表す．(e) セジメントトラップで捕集された石質成分の粒度 (Wiesner et al., 1996).

---

* ピナツボ火山の爆発以来，巨大な火山爆発がないため，現在成層圏での粒子状物質の濃度は，近年になく小さい値になっている (IPCC, 2007).

れ，過去の火山灰堆積物の研究にとってもよい手本となった．

　ピナツボが噴火した1991年の夏には1万7000 mg m^{-2} day^{-1}という全粒子束が観察され，年間では8990 g m^{-2}となり，観測史上最大の値となった（図7-16）．そのほとんどは石質成分で，火山灰中のガラス（glass）や鉱物（minerals）の形状と化学組成は当然ピナツボ火山起源であることを示しており，粒径は2つのピークを持っていた．①大粒径のものは大気から表層水に着水して，そのまま降下した．②小粒径のものは表層水に着水して懸濁し，プランクトンの繁殖による糞粒やマリンスノーに取り込まれ，鉛直下方に輸送された（Wiesner et $al.$, 1996）．このような火山の大規模な爆発はめったに起こることではないが，この1991年の石質成分の粒子束は通常年のそれの3桁以上高かったので，1000年に1度以上の頻度でこのような大規模火山噴火があると平常時の沈積よりも影響は大きくなる．

8. 堆積物と地球表層環境システム

　海底面に到達した粒子状物質は最終的に堆積粒子となって沈積する．粒子の起源についてはすでに述べた．ここでは，さらに詳細に鉱物学的特性等について述べるとともに，堆積物の平面分布について述べる．

8.1　堆積物の粒度

　粒子の大きさ，粒径により礫，砂，泥と分類される．砂と分類されるものの粒径は 1/16 mm（62.5 μm）-2 mm である．砂より粒径の大きいものを礫（gravel），小さいものを泥（mud）という．さらに泥はさらに細かく分類され，1/16 mm（62.5 μm）-1/256 mm（4 μm）のものがシルト（silt），それ以下のものが粘土（clay）と呼ばれている．

　「粘土」という言葉には2つの使われ方がある．①一つは粒径を基準にしたもので，「粘土サイズ」は上で述べたように4 μm以下の小粒子という場合である．②もう一つは「粘土鉱物」という物質を表す場合である．粘土サイズの石英と言った場合には，物質は石英で粒径が4 μm以下であるという意味になる．遠洋性堆積物の粒径2 μm以下の粘土粒子では，非生物起源物質が全体の重量の 58-64 % を占め，遠洋性赤粘土では約 90 % にものぼっている．

8.2　堆積物の起源物質

8.2.1　生物起源物質

　生物起源物質については，すでに6章生物生産，7章沈降粒子の項目で解説した．

8.2.2 陸源物質

陸から遠く離れた外洋の深海底，たとえば北太平洋の深海底（4000 m 以深）では，酸化的で赤茶色の微細な粘土粒子から構成される赤色粘土堆積物が大変ゆっくり（1-5 mm kyr^{-1}）と沈積している．これらのほとんどは風成塵として大陸からはるばる運搬されてきたものである．

陸源の石質成分は，①岩石起源鉱物：斜長石（plagioclace），輝石（pyroxene），石英（quartz），アルカリ長石（albite），②風化などによって生成した粘土鉱物（clay minerals）：カオリナイト（kaolinite），緑泥石（chlorite），モンモリロナイト（montmorillonite），イライト（illite），混合粘土鉱物（2種類以上の粘土鉱物が互いに層状に重なったもの；mixed layer clay minerals）などに大きく分類される．

石英は化学式で書くと SiO_2 で，岩石の風化プロセスで通常最も最後まで残る鉱物である．海底堆積物での石英の分布は緯度方向にのびた分布を示すが，これは大陸から大気を経由して風で運搬されてきた証とされる．この傾向は，北太平洋の偏西風帯で顕著である．また，北大西洋東部ではサハラ砂漠の影響を反映して高石英含有量の分布域が見られる（Chester, 2003）（図8-1）．

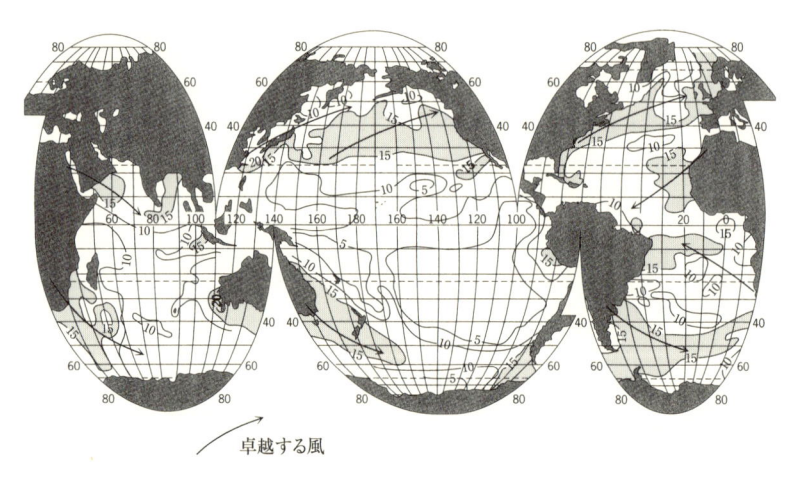

図 8-1　太平洋および大西洋の海底堆積物に含まれる石英粒子の含有量（重量%）（Leinen *et al.*, 1980）

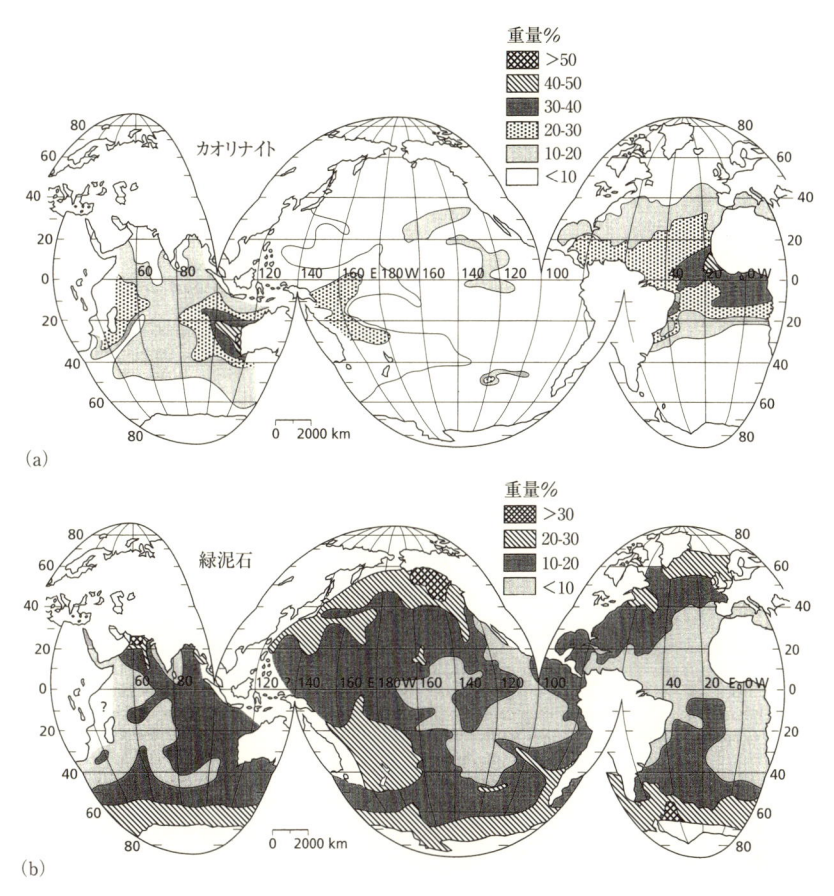

図 8-2 (a) 全世界の堆積物でのカオリナイトの含有量（Griffin *et al.*, 1968）
(b) 全世界の堆積物での緑泥石の含有量

　粘土鉱物は母岩であるケイ酸塩岩石が化学風化によって変質し，生成する．深海底における粘土鉱物の地理分布（図8-2）は，その源となる陸上での風化環境，そして供給経路を反映している．カオリナイト（$Al_2Si_2O_5(OH)_4$）は強い化学風化の結果生成する鉱物で，低緯度帯の土壌中に産する．海底では，赤道アフリカおよびオーストラリアの西岸沖に卓越して分布し，古環境解析の場合には高温多雨の間接指標として用いられることが多い（図8-2a）．斜長石から作られる場合の反応式は

$$4\mathrm{Na}_{0.5}\mathrm{Ca}_{0.5}\mathrm{Al}_{1.5}\mathrm{Si}_{2.5}\mathrm{O}_8(固相) + 6\mathrm{H}_2\mathrm{CO}_3(液相) + 11\mathrm{H}_2\mathrm{O} \rightarrow$$
$$2\mathrm{Na}^+(液相) + 2\mathrm{Ca}^{2a}(液相) + 4\mathrm{H}_4\mathrm{SiO}_4(液相) +$$
$$6\mathrm{HCO}_3^-(液相) + 3\mathrm{Al}_2\mathrm{Si}_2\mathrm{O}_5(\mathrm{OH})_4(固相)$$

(式 8-1)

となる．モンモリロナイトを例外として，斜長石は粘土鉱物を作り出す最も重要な一次鉱物である．

　緑泥石は変成岩の構成鉱物で，アラスカ沿岸や南極海の場合，極地方の氷河で侵食を受けた盾状地帯に由来し，アラビア海やベンガル湾の場合には，ヒマラヤなどから供給される氷河堆積物に多い鉱物である（図 8-2 b）．

　モンモリロナイトは火成岩の風化生成物で，とくに玄武岩が比較的低温（150℃以下位）で変質すると生成する．分布域は，南太平洋とインド洋西部の中央海嶺を中心とした地域に分布している．これらの海底では，中央海嶺の火成活動が活発で，新しい玄武岩が生成しており，低温変質（海底風化）も進行している．

　イライトは雲母鉱物の総称であり，いずれの緯度帯の陸上においても産する鉱物なので，その出現から古環境を特定することは難しい．これは北・南太平洋，北大西洋ともに偏西風帯の海底に卓越した分布域を持つように見えるが，他の鉱物による希釈の結果とされる．なお，イライトの一部は，カオリナイトから海底で生成していると言われており，逆風化（reverse weathering）と呼ばれている．その反応式は以下のようになる．

$$2\mathrm{K}^+(液相) + 2\mathrm{HCO}_3^-(液相) + 3\mathrm{Al}_2\mathrm{Si}_2\mathrm{O}_5(\mathrm{OH})_4(固相) \rightarrow$$
$$2\mathrm{KAl}_3\mathrm{Si}_3\mathrm{O}_{10}(\mathrm{OH})_2(固相) + 5\mathrm{H}_2\mathrm{O} + 2\mathrm{CO}_2(気相)$$

(式 8-2)

　粘土鉱物は，主に Si，Al，O（または OH^-）からなるように，その基本単位は，① Al と O からなる正八面体構造と，② Si と O からなる正四面体構造の 2 種類である．それらが層状に結合して，それぞれ八面体層格子および四面体層格子を形成し，さらにそれらの層格子が 2 層，3 層と組み合わさって鉱物を形成する．2 層からなるのがカオリナイト，3 層からなるのがモンモリロナイト*やイライトで，ブルース石（brucite）をはさむのが緑泥石である（図 8-3）．カオリナイトでは，1 枚の SiO_4 四面体の層が同じ向きに

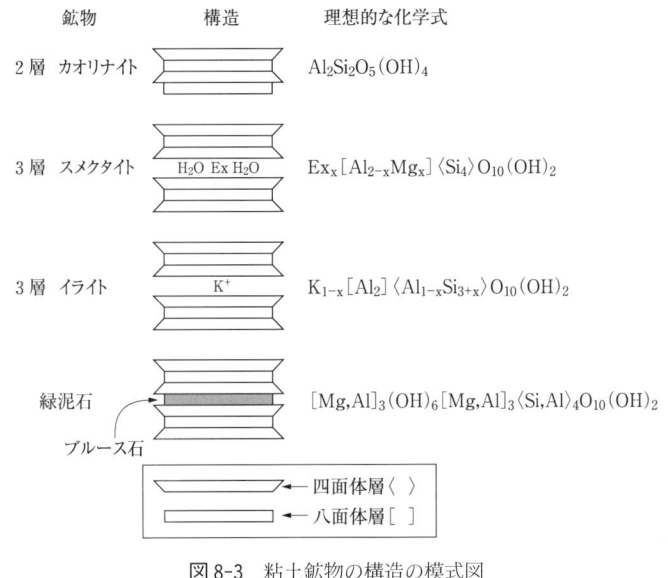

```
      鉱物          構造         理想的な化学式

2層  カオライト     ▱▱▱        Al_2Si_2O_5(OH)_4

3層  スメクタイト    H_2O Ex H_2O    Ex_x[Al_{2-x}Mg_x]⟨Si_4⟩O_{10}(OH)_2

3層  イライト       K^+         K_{1-x}[Al_2]⟨Al_{1-x}Si_{3+x}⟩O_{10}(OH)_2

緑泥石                         [Mg,Al]_3(OH)_6[Mg,Al]_3⟨Si,Al⟩_4O_{10}(OH)_2
ブルース石

                      ← 四面体層 ⟨ ⟩
                      ← 八面体層 [ ]
```

図 8-3 粘土鉱物の構造の模式図

重なり,連続している.逆に,モンモリロナイトの場合には SiO_4 四面体の層の表どうしが向きあっている.

　粘土鉱物では,SiO_4 四面体の層構造の層の間に,陽イオンが入り込み,電荷バランスを保持しているが,この陽イオンは,液相(海水,河川,地下水)中の陽イオンと交換する能力が高く,その反応は次式で示される.

$$A^+(液相) + B\text{-}粘土鉱物 \rightleftarrows A\text{-}粘土鉱物 + B^+(液相)$$

(式 8-3)

この陽イオン交換能は 3 層構造を持つモンモリロナイトやイライトで高くなっている.とくに,モンモリロナイトでは,SiO_4 四面体が向かいあった場合には,Al^{3+} が入り込み強い結合となるが,逆に両方裏面が向かいあった場合には水や陽イオンとの結合はもともとゆるやかで反応性に富み,層構造がくずれやすくなる.

---

* 図 8-3 では,モンモリロナイトが属する粘土鉱物のグループであるスメクタイトの例を掲げた.

8.2.3 海成起源物質

海成起源物質は，広義には熱水も含めた液相（海水）に溶存した物質から沈殿した物質を表しており，4つに分類できる．①酸化的条件下での沈殿としてのマンガンクラスト，マンガン団塊．②還元的条件下で高温液相からの沈殿としての熱水性沈殿物．③常温での還元的条件下での沈殿としてのリン鉱石．④海水が干上がって作られる蒸発岩*（3.6節参照）．この中で，②については熱水循環系と地下生物圏（10章）のところで解説する．

(1) マンガンクラスト，マンガン団塊

鉄およびマンガンは重金属の中で地球表層環境において移動しやすい元素である．大陸物質の風化，海底熱水活動によって海水に供給された鉄（Fe）とマンガン（Mn）は短い時間を経て，最終的に酸化物として海底に沈殿する．その海水中の溶存濃度は 0.1–0.01 ppb のオーダーに過ぎず，海洋の物質収支から見ると海水から速やかに除去される元素である．一方，鉄・マンガン酸化物は海底堆積物の主要成分の一つであり，深海底の赤色粘土の堆積物中では約1％も含まれている．

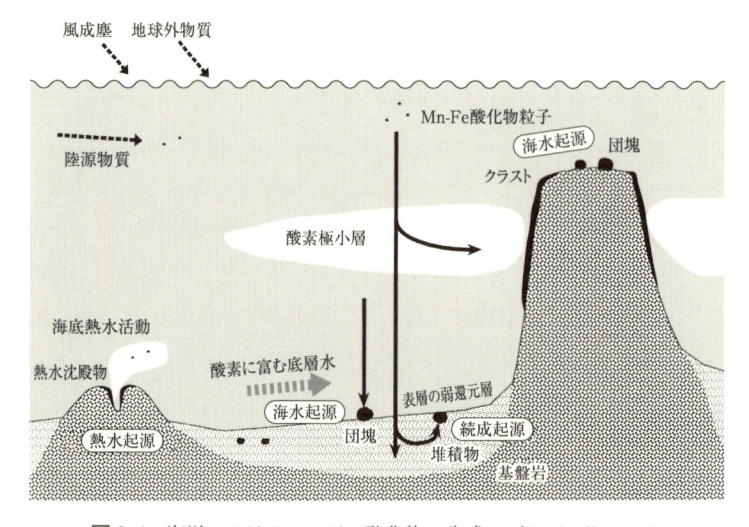

図 8-4 海洋におけるマンガン酸化物の生成モデル（臼井，1995）

---

* 蒸発岩； 塩湖などが干上がった際に水中に溶けていた物質が析出してできた岩塩（NaCl），石膏（$CaSO_4$）などからなる堆積岩．

海水中のコロイド状または溶存態の鉄およびマンガンが沈殿すると，海底の露岩域ではマンガンクラストを形成し，堆積物表面ではマンガン団塊を形成する（図 8-4，図 8-5）（臼井, 1995）．これらの主成分は結晶性の低い水を含んだ酸化鉱物であり，副成分として粘土鉱物，沸石類，微化石などを含む場合もある．また，マンガン団塊の鉱物には Ni, Cu などの重金属も高濃度で含まれている（Usui, 1979 a）．また，中部太平洋に存在する海山の中腹には Co, Ni, Pt などの濃度が高いマンガンクラストが産し，これはコバルトリッチクラストとも呼ばれる（Halbach and Manhheim, 1984）．表 8-1 に起源の異なるマンガン酸化物の特徴についてまとめた（臼井, 1998）．また，表 8-2 に海山と深海底のマンガン酸化沈殿物の化学組成をまとめた（Cronan, 1980）．

マンガンクラスト，マンガン団塊の成長速度は，^{10}Be (Ku, 1979; Segl et al., 1984)，^{87}Sr/^{86}Sr (Ingram et al., 1990)，^{230}Th (Mangini et al., 1990)，微化石などによって推定されている．それによると，成長速度は数 mm〜数 cm myr^{-1} と小さい．深海底堆積物の堆積速度である数 mm kyr^{-1} と比較して 3

図 8-5 堆積物表層に分布するマンガン団塊（臼井・西村, 1984）

表 8-1 海洋で形成されるマンガン酸化物の起源と性質（臼井, 1998）

起源	海水起源 (hydrogenetic)	続成起源 (diagenetic)	熱水起源 (hydrothermal)
形態	クラスト・団塊	団塊	細脈，均質層，盤層など
形成環境	深海盆・海山	深海盆	火山，リフト
化学組成（主）	Mn および Fe	Mn	Mn
化学組成（副）	Co	Ni, Cu	Mg, Ba, Ca
鉱物組成	vernadite	buserite	todorokite & buserite
結晶サイズ	0.01-0.001 μm	0.01-0.001 μm	0.1-100 μm
光沢	無	無	亜金属

表 8-2 海山と深海底のマンガン酸化沈殿物の組成 (Cronan, 1980)

	海山	深海底
Mn	14.62	16.78
Fe	15.81	17.27
Ni	0.351	0.540
Co	1.15	0.256
Cu	0.058	0.370
Mn/Fe	0.92	0.97
水深	1872	4460

桁位小さく，数 cm 成長するのに数百万年かかる場合が多い．団塊は海底表面にある場合が多く，少なくとも第四紀の堆積物表面に存在する団塊の核として，中新世〜白亜紀の化石や堆積岩の礫が存在する事実などから，堆積過程で団塊が埋没されずに海底面に保持される仕組みが存在することはまちがいない (Usui, 1979 b ; Usui et al., 1993)．

マンガンクラスト，マンガン団塊は層状の構造を示すことから（図 8-6)，近年，長期間の海洋環境を記録していると考えられている（図 8-4)．微細組織，化学・鉱物組成，成長速度の変化と第四紀の海水準変動 (Eisenhauer et al., 1992)，中新世の深層水の変化と組織・化学組成 (Banakar et al., 1993)，酸素極小層の発達と化学組成 (Dickens and Owen, 1994) の関係が議

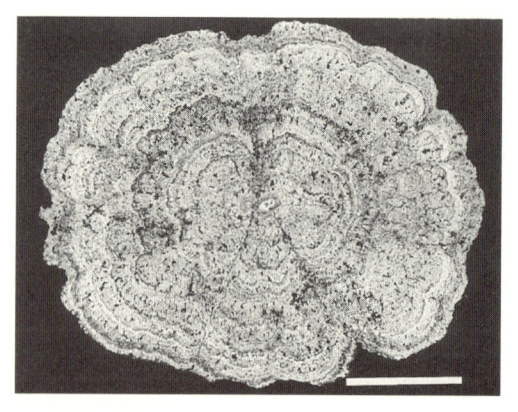

図 8-6 マンガン団塊の断面に見られる複雑な構造（臼井・西村，1984)
明るい部分が鉄マンガン鉱物，暗い部分が不透明鉱物である．スケールは 1 cm．

論されている．近年発達している微細スケールでの年代測定方法の開発により，マンガンクラストなどを用いて長期間の海底面での高精度の環境復元が構築されつつある．

(2) リン鉱石

海底で観察されるリン鉱石は，主にリン酸塩鉱物より構成される堆積性の沈殿物である．資源としての陸上も含めた「リン鉱石」とは「リンの鉱石」といった意味の総称的慣用名で，構成鉱物のリン酸カルシウム系鉱物には，火成系・海成系・グアノ（海鳥糞）系の3種類がある（金澤，1997）．上記のうち，海成系とグアノ系に属する生物源であるものを狭義のリン鉱石と呼ぶ．リン鉱石の主要な鉱物であるリン灰石（アパタイト*）は緻密堅牢な結晶である．ちなみにグアノは，海鳥の死骸や排泄物が堆積したもので，それが石灰岩と反応して時間の経過につれて，窒素質グアノ→リン酸質グアノ→グアノ質リン鉱石のように変質し，リン含有量も増加する．

海底で形成されるリン鉱石は，概して水深1000 m以浅の大陸棚，沖合の浅瀬，海台等に見られる．大陸の西側に見られることが多いが，北米大陸の

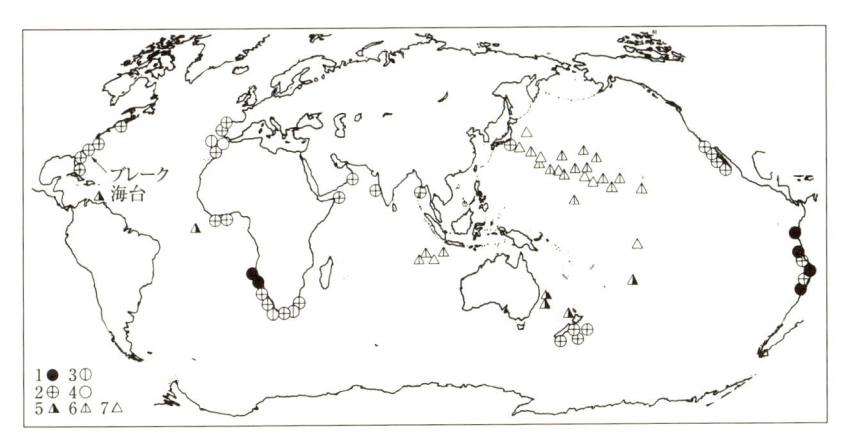

図8-7 海洋におけるリン灰石の分布 (Cronan, 1980)
 1-4：大陸縁辺部, 5-7：沈降した海山．時代は，1：完新世，2と5：新第三紀，3と6：古第三紀，4と7：白亜紀．

---

* アパタイト： 本来アパタイトは $M_{10}(RO_4)_6X_2$ の組成である結晶鉱物グループの総称である．しかし，普通アパタイトと言った場合には，M＝Ca, R＝Pのリン灰石 $Ca_5(PO_4)_3X$ を指す．Xは水酸基（OH），ハロゲン等である（金澤，1997）．

東海岸沖のブレーク（Blake）海台（30°N，75°W付近）やニュージーランドの東海岸沖，海山にも産することがある（図8-7）．西南アフリカとチリ・ペルーの沖合の少なくとも2地域では，現在もリン鉱石が沈積しているものと考えられている．これらの地域では湧昇やそれに伴う高い生物生産という特徴がある．アフリカ沖のリン灰石の形成過程では3つのステージがあるとされている．①生物起源物質の堆積，②続成過程によるP_2O_5の濃集，③再堆積によるリンの濃集．

沈降粒子の研究によると，生物体を構成する炭素（C），窒素（N），リン（P）の中で，通常の酸化的条件の下での分解過程ではPが最も速く海水に溶出してしまうので，酸化的条件はPの濃集には不利に働く．Mg^{2+}の存在もアパタイトの形成に不利に働く．アパタイトの溶解度はpHが上がると減少する傾向があり，海水の高いpHはアパタイトの形成に有利に働く（図9-4）．アパタイトの結晶が成長するためには成長核が必要なので，陸源物質は希釈効果となるため，その供給は少なくなければならない（Cronan, 1980）．

ブレーク海台のリン灰石について，代表的な化学組成を表8-3に掲げる．表中のLOF（loss on fusion）には炭酸塩のほかに有機物などが含まれている．有機炭素の含有量は通常0.2-0.8 wt.%でNi, Cu, Zn, Ag, Mo, V, Cr, Se, Cdなどは有機物と正の相関を示すことが多い．1 wt.%以上のフッ素を含んでいることが多く，その原因は主要な構成鉱物が炭酸塩のフッ化アパタイトで，化学式は$Ca_{10}(PO_4CO_3)_6F_{2-3}$ということに起因する．

(3) 重晶石（バライト；baraite）

微小粒子の$BaSO_4$の重晶石結晶が，深海底堆積物に含まれることが知られている．これは，海底底生生物の糞粒であるとの説もある．一方，近年，

表8-3 ブレーク海台（Blake Plateau）のリン灰石の主要成分（Cronan, 1980）

SiO_2	0.20 wt.%	K_2O	0.45
Al_2O_3	0.51	P_2O_5	25.80
Fe_2O_3	2.80	S	0.61
MgO	1.02	F	3.25
CaO	51.33	LOF	15.2
Na_2O	0.58		

重晶石粒子は，表層の一次生産量の多いところで重晶石粒子も多くなっていることが報告された．海洋上層での重晶石の粒径分布から，重晶石は表層水中で大粒子と関連して形成され，有光層の下層の酸素極小層で細かい粒子となり，重晶石粒子の濃度が最大になることが示された（Bishop, 1988）．酸素極小層で濃度が最大値を取って，それより深くなるにつれ，わずかに減少する．まだ不明の点も多いが，分解が進行する有機物やシリカの表面等の微小な領域で無機化学的な沈積をしていると考えられ，過去の一次生産の推定にも応用できると期待されている．

8.3 大洋底の堆積物の分布

外洋の大洋底の堆積物は，大きく分類すると，①石灰質軟泥（calcareous ooze），②珪藻軟泥（diatomaceous ooze），③放散虫軟泥（radiolarian ooze），④赤色粘土（red clay）*となる（図8-8）．とくに，炭酸塩と生物起源オパールの海盆における分布は，それらの性質によって大きく異なっている．①石灰質軟泥の中でもその主成分が有孔虫であると有孔虫軟泥（Foraminiferal ooze）と呼ばれる．炭酸塩の分布は，生産よりもむしろ溶解に

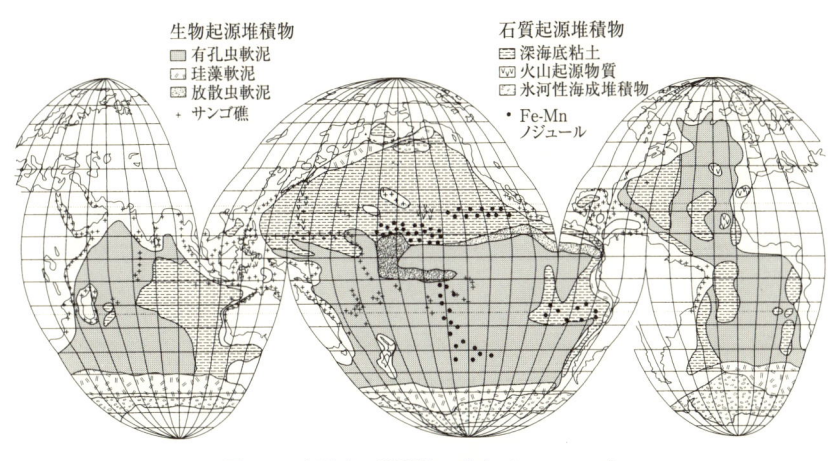

図8-8 大洋底の堆積物の分布（Gross, 1982）

* 図8-8では，深海底粘土として表現されている．

よって支配されている．その溶解は海水の年齢と海底深度に依存する．北太平洋では，海水年代が古く，しかも海底深度が深いので炭酸塩は溶けてしまう場合が多い．②海水はオパールに未飽和なので，生産された生物起源オパールのたった1％が堆積物となる．オパールの溶解は炭酸塩のような深度依存性はほとんどないので，オパールに富む堆積物の分布はその生産により影響を受ける．

海盆での堆積物を大局的に比較すると，大西洋と南太平洋では炭酸塩の堆積物が卓越し，北太平洋では赤色粘土が卓越する．南極海と北部北太平洋には珪藻軟泥が，東赤道太平洋には放散虫軟泥が分布することとなる．インド洋は浅いところでは炭酸塩が堆積するが，海底水深が深くなると溶解してしまうので，粘土鉱物が卓越することとなる（表8-4，図8-8，8-9）．

堆積物の沈積する速度は，生物生産・溶解の速度，陸からの運搬速度により支配されている．堆積速度は大洋深海底の赤色粘土域で 1-5 mm kyr^{-1}，遠洋の海台などの炭酸塩の堆積する地域で 10-30 mm kyr^{-1}，半遠洋域で 10-50 mm kyr^{-1}，日本海で 70-250 mm kyr^{-1} である．

表 8-4 世界の大洋の遠洋性堆積物の種類とその相対面積（％）

	大西洋	太平洋	インド洋	全大洋
有孔虫軟泥	67	36	54	47
珪藻軟泥	7	10	—	12
放散虫軟泥	—	5	0.5	3
赤色粘土	26	49	25	38
相対的な海洋面積	23	53	24	100

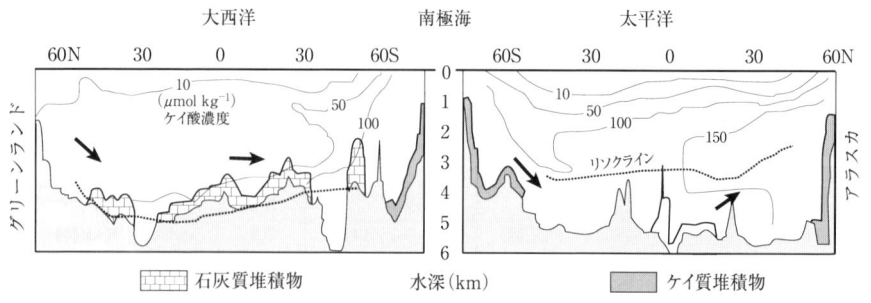

図 8-9 海盆の違いにおける堆積物の違い（Berger, 1970）

9. 生元素の物質循環

　生物活動に関連した元素（生元素と呼ぶ）について，水柱での挙動と地球的規模の物質循環について解説する．

9.1　炭素循環

9.1.1　地球表層での炭素リザーバー

　炭素循環を考察する時には，地球表層の炭素リザーバーを4つに分類することが多い*：①大気圏，②陸域（生物圏および土壌），③水圏（ほとんど海洋），④地圏．現存量は，それぞれ大気圏に750 GtC（ギガトン炭素＝PgC），陸域の生物圏に550 GtC，土壌に1500 GtC，水圏の大部分を占める海洋に4万 GtC，地殻（堆積物を含む）に6600万 GtC が存在している（図9-1）．これを有効数字1桁で簡単な比率に直すと，大気圏：陸域：海洋：地圏で 1：3：50：90000 となる．地圏には莫大な量の炭素が貯蔵されているが，大気や海洋などの狭義の地球表層環境システムから隔離されているので，短い時間スケールでは他のリザーバーとの相互作用は小さい．

　人類活動が目立たなかった時代の自然状態では，大気と海洋，あるいは大気と陸域リザーバーとの間で，それぞれ年あたり 74 GtC，100 GtC の相互作用があったと推定されている．しかしながら，近年人類活動によって 7.3 GtC yr^{-1} が大気圏に放出され，約半分の 3.4 GtC yr^{-1} がそのまま大気に残り，残りの半分ずつが陸域と海域に吸収されている．

---

*　第1章では地球表層環境システムを地圏，大気圏，水圏，生物圏と分類した．しかしながら，炭素リザーバーに関しては，生物圏は水圏と陸域に分かれるが，水圏での生物現存量は小さい．陸域生物圏はさらに森林などの生物圏と土壌に分類される．土壌は風化生成物である鉱物と生物起源有機物の混合物であることが多い．そこで，炭素リザーバーの議論の際には，①大気圏，②陸域（生物圏および土壌），③水圏（ほとんど海洋），④地圏と分類されることが多い．

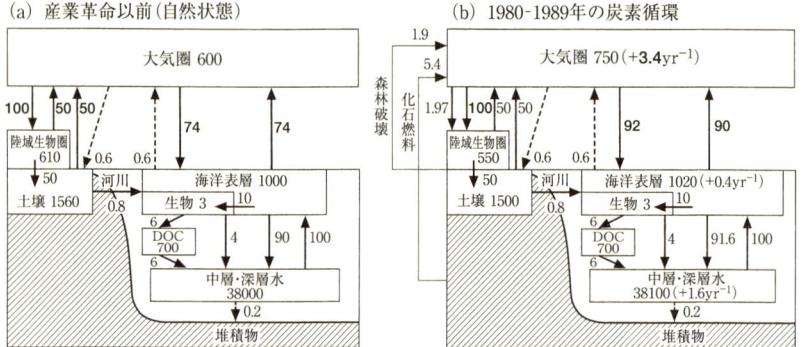

図 9-1 地球表層の炭素循環における主要リザーバーとその相互作用（Siegenthaler and Sarmiento, 1993）

数字の単位はリザーバーは GtC，フラックスは GtC yr^{-1}．（左）産業革命以前（自然状態），（右）1980-1989 年の炭素循環．大気-海洋間の炭素輸送を見ると左では海洋は炭素を放出しているが，右では吸収している．

風化などにより陸から河川を通じて $0.8\,\mathrm{GtC\,yr^{-1}}$ が海洋に流入している．そのうちの $0.6\,\mathrm{GtC\,yr^{-1}}$ が炭酸塩の形成などにより二酸化炭素が放出され，海洋から大気に移動し，$0.2\,\mathrm{GtC\,yr^{-1}}$ のみが堆積物として埋没する．海洋リザーバーでは純一次生産により $40\,\mathrm{GtC\,yr^{-1}}$ が有機物としていったん固定されるが，$36\,\mathrm{GtC\,yr^{-1}}$ は食物連鎖などによって消費され，$4\,\mathrm{GtC\,yr^{-1}}$ のみが中深層に鉛直下方に輸送される．これもかなりの量が生物活動によって消費されてしまう．陸上生物圏における大気からの正味の吸収は $50\,\mathrm{GtC\,yr^{-1}}$ である（IPCC, 2001）．なお，100 万年以上の時間スケールでは，火山活動と大気中の p_{CO_2} は相関があると言われているが，火山活動による二酸化炭素の供給は非常に小さく（$0.1\,\mathrm{GtC\,yr^{-1}}$ 以下），現代の炭素循環の考察時には無視できる．

9.1.2 大気中の p_{CO_2} の変化

(1) 現代の大気中の p_{CO_2} の変化

大気中の p_{CO_2} はハワイのマウナロア（Mauna Loa）の観測点で過去 50 年以上にわたってモニタリングされている．この観測データは，①長期にわたる濃度の上昇，②季節変動を反映している．すなわち，毎年大気中の p_{CO_2}

は4％ずつ増加する一方，季節変動は植物の光合成，植物や土壌の呼吸に影響され，濃度の最大は春から夏に，最小は秋にかけて見られる．

(2) 後期第四紀の炭素循環

現在は，第四紀（180万年前あるいは260万年前から現在まで）という氷期・間氷期が周期的に訪れ，激しい気候変動が見られた時代に属し，その中でも北米大陸の大規模氷床が消滅した以降の基本的に温暖な時代となっている．氷期・間氷期スケールの過去40万年程度の大気中の p_{CO_2} は氷床コアから正確に求められている：① p_{CO_2} は自然の働きのみでも大きく変動し，最終間氷期に極大値として約280-300 ppm，②大陸氷床が最も発達したとされる最終氷期最盛期（Last Glacial Maximum；LGM）には，極小値として180 ppm以下となり，③その後増加し，800-2500 B.P.には260 ppm位となっていた（Neftel et al., 1982；Barnola et al., 1983, 1987；Petit, 1999）．この原因のかなりの程度は海洋と大気間の二酸化炭素交換の変動にあると考えられているが（Broecker and Takahashi, 1978；Sundquist, 1985），その背後には①「生物ポンプ」と呼ばれる海洋表層での一次生産，引き続く海洋内部への鉛直輸送に関係したプロセス（Berger and Keir, 1984；Berger et al., 1989）と，②生物起源炭酸塩の深層での溶解に関係したアルカリ度の変化（alkali pump）（Berger and Keir, 1984；Boyle, 1988 a, b）が重要とされている．

生物ポンプ

氷期・間氷期サイクルの環境変動で最も基本的な因子である温度については，1970年代に行われたCLIMAP（Climate：Long-Range Investigation Mapping and Prediction）プロジェクトにより，深海底の微化石群集解析などを基にして氷期の水温が地球的規模で復元されている（CLIMAP, 1976）．最終氷期最盛期の表面海水温の降下は現在と比べると熱帯域では小さかった（1-2℃程度）が，高緯度域では大きかった（10℃以上）．この傾向は，将来の地球温暖化においても高緯度域に大きな影響が現れるとの予測と整合的である（IPCC, 2001）．

氷床が発達した氷期には極域と熱帯域との間の温度勾配がきつくなり，大気の子午面循環が活発になり風速が増加し，湧昇が盛んになったと考えられている（CLIMAP, 1976）．東部，中部，西部赤道太平洋，赤道大西洋，太平

洋中緯度，アラビア海などからの報告では，氷期に一次生産が高くなったことが示されている．しかしながら，南極周極流海域および亜寒帯域の北部北太平洋などでは，氷期よりも間氷期の方が生物生産が高くなっていたり（Narita *et al*., 2002），三陸沖のような混合水塊域では完新世後期に向かって生産が急激に増加するとの報告もある（Minoshima *et al*., 2007）．しかしながら，地球的規模でのデータ解析によると，氷期には一次生産が30-50％ほど増加していた可能性が高く，大気から海洋表層に溶解した多量の二酸化炭素が有機物として固定され，沈降粒子となって海洋中深層に輸送されたと考えられる．

アルカリポンプ

炭酸塩は海底堆積物に含まれる炭素の約75-80％を占めていて，その溶解は海水中のP_{CO_2}を下げて，最終的に大気中のp_{CO_2}を下げる働きをするので，アルカリポンプと呼ばれている．

$$CaCO_3 + CO_2 + H_2O \rightarrow 2HCO_3^- + Ca^{2+} \qquad (式9\text{-}1)$$

このポンプの強さも氷期・間氷期で大きく変化したとされる．中部赤道太平洋（北緯3度，西経140度付近）の水深4189 mから4949 mの深度範囲で異なった地点で堆積物柱状コアを採取し，過去80万年にわたって溶解変動が解析された（図9-2）（Farrell and Prell, 1989）．①この地域における現在のリソクラインは約4000 mである．炭酸カルシウムの平均含有量は水深依存性が高く，水深4189 mでの86％から水深4949 mでの2％と減少している．②太平洋で炭酸塩の溶解が強くて保存状態が悪かった時期は概して間氷期であった＊．図から明らかなように，顕著な10万年周期が認められる．

9.1.3 海水の熱塩循環と炭酸塩の溶解

現在の海洋での深層循環については前述した（1.1.3節，図1-5参照）．深層水が古くなると，二酸化炭素や栄養塩は増加し，pHは下がり，酸性度も上昇するので，炭酸塩を溶解させる力が増大する（図3-7）．現在のように深

＊ 図9-2で，酸素同位体ステージが奇数で示される時期（ステージ3を除く）は間氷期にあたり，炭酸塩の含有量が減少していることから，溶解が進行していることがわかる．

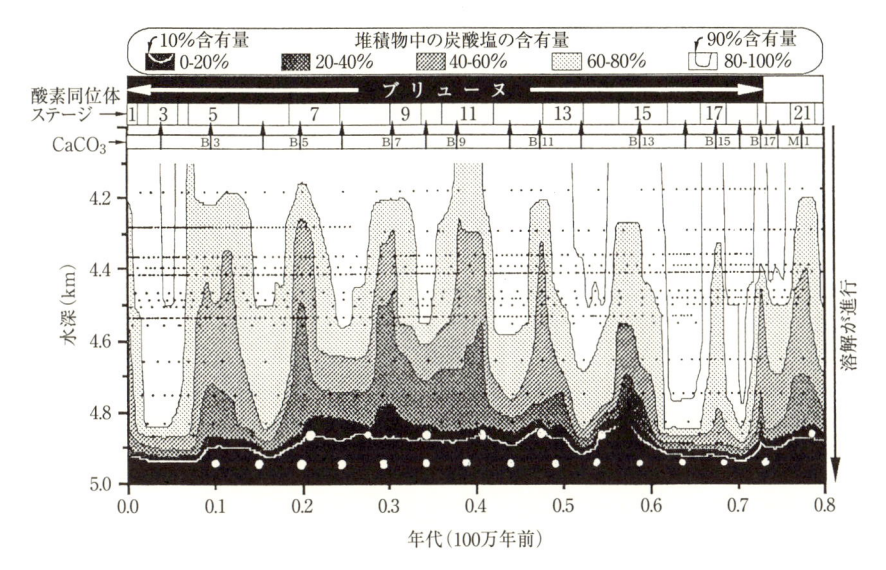

図 9-2 太平洋中部の深海における炭酸カルシウムの溶解と沈積に関する模式図
炭酸カルシウム含有量が急速に減少し始める深度はリソクラインと呼ばれ，変動は大きいものの図中では約 4.0-4.8 km の深度に対応している（現在では約 4.2 km；図 6-17）．炭酸カルシウムの沈積流量と溶解流量が同じになる深度は CCD と呼ばれ，炭酸カルシウム含有量は 0％となる．この海域では 5.0 km 付近に対応している．また，炭酸カルシウム含有量が 10％となる深度は CCrD（Carbonate Critical Depth）と呼ばれていて，この図中では約 4.9 km の深度に対応している．リソクラインと CCD との間は炭酸カルシウム遷移ゾーン（CaCO$_3$ transition zone）とも呼ばれ，数百 m の水深の幅を持っている (Farrell and Prell, 1989)．

層水が北大西洋で誕生し，最終的に太平洋を北上する場合には，太平洋は大西洋より海水年代が古いので炭酸塩の溶解は促進される．氷期・間氷期を通じて，深層水は基本的に大西洋から太平洋への流れが維持されたので，この傾向は変化しなかった．ただし，その流量は変化したので，溶解強度にも顕著な変化が表れている．

炭酸塩の溶解度は深度（圧力）依存性があり，太平洋の海底深度は大西洋のそれより大きいので，大西洋には炭酸塩に富む堆積物が太平洋よりはるかに広く分布している．

9.2 窒素の物質循環

9.2.1 窒素化合物

生物地球化学循環において,窒素原子は-3(NH_4^+)から0(N_2),$+1$(N_2O),$+2$(NO),$+4$(NO_2),$+5$(NO_3^-)と多様の酸化数を示す.大気の78%を示す窒素分子N_2は三重結合と強い結合なのでN_2の反応性は低い.特殊な窒素固定細菌や真菌類だけが,他に栄養となる窒素源がない時N_2を固定し,栄養として使用できる.

生体内の窒素は主に酸化数-3で,タンパク質などを構成するアミノ酸化合物に取り込まれる.有機物の分解プロセスで形成されるアンモニウムイオン(NH_4^+)も同じ価数である.陽イオンのNH_4^+は陸域環境で河川水などに入ると,粘土鉱物の陽イオンを置換したり,有機物の負電荷の部分に吸着されやすい.これは微生物の働きで酸化されて,亜硝酸イオン(NO_2^-)や硝酸イオン(NO_3^-)に変化したりする.海洋の植物プランクトンはこのNO_3^-やNO_2^-を主に用いて光合成を行い,有機物を合成する.

陰イオンのNO_3^-は,NH_4^+に対して,水中に溶存物質として存在しやすい.陸域では,雨水,腐植,動物の糞,肥料などからNO_3^-が供給され,河川や地下水に入り,最終的に河口に達する.ただし,NO_3^-は酸欠(還元的)の環境下では,しばしば脱窒により除去される.なお,海洋では微生物により海洋の有機物が分解・酸化されて海水中にNO_3^-が供給される.

9.2.2 窒素循環

地球表層環境では,窒素はN_2という形で大気に3×10^{24} gN,海洋に2.2×10^{22} gN存在しているが,基本的に化学的に安定である(図9-3).陸上では,植物に3.5×10^{18} gN,土壌に9.5×10^{18} gN存在している.海洋では窒素は硝酸の形で6×10^{20} gN,生物および生物遺骸として5500×10^{15} gN存在している.

陸域の生物学的な固定フラックスは140×10^{15} gN yr^{-1}である.この中で,農業地域での大豆などの作物の生育過程で固定されるフラックスは40×10^{15} gN yr^{-1}となっている.陸域での純一次生産を60×10^{15} gC yr^{-1}として,一

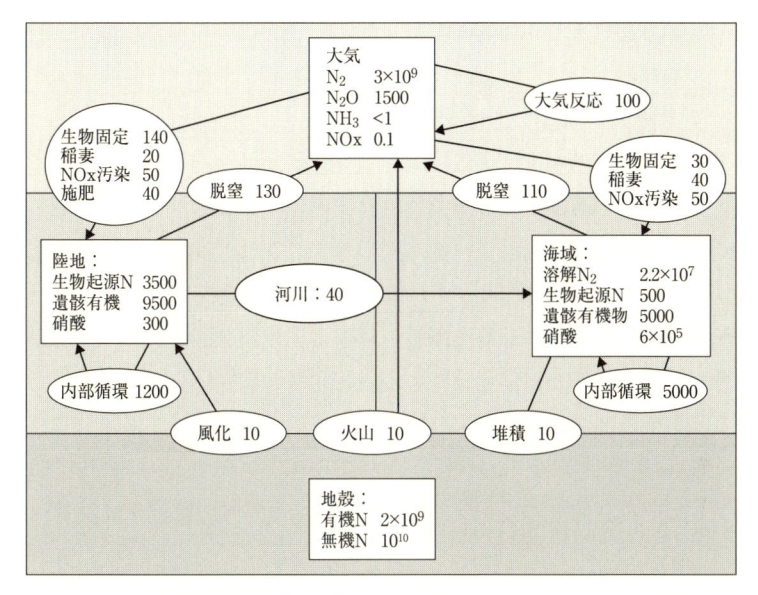

図 9-3 地球表層の窒素循環に関する模式図（Schlesinger, 1991；Cox, 1995）
リザーバーの数字は 10^{15} gN，流量は 10^{15} gN yr^{-1}．

般に C/N 比を 50 と仮定すると，必要な窒素量は 1.2×10^{15} gN yr^{-1} と計算される．陸域から海洋への河川を通じての流入は 40×10^{15} gN yr^{-1}，海洋微生物による大気からの直接の窒素の栄養塩の固定化は 30×10^{15} gN yr^{-1}，稲妻などによる大気中で固定された窒素の陸・海への直接の降下は合計で 60×10^{15} gN yr^{-1} と推定されている．一方，脱窒作用は陸で 130×10^{15} gN yr^{-1}，海で 110×10^{15} gN yr^{-1}，海底への埋没は 10×10^{15} gN yr^{-1} となっており，現在の海洋リザーバーでの収支を見ると定常状態はくずれているかもしれない．また，近年では人類活動に起因した窒素化合物の海陸全体への供給量は，汚染で 100×10^{15} gN yr^{-1}，施肥で 40×10^{15} gN yr^{-1} となっており，地球表層システムでの物質循環にかなり大きな影響を与えていることがわかる．

なお，海水中には N_2，NO_3^-，NO_2^-，NH_4^+，溶存および懸濁粒子状有機窒素などの形で存在している．大気と平衡条件下では海水には 10°C で 490 μM L^{-1} の N_2 が溶存しており，前述したように化学的に安定であるため，中深層水でもその濃度はあまり変化しない．NO_3^- は表層ではほとんど枯渇

しているが，深層水で 40-50 μM L^{-1} である．NO$_2^-$，NH$_4^+$ の濃度は低い．

9.2.3　窒素同位体と海洋における窒素循環

　海水中の N$_2$ の δ^{15}N 値は海域および水深にかかわらず 0〜+1‰でほぼ一定である．現在の海洋生産の規模は，有光層内の栄養塩，とくに硝酸イオン（NO$_3^-$）の濃度に支配されている．深層水中の NO$_3^-$ の濃度と同位体比は海域によらずほぼ一定の 40-50 μM L^{-1}，+5〜+7‰である．

　一般に藻類や微生物による硝酸やアンモニアの取り込みに際し，窒素同位体の分別が起こることが知られている．①硝酸の取り込みについて，高緯度域など光合成速度が光強度により律速されている場合には，藻類は基質より +5〜+7‰ δ^{15}N 値が小さくなることが知られている．これに対して低緯度海域では光飽和状態なので硝酸を効率的に同化するので，同位体比は深層水の NO$_3^-$ の δ^{15}N 値に近くなる．② NO$_3^-$ に乏しい（<1 μM L^{-1}）貧栄養海域では同位体比が +10‰になることもある．この海域ではプランクトンは中層から供給される NO$_3^-$ によって賄われるが，その海水は脱窒により +10〜+18‰まで高まっているためである．③窒素固定能力がある *Trichodesmium* などのシアノバクテリアの場合には，δ^{15}N 値は溶存窒素よりわずかに軽い 0-2‰となる．

　さて，硝酸が豊富にある表層水の場合には，藻類が生成した粒子状有機物中の δ^{15}N 値は小さく（0-2‰）なるが，硝酸が枯渇するまで使用されているときには深海の硝酸の δ^{15}N 値（6-8‰）近くになることが多い，一般に，粒子状有機態窒素の δ^{15}N 値が低い場合は，上記の他にシアノバクテリアによる大気 N$_2$ の固定と陸上有機物（−7〜+2‰）の混入がある．陸上植物は降水起源の窒素を利用して成長する．また，土壌中の窒素化合物を吸収する際に同位体分別を起こすこともあり，一般に陸上植物の δ^{15}N 値は 0〜+2‰の値のことが多い．

9.2.4　過去の栄養塩の推定

　過去の海洋の栄養塩の推定に，窒素同位体が使用されることがある．しかしながら，これを窒素のみから推定することは難しく，確度をあげるために

他の因子とともに解釈されることが多い．上記③の *Trichodesmium* などの窒素固定性シアノバクテリアの場合は，珪藻などと群体をなして共生することがあり，一般に $\delta^{13}C$ 値は -20‰ と高い値を示すことが多い．また，海洋に運搬される陸上植物は，難分解性の木質部が起源であることが多く，その大半は C3 型光合成植物なので，$\delta^{13}C$ 値は -28〜-26‰ となり海洋プランクトンとは異なる．

また，堆積物中の $\delta^{15}N$ 値が $+8$‰ 位の場合，当時の植物プランクトンが表層に供給された硝酸をほぼ全部使いつくしていた，つまり貧栄養な海況だったと判断できる場合が多い．プランクトンから堆積物への続成過程での同位体の変化として 2‰ 程度高くなる傾向があるので，この続成過程を差し引くと，海水の硝酸の $\delta^{15}N$ 値とほぼ同じとなる．現代の熱帯から中緯度にかけての貧栄養な海域での粒子状有機窒素の $\delta^{15}N$ 値は $+6$‰ 前後のことが多い．

なお，通常の海洋での堆積物や粒子状有機窒素の $\delta^{15}N$ 値が $+10$‰ 以上になることはあまりないが，赤道東太平洋やアラビア海オマーン沖のように，極端な溶存酸素極小層が発達する場合には脱窒細菌による硝酸の消費が活発になり，一部の硝酸が失われるとともに，窒素同位体分別が起こるので，$\delta^{15}N$ 値は $+20$‰ になることもある．

9.3 リンの物質循環

9.3.1 リン化合物の特徴と濃度

リン（P）はカリウム，窒素などとともに陸域の植物活動では，必須の栄養元素となっている．一方で，サリンを含め化合物によっては猛毒である．近年肥料として生産されるリン化合物については，従来の重過リン酸石灰の生産量は減少し，代わりにリン酸アンモニウム肥料がその重要性を増している．P は地球を構成する元素の中で主要元素で，地球全体で 0.125％，地殻で 0.05％，核で 0.4％ という濃度を示す（Allegre *et al.*, 1995）．海洋での溶存リンの分布は表層で低く，中・深層で高い値を示し，リン酸濃度は 0-3.2 μmol kg^{-1}（平均約 2 μmol kg^{-1}）である（図 3-5）．

中性の pH ではリンは $H_2PO_4^-$ あるいは HPO_4^{2-} として溶存しているが，

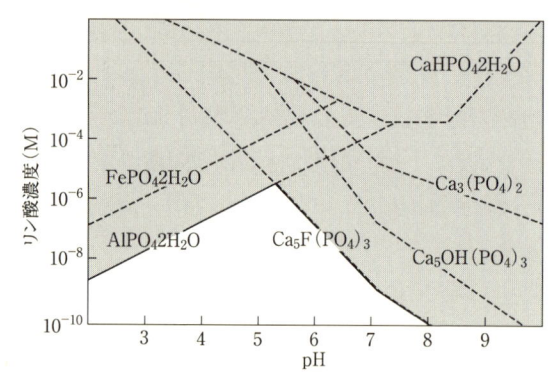

図 9-4 さまざまなリン酸化合物の pH の変化に伴う溶解度
リン灰石（$Ca_5F(PO_4)_3$）の溶解度は小さい．

Ca，Al，Fe と P との化合物の溶解度積が非常に小さいので，リンの溶解度は非常に小さくなっている．すなわち，リン自体は地球表層では難溶性で，主にリン灰石（$Ca_5(PO_4)_3X$）として沈殿する（図9-4）．ここで，X は OH^- だと水酸リン灰石，F^- だとフッ素リン灰石となる．中性の条件であると最も溶解度が低い化合物はフッ素リン灰石（フルオアパタイト）で，10^{-9} mol kg^{-1} より濃度は小さくなる．

　地球上の生物の発達として，身体の形状の維持，運動の性能，重要臓器の保護などに骨が果たしてきた役割は重要であるが，通常骨と呼ばれる物質（硬骨）を作っている主成分はリン酸カルシウムで，進化の過程ではまずカルシウム調節器官として発達してきたらしい．もっとも，この化合物は難溶解性であるがゆえに，骨として機能できたとも言える．

9.3.2　リン循環

　地球表層ではリンは陸上植物に $2600×10^{12}$ gP，土壌に $2×10^{17}$ gP，海洋生物および遺骸に $750×10^{12}$ gP，海水に溶存した形で $80000×10^{12}$ gP，大気中にはわずかに $0.3×10^{12}$ gP 存在している（図9-5）．リンの陸域から海洋への供給経路は，河川からの溶存・粒子状の形での流入が，それぞれ $1.0×10^{12}$ gP yr^{-1}，$20×10^{12}$ gP yr^{-1} で，風成塵での大気経由が約 $4.2×10^{12}$ gP yr^{-1} 程度となっている．河川から海洋に流入したリン酸は，河口域や沿岸で沈殿

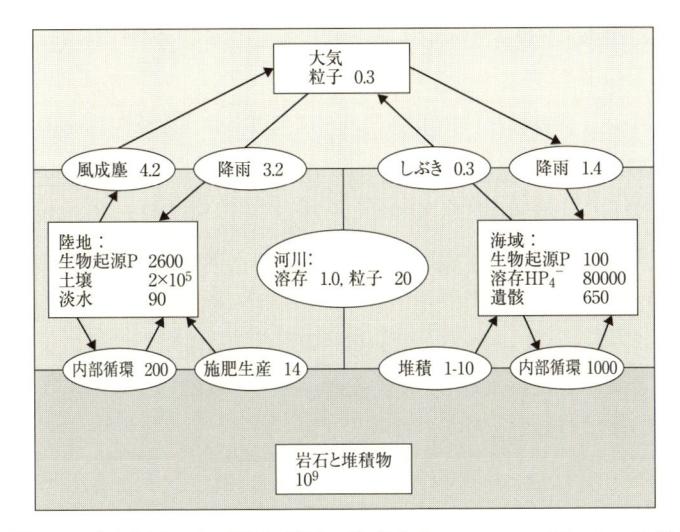

```
                         ┌─────────┐
                         │ 大気     │
                         │ 粒子 0.3 │
                         └─────────┘
                          ↑   ↑ ↑   ↑
              ┌───────┐┌───────┐ ┌───────┐┌───────┐
              │風成塵 4.2││降雨 3.2│ │しぶき 0.3││降雨 1.4│
              └───────┘└───────┘ └───────┘└───────┘
                 ↓         ↓         ↑         ↓
        ┌─────────────────┐ ┌──────────┐ ┌──────────────────┐
        │陸地：            │ │河川：     │ │海域：             │
        │生物起源P  2600   │ │溶存 1.0,  │ │生物起源P    100   │
        │土壌     2×10^5  │ │粒子 20    │ │溶存HP4⁻   80000  │
        │淡水       90    │ │          │ │遺骸       650    │
        └─────────────────┘ └──────────┘ └──────────────────┘
              ↓      ↑           ↓              ↓      ↑
        ┌────────┐┌────────┐ ┌────────┐ ┌────────────┐
        │内部循環 200││施肥生産 14│ │堆積 1-10│ │内部循環 1000│
        └────────┘└────────┘ └────────┘ └────────────┘
                                  ↓
                         ┌─────────────┐
                         │岩石と堆積物   │
                         │10^9          │
                         └─────────────┘
```

図9-5 地球表層のリン循環に関する模式図（Schlesinger, 1991；Cox, 1995）
リザーバーの数字は 10^{12} gP, 流量は 10^{12} gP yr^{-1}.

し，実際に外洋域に達するのは 2×10^{12} gP yr^{-1} と推定されている．

一方，除去機構は，①生物起源物質中に含まれる有機リンとしての沈積，②炭酸塩への吸着あるいは化合物を形成しての沈積，③重金属に富む熱水性粒子への吸着，沈積，④魚の骨格として沈着して沈積である．海洋における平均滞留時間は2万5000年と大きい．

海洋プランクトンの平均組成はレッドフィールド比より $C_{106}H_{263}N_{16}P$ なのでC：N：Pは106：16：1となるが（Redfield *et al.*, 1963），陸上植物の場合にはエネルギー代謝となる炭化水素化合物などを蓄積しているので，C：N：Pは790：7.6：1となり（Bolin, 1983），同じ量の有機炭素を生産するためには海洋の方がよりリンを必要とする．海洋の場合，リンは窒素とともに一次生産を制限する元素となっているが，表層海水中のリン酸と硝酸濃度をプロットすると，しばしば，海水中の硝酸が枯渇してもリン酸が残存している場合があるので，海洋では硝酸の方がより制限が強いと言われる．しかし，リンは気相中には存在せず，窒素の場合には大気中の窒素を固定して利用するプランクトンも存在するので，生物活動による変換で補うことが可能である．そこで，地質学的なもう少し長い時間スケールの物質循環の観点からは，

リンの方が生物地球化学循環の制限元素になっているのではないかとの考えもある．

　窒素とリンは栄養塩として重要で，近年沿岸における栄養塩供給において地下水が注目をあびている．たとえば，雨水がしみ込み地下水になる．また，家庭ゴミや下水も地下水に合流する．下水のN：P比＝16：1であるのに対し，地下水では土壌および周囲の岩石と反応し，溶存無機リン酸濃度はわずか3.5 μmol L^{-1}，NO$_3^-$ 濃度は750 μmol L^{-1} となり，N：P比＝215：1となってしまう．最近，地下水から沿岸への栄養塩の供給が河川からのそれに影響を与える位大きいとの指摘があるが，量的な問題の他に，栄養塩の種類についての検討が必要と考えられる．

9.4　ケイ酸の物質循環

　海洋におけるケイ酸の収支に関して，供給については，①陸上風化による河川からの流入が70％，②海底熱水系からの供給が30％となっている（表9-1）．次に，海水からの除去は生物活動によっている．海洋表面で生産される生物起源オパール殻量は推定値に大きな幅があり，1.7-16×10^{16} gSiO$_2$ yr^{-1}である．しかしながら，海水全体が生物起源オパールに対して不飽和であるため，堆積物に埋没するオパール量はたった3.2-4.4×10^{14} gSiO$_2$ yr^{-1}だけであろうと推定されている．河口域でも，河川から供給されたケイ酸が有機物へ吸着したり，粘土鉱物を形成したりして除去されるが，これは全海洋で除去される量の約10％とされる．

　水柱での溶解速度については，セジメントトラップを使用した結果が報告されている．北太平洋（北緯50度，西経145度）における水深1000 mでの沈降粒子と水深4000 mの堆積物表面での粒子束を比較すると，堆積物への埋没は沈降粒子束のたった2％であった（Takahashi, 1986）．

　ケイ酸の滞留時間は，全海洋での全ケイ酸存在量（7.3×10^{18} gSiO$_2$）を用いて，河川などからのケイ酸流入量（6.1×10^{14} gSiO$_2$）で割ると1万2000年と計算される．また，これを生物起源オパールの生産量で割ると約400年となる．定常状態であると仮定すると，海水中の溶存ケイ酸は最低400年に

表9-1 海洋におけるケイ酸の収支
（DeMaster, 1981 による）

供給		
	河川	4.2
	海底熱水活動	1.9
	合計	6.1
除去		
A．一次生産量		
	Lisitsyn (1967)	800-1600
	Heath (1973)	170-320
	推定範囲	170-1600
B．ケイ質堆積物量		
深海底	南極海	2.5
	ベーリング海	0.28
	太平洋北部	0.15
	オホーツク海	0.14
	3大洋の貧ケイ質海域	<0.1
	南極海周辺部	<0.02
	太平洋赤道域	0.01
	小計	3.1-3.2
沿岸	河口域	<0.8
	カリフォルニア湾	0.10
	南西アフリカ西岸	<0.11
	北アメリカ西岸	<0.10
	ペルーチリ沿岸	<0.06
	小計	0.1-1.2
	合計	3.2-4.4

単位は 10^{14} gSiO_2 yr^{-1}.

1度生物に取り込まれ，溶解を繰り返して，最終的に1万2000年経過して堆積物より除去される．

9.5 栄養塩型の鉛直プロファイルを示す重金属

9.5.1 栄養塩型の鉛直分布

海洋表層で形成された粒子状物質は沈降していき，この過程でリン酸，硝酸などの栄養塩と二酸化炭素が海水に供給され，海水が酸性化し，溶存酸素が消費される（式6-8）．

生物起源オパールについては，すべての海水がオパールに対して不飽和な

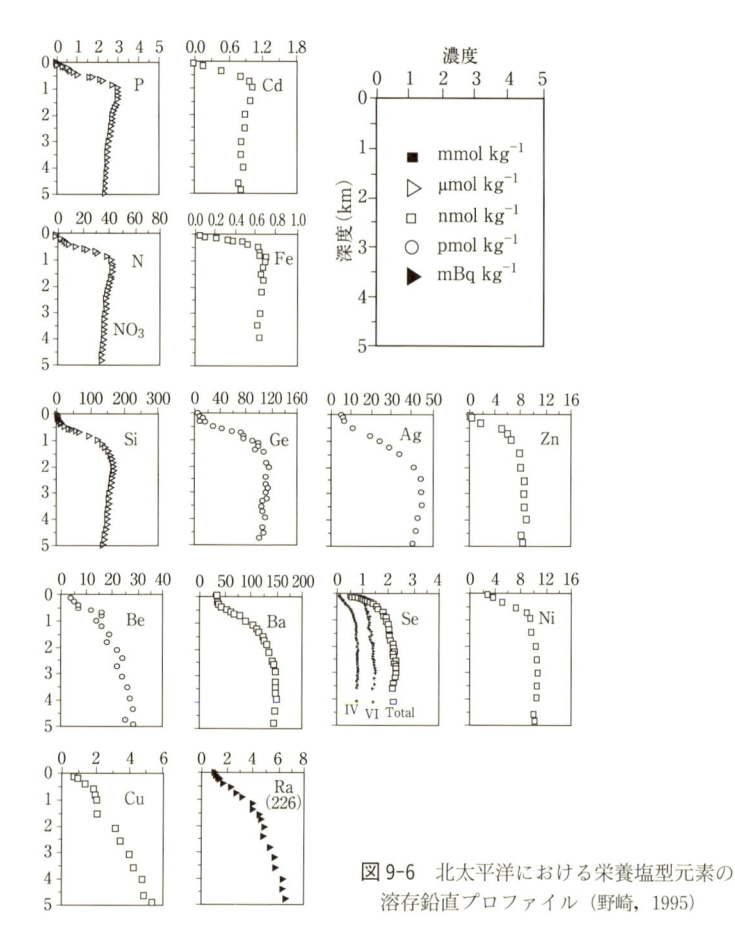

図 9-6 北太平洋における栄養塩型元素の溶存鉛直プロファイル（野崎，1995）

ので，中深層水中でその濃度は増加するが，生物起源オパール殻の溶解は有機物の溶解よりも遅いので，鉛直プロファイルにおいてケイ酸が増加する深度はより深くなる（図1-4，図3-5，図9-6）．

9.5.2 粒子状物質の鉛直方向の化学組成変化と海水との相互作用

海洋表層で形成された粒子状物質は，下方に沈降していきながら周囲の海水と相互作用をする．Masuzawa et al. (1989) は，日本海（北緯40度50分，東経138度41分）で，沈降粒子に含まれる25元素を分析した（図9-

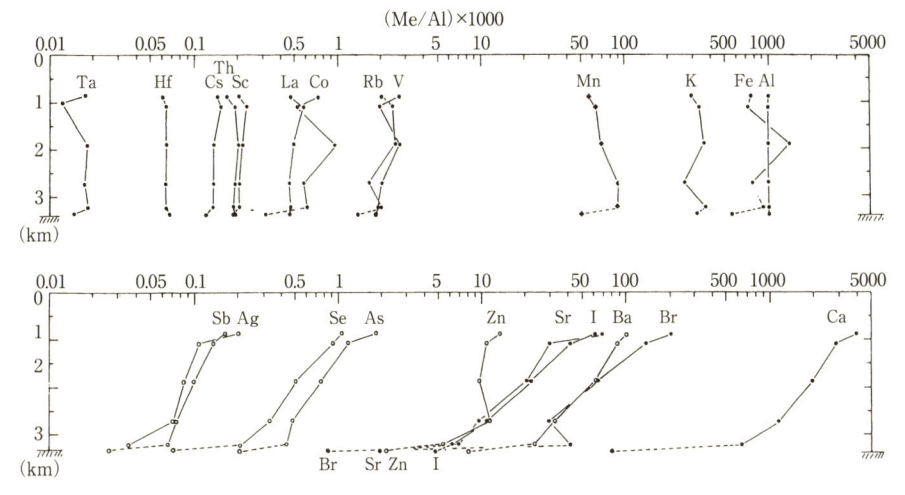

図 9-7 日本海の水深 890 m の 40°49.4′N, 138°40.7′E における沈降粒子の組成の鉛直変化 (Masuzawa et al., 1989)
Al で規格化した値がプロットされている．

7)．水深に対する元素 (Me) の濃度および Al に対する比を基に，4つのグループの元素群に分類した：① Al, Sc, La, Th, Hf, V, Ta, K, Rb, Cs では，元素濃度は水深に対して増加し，Me/Al* はほぼ一定の値を示した．② I, Ba, Ca, Sr では，元素濃度および Me/Al は水深に対して減少した．③ Mn では，元素濃度および Me/Al が水深に対して増加した．④ Sb, Se, Ag では，元素濃度はほぼ一定であるか多少増加するが，Me/Al は水深とともに減少した．これらは①石質成分 (refractory)，②生物起源 (biogenic)，③スカベンジング**，④生物スカベンジングに対応している．

9.5.3 栄養塩型の鉛直分布を示す元素

生物体に微量元素が含まれていると，粒子が分解する時に溶出しやすくな

---

* Me/Al；この研究では Al の粒子束が水深とともに増加しているが，その後，これは粒子の粒径による懸濁性や沈降速度に影響される補足効率に依存するもので，Al の真の粒子束は水深にかかわらずほぼ一定であるとの報告がされた．そこで，Masuzawa et al. (1989) で Me/Al が増加したものについては，Me が実質粒子に付加していたという意味になる．
** ③のスカベンジングは無機化学的反応が卓越する．

る．そこで，主要栄養塩と同じような鉛直プロファイルを持つ元素は生物関連元素ということもできる．海水に溶存する微量元素の濃度の地球的規模でのマッピングはGEOSECS（Geochemical Ocean Sections Study）計画で大きな進歩を示した．生物が関係していると思われるプロファイルを示す元素にはBe，Fe，Ni，Cu，Zn，Ge，Ag，Cd，Ba，Raなどがある（図9-6）（野崎，1995）．

なお，Fe，Ni，Cu，Znは近年海洋生物にとっての必須微量栄養塩と認識されているが，Ag，Cdは毒性もあり，本当に必要な元素であるのか疑問が持たれている．生物生産の際に自動的に取り込まれてしまっているのかもしれない．

9.6　溶存酸素（DO；dissolved oxygen）

9.6.1　現代の海洋での溶存酸素濃度

溶存気体のうち酸素は生物活動の直接的・間接的影響を受ける気体である．海水中の溶存酸素濃度は大気からの溶解と有光層での光合成により海水に供給されるので，海水が有光層よりも深い深度に達すると，溶存酸素の供給は停止し，主に細菌が有機物を好気的に分解する過程で消費されるだけとなる．この結果，式6-8からも明らかなように，有機物の分解過程で生成する栄養塩と逆相関を示すこととなる．そこで，溶存酸素濃度は，有光層から離れてから経過した時間が長いと減少するため，水塊の年齢の指標ともなる．大気中の酸素分圧は0.209気圧で，平衡にある海洋表面での濃度は0°C，24°Cでそれぞれ3.8×10^{-4}（約380 μM），2.4×10^{-4} mol kg^{-1}（約240 μM）となる．つまり，高緯度海域では低緯度域の約150％酸素が溶け込めることになる．なお，水温が高い深層水の形成が白亜紀などで想定されており，当時の沈み込み開始時の深層水のDOは100-150 μM程度まで下がっていた可能性が高い．

鉛直プロファイルを見ると，水深約1 kmには溶存酸素極小層が見られることが多いが（図3-5），これは有機物の分解と中深層水のゆっくりとした湧昇の2つの効果があわさった結果である．とくに生物生産の高い海域では，

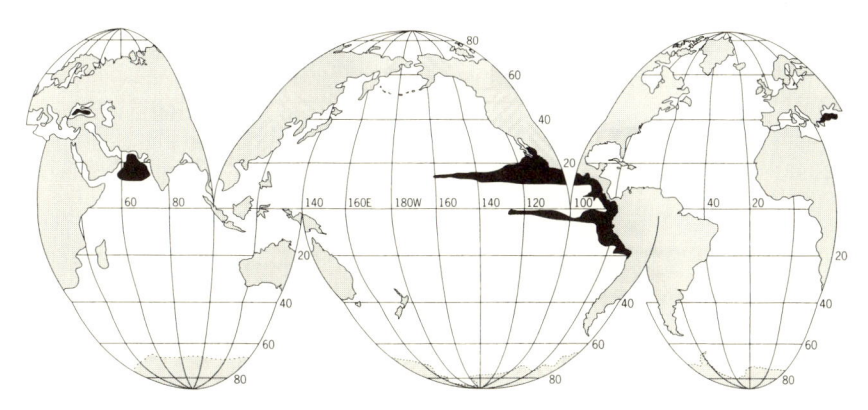

図 9-8 溶存酸素に乏しい（0.2 mL O_2 L^{-1} 以下）の中層・深層水の分布
(Deuser, 1975)

溶存酸素濃度がほぼゼロになった水塊が海面下に存在しており，そのような海域では脱窒作用が進行し，窒素循環に大きな影響を与えている（図9-8）．

9.6.2 溶存酸素濃度を減少させる因子

水塊が無酸素となると通常の生物は生きていくことができないので，無酸素状態は地球史では大量絶滅などを引き起こす重要な原因として認識されている．地球史を通じて海洋無酸素事変（OAE；Ocean Anoxic Event）など，海水中の溶存酸素が広範囲にゼロとなったことがあった．溶存酸素を減少させる主なプロセスには3つがある：①有機物の分解，②メタンハイドレートなどの酸化で酸素を消費する場合，③熱水の寄与による溶存酸素の低下．

現在の平均的な DO 値は，表層水（北太平洋あるいは北大西洋）で 250 μM で，深層水に関しては北太平洋で 100 μM，北大西洋で 200 μM である．有機物の分解で溶存酸素が消費される分の各々のパラメータの変化を Δ で表すと，北大西洋から北太平洋への過程で増加する DO の 100 μM の変化（Δ100 μM）は，有機炭素 Δ1.2 mgC L^{-1}（=Δ1200 μgC L^{-1}）の変化に相当する．

9.7 堆積物に記録される海水特性の指標

9.7.1 海水中における Cd, Ba 挙動と過去の栄養塩濃度の推定

カドミウム（Cd），バリウム（Ba）は海水中での挙動も親生元素とされており，水柱での鉛直分布はリン酸塩，硝酸塩などの栄養塩と類似している（図 9-9）．Cd のイオン半径は，Ca に近いので有孔虫などの生物起源炭酸塩殻で Ca を置換して入りやすいとされている．そこで，炭酸塩中の Cd の含有量を分析することによって，過去のリン酸塩など濃度を推定することが可能である．実際，殻の中の Cd/Ca，Ba/Ca 比は，現在の海水から推定された炭酸塩中のそれらの比率と整合的であった（Lea and Boyle, 1989）．

しかしながら，底生有孔虫の殻の Cd/Ca 比は水深にも依存すること（Boyle, 1992）がその後の研究から明らかになっている．また，Ba/Ca についても，海域の特性，中深層循環など海洋のさまざま要因によって比が変化する．そこで，実際の使用については，適応条件を吟味することが求められる．

なお，Ba はアルカリ度との相関のよいことが報告されており（Lea and Boyle, 1989 ; Lea, 1993）（図 9-10），過去のアルカリ度を推定できる指標になるのはないかと期待されている．

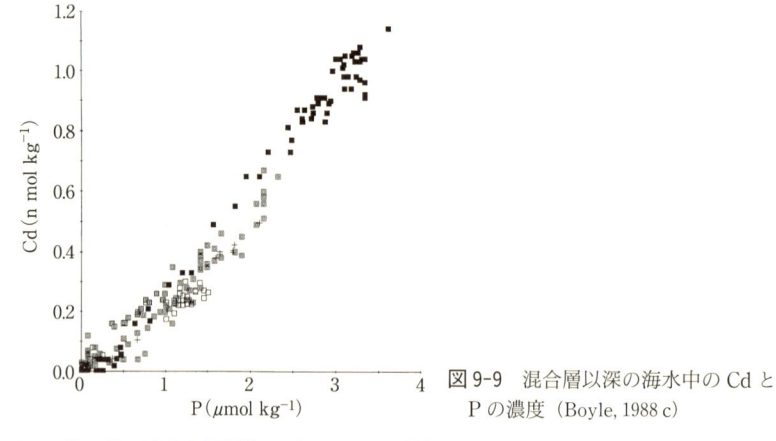

図 9-9 混合層以深の海水中の Cd と P の濃度（Boyle, 1988 c）

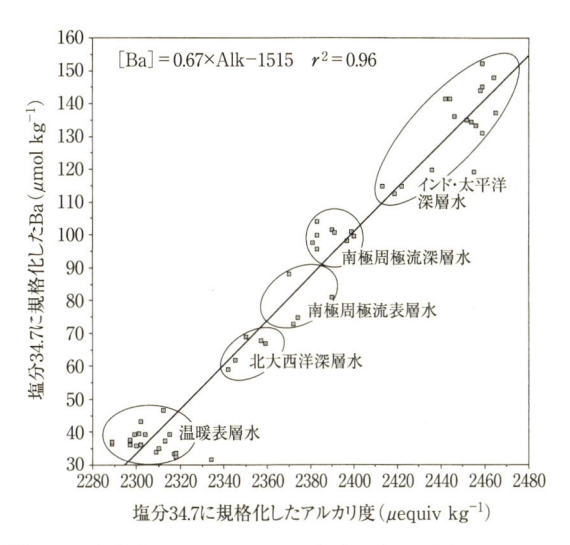

図9-10 海水中のBaとアルカリ度（Alk）の分布（Lea, 1993）

9.7.2 底生有孔虫の $\delta^{13}C$ 値と栄養塩濃度の指標

海水の $\delta^{13}C$ 値，溶存酸素濃度，リン酸濃度，全炭酸塩の鉛直プロファイルにはきれいな相関がある（Kroopnick, 1985）．①海水の $\delta^{13}C$ 値は海洋表層では大きく，溶存酸素極小層で小さくなる．これは海洋表層での生物生産により，海水から ^{12}C が有機物（ $\delta^{13}C$ 値は約 -20 ‰で，海水の全炭酸の $\delta^{13}C$ 値約0‰と比べて低い）として生物に選択的に取り込まれ，海水中に ^{13}C が残るためである．②有機物は海水を沈降するとともに分解されるが（式6-8，図7-3），これに溶存酸素が消費される．③その際，有機物から選択的に ^{12}C が海水に付加されるために $\delta^{13}C$ 値は，小さくなる．④ $\delta^{13}C$ 値とリン酸との逆相関も，生物生産および分解によって説明できる．

これは，現在の海水の $\delta^{13}C$ 値の中・深層における分布にも表れている．深層水の $\delta^{13}C$ 値は流れの経路にしたがって小さくなる傾向がある（Kroopnick, 1985）．

これら鉛直方向と水平方向での全炭酸塩中の $\delta^{13}C$ 値に関する知見から，2つの指標を見出すことができる．①海洋表層に生息する浮遊性有孔虫と底生有孔虫の炭酸塩殻中の $\delta^{13}C$ 値の違いから，一次生産の強さ，換言すると生

物ポンプの大きさを評価することができる．すなわち，$\delta^{13}C$値の差が大きい時代には生物ポンプが強くなっていたことが示唆される．中生代/新生代境界（K/T境界）などの大量絶滅時などには両者の値が同じで，生物生産が停止していた証拠とされる．②リン酸濃度との相関がよいことから，$\delta^{13}C$値より過去の栄養塩濃度を推定でき，これから中・深層循環あるいは炭素循環を推定することが可能となる．

9.7.3 生物起源オパール中のGe含有量とケイ酸濃度の推定

ゲルマニウム（Ge）はSiと同じ14族の元素で，海水中でのGeは，主に無機Ge，$[Ge(OH)_4]$として存在している．この無機Ge濃度は，表層で低く深層で高いという栄養塩型の鉛直分布をしているが，リン酸や硝酸に対しての相関はよくないので，生物の硬組織に摂取されているのではないかと推測されている（Froelich and Andrea, 1981）．無機Geとケイ酸との散布図は，$Ge(pM)=0.699\times10^{-6}\times Si(\mu M)+3.6$で，高い相関係数（$r^2=0.992$）を持っている（Froelich et $al.$, 1989）．

完新世の表層堆積物および培養実験の結果から，生物起源オパール中の$(Ge/Si)_{op}$比は，大局的に海水を反映していた（Shemesh et $al.$, 1988；Froelich et $al.$, 1992）．そこで，$(Ge/Si)_{op}$比はケイ酸濃度の指標として使用できるかもしれないとの考えがある．

9.7.4 有孔虫炭酸塩殻の^{11}Bと海水中のpHの推定

pHにより溶存イオン種が変化するものがある．ホウ素（B）もその代表的なものである．海水中のホウ素は$B(OH)_3$と$B(OH)_4^-$が知られているが，これは式9-2のようにpHによりその比率が変化する．

$$B(OH)_3+H_2O \leftrightarrows B(OH)_4^-+H^+ \qquad (式9\text{-}2)$$

ホウ素には^{10}Bと^{11}Bの同位体があり，天然の存在比率は約1：4である．イオン種により同位体組成が異なり，とくにこの性質がpH 7-9と海水のpH周辺で敏感に変化するため，生物起源炭酸塩殻に含まれるホウ素同位体を分析することにより，過去のpHの推定が可能となる（図9-11）．氷期・

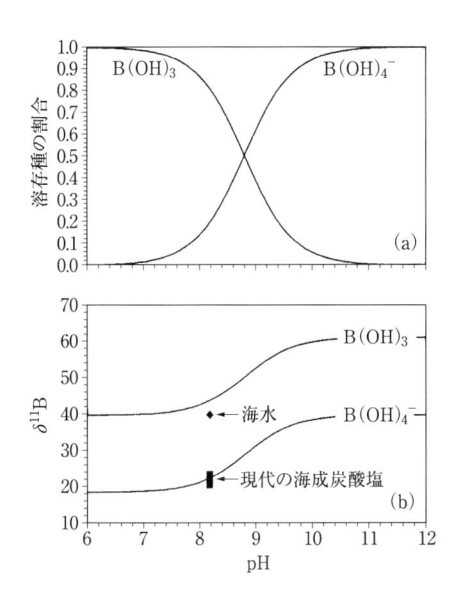

図 9-11 pH に対するホウ素のイオン種の濃度分布（Hemming and Hanson, 1992）
　下はホウ素イオン種の 2 つの主要種である $B(OH)_3$ と $B(OH)_4^-$ の $\delta^{11}B$ 値．

間氷期スケールでは，浮遊性有孔虫と底生有孔虫の $\delta^{11}B$ 値を分析し，大西洋・太平洋ともに海洋表層も底層も氷期の方が pH が現在よりも 0.2–0.3 高かったと推定されている（Sanyal *et al*., 1997）．

10. 熱水循環系の環境と地下生物圏

　中央海嶺や背弧海盆の拡大系の火山活動域に発達する熱水循環系は，地球内部のエネルギー放出と物質移動をもたらすという点で，鉱床の形成のみならず地球表層環境にも大きな影響を与えてきた．熱水循環系の環境は，地球に生命が誕生した当時の環境と類似しているという点でも注目されている．また，海底下には光合成を基礎とするのとは異なった生態系が存在している．ここでは，海底熱水活動，冷湧水活動，そこに生息する生態系について述べる．

10.1　海底拡大系における熱水活動と熱水循環系の概略

　現在の海底熱水活動は，①中央海嶺およびその周辺の海山（東太平洋海膨（EPR；East Pacific Rise），大西洋中央海嶺），②縁海拡大軸（北フィジー海盆，マリアナ海盆），③島弧内リフトおよび背弧リフトの火山（沖縄トラフ，スミスリフト），④島弧海底火山および火山島（伊豆マリアナ弧水曜海山，海形海山），⑤ホットスポットの火山（ロイヒ海山，マクドナルド海山），⑥オラーコジン*（バイカル湖，アファー三角地）など150カ所あまりで知られている．このうち，硫化鉱物の沈殿が報告されているのは①〜④で，いずれも海底火山活動を伴っている（図10-1）．

　海底熱水活動が現在最も広汎に見られるのは，長さ7万kmに及ぶ中央海嶺およびその周辺の海山である．中央海嶺は海嶺拡大軸（spreading center）で形成され，山頂部（crest）は比高が高く，周辺の裾野地域（flank province）で水深は深くなる．

　海嶺の海底基盤の岩石は火成岩である．拡大速度が速い海洋地殻上層は，

---

*　オラーコジン：　大陸地殻が分裂し，地殻が幅広く引き延ばされて，その凹地に堆積盆ができたような地質構造を表す．

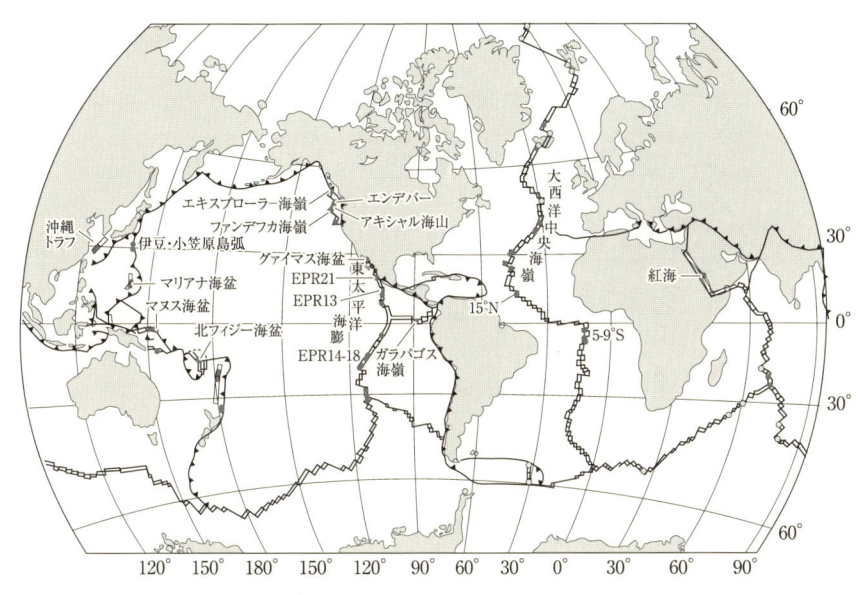

図10-1　海底熱水活動が報告されている場所（Tivey, 2007を簡略化）

主に玄武岩で，その形態の違いで枕状溶岩（pillow basalt），シート状溶岩（sheet flow）と呼ばれている．その下に，シート状岩脈（sheeted dike complex）が存在し，海洋地殻上層の厚さは約 1.5-2 km である（図 10-2）（East Pacific Rise Study Group, 1981）．海洋地殻下層は，ハンレイ岩層（gabbroic layer）が卓越する深成岩層で，その下には超塩基性岩が存在する．モホ面（地殻とマントルとの境界）は，地震波速度で定義され，図 10-2 で速度 $6\text{-}7 \text{ km s}^{-1}$ と 8 km s^{-1} との境界にあたる．

　海底熱水系の循環水の起源は，ほとんど海水である．海水は，割れ目や断層などの流入帯より，海底面から下へ向かって浸透する（図 10-3）．この間に循環水の温度はしだいに上昇し，周囲の岩石と反応し，自らの化学組成および相手の岩石の化学組成・鉱物組成を変化させる．そして，高温熱水（約 350-400℃）は海底下 2 km 位から急速に上昇し，流出帯から噴出する．

　東太平洋海膨北緯 21 度（EPR 21）の硫化物沈殿物は，熱水と海水が海底面上で混合した結果生じたものである．一方，混合が海底面下浅所で起こった場合には，硫化物は海底下で沈殿し，ガラパゴス海嶺西経 86 度のように

10．熱水循環系の環境と地下生物圏——217

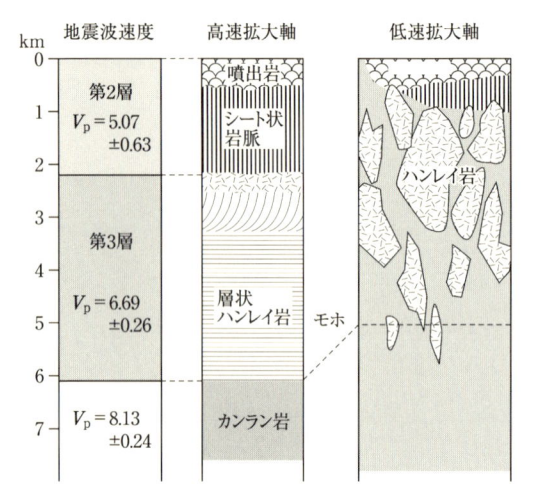

図10-2　現在の海洋地殻の地震波速度の違い（左），拡大速度の速い海嶺における海洋地殻断面の模式図（中），拡大速度の遅い海嶺における海洋地殻断面の模式図（右）

低速拡大軸の場合，シート状岩脈の厚さもうすく，マグマの供給も間欠的であったため，ハンレイ岩層も不均一なのではないかと推定されている．

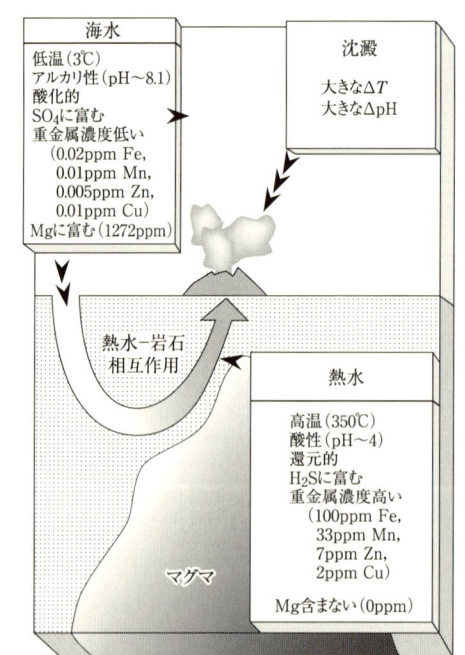

図10-3　海嶺熱水循環系における熱水の化学組成の変化に関する概念図

Mgは海水の主要成分であるが，熱水反応により岩石に移動し，スメクタイトや緑泥石などの二次鉱物を作る．

海底面には温水のみが，酸化物に富んだ沈積物が周囲に見られる．また，グァイマス海盆のように，厚さ 500 m ほどの堆積物が海底を被覆していると，熱水は堆積物とも反応し，有機物が変質して原油に類似した組成に変化する場合もある（Von Damm *et al.*, 1985 b；Bowers *et al.*, 1985；Gieskes *et al.*, 1988）．

10.2　海嶺の熱構造と熱フラックス，鉱床の形成

　海底熱水系における熱フラックスに関する問題は，循環系の性質の中で最も根本的な事項である．海嶺における熱の運搬は，熱伝導と熱水活動による熱の移動が重要である．熱流量の観測値と理論値との乖離を熱水活動によっ

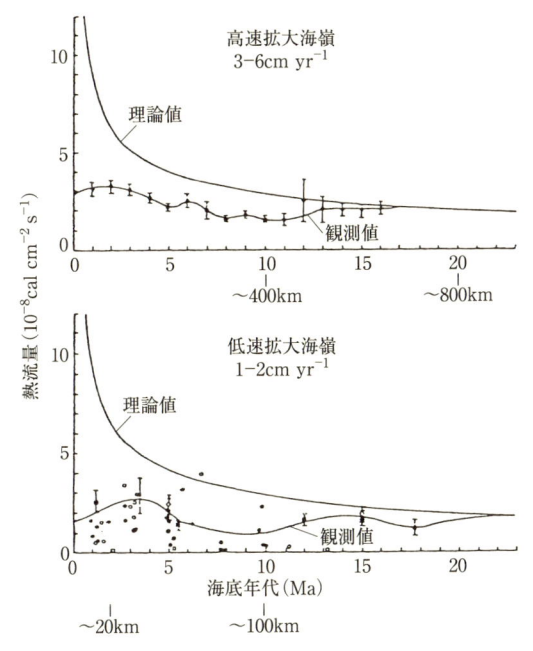

図 10-4　プレートの熱モデルを基に予想される熱流量カーブと高速と低速の拡大軸周辺で実測された熱流量値との比較（Wolery and Sleep, 1976 を一部改変）両者の差は海嶺の熱水循環系で流体によって運ばれる熱量によって引き起こされたと考えることができる．図中 1 cal＝4.2 J である．

て運搬される熱であると仮定した場合（図10-4），全海嶺を合計すると$1.7\pm2\times10^{20}$ J yr^{-1}が熱水活動によって運搬される熱となる（図10-1，表10-1）(Wolery and Sleep, 1976)．この値は，地球内部から宇宙へ逃れていく不活性気体の^{3}Heの全フラックス量4 ± 1 atom cm^{-2} sec^{-1}に基づき，熱量と^{3}He濃度比との正の相関から求められた熱流量の2.1×10^{20} J yr^{-1}とかなり一致している（Jenkins et al., 1978）．表10-1に熱水活動の熱フラックスを各々のスケールごとに整理した．

平均的なブラックスモーカー*1本より放出されるエネルギーは2.5×10^8 J s^{-1} (Macdonald et al., 1980)で，これは，もし1 Maの海底の熱伝導による平均熱流量を23 HFU（1 HF=10^{-6} cal s^{-1} cm^{-2}）と仮定すると，250 km^{2}の面積から放出される熱量に相当している．ブラックスモーカーがいかに効率的に海底を冷やしているかがわかる．

熱水噴出孔が集合したのが熱水地帯で，通常数 km^2 から数十 km^{2}程度である．熱水が海面上に噴出すると，周囲の海水と混合する．しかし，熱水は周囲の海水より密度が低いため上昇し，異常水塊のプルームとなって，海底面より数百 m の高さに達し，水平方向にたなびく（図10-5 a）(Baker et al.,

表10-1　全世界の海嶺熱水活動によって運搬される熱フラックスおよび産量

ブラックスモーカー1本　2.5×10^2 MW（2.5×10^8 J s^{-1}）

熱水地帯（数～数十 km^{2}程度の地域）　最大でも10^4 MW（1×10^{10} J s^{-1}）

典型的な熱水プルーム
　ファンデフカ海嶺の北端エンデバー地区（拡大軸方向に約10 km，幅5 km）
　　1700 ± 1100 MW（1.7×10^9 J s^{-1}）
　ファンデフカ海嶺の南端地区　580 ± 351 MW（5.8×10^8 J s^{-1}）
　メガプルームの熱フラックス（回転楕円体，直径20 km，厚さは700 m）
　　3.7×10^5 MW（3.7×10^{11} J s^{-1}）

熱水循環系合計　$1.7\pm2\times10^{20}$ J yr^{-1}
　メガプルーム（回転楕円体，直径20 km，厚さは700 m）　6.7×10^{16} J
　熱水鉱床の形成（300万 t）　2.0×10^{18} J

* スモーカー；ブラックスモーカーとは，海底の熱水地帯で300℃以上の高温の熱水が噴出する煙突状の噴出口（チムニー）のうち，海水と反応して硫化物が沈殿を起こして黒色を呈するものを指す．重晶石などの沈殿物で白色を呈するのがホワイトスモーカーである．

1985；Baker and Massoth, 1987)．

　メガプルームはプルームの中でもとくに巨大なものを指し，1986年にファンデフカ海嶺の北端であるクレフト地区（Cleft Segment）で発見された（図10-5b）．これは回転楕円体をしていて，その大きさは直径20 km，厚

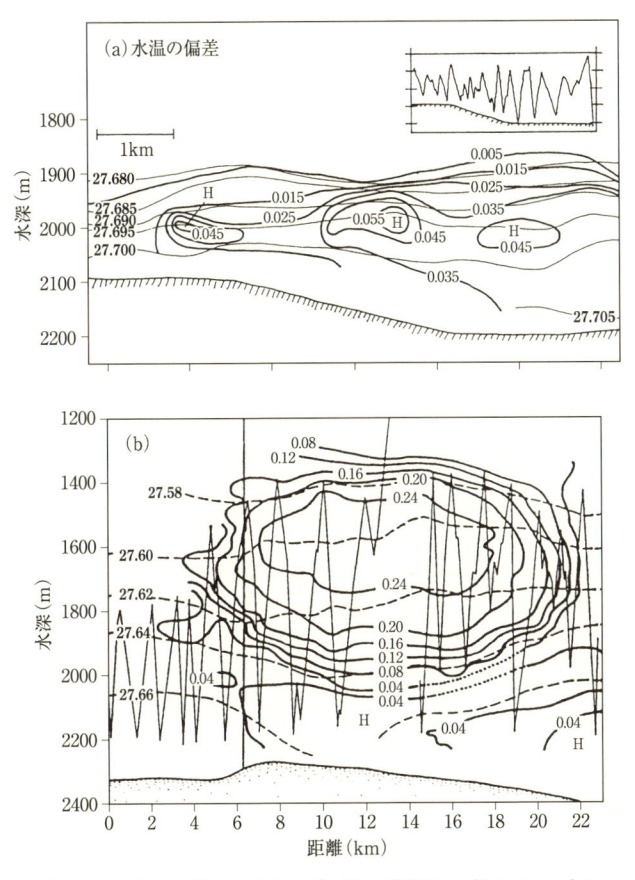

図10-5　(a) エンデバー地区で行われたCTD観測から得られたプルームの温度異常（℃；細い数字）と密度（σ_q；太い数字）分布（Baker and Massoth, 1987）．横軸は拡大方向の距離を表す．CTD（Conductivity Temperature Depth Profiler）は電気伝導度，水温，水深を観測する装置．
　(b) ファンデフカ海嶺北端で観察されたメガプルームの温度異常の断面（Baker et al., 1987）．図中のギザギザはCTD観測を，点線は密度（σ_q）を表している．

さは700 mで，たった1回（2日間程度）の熱水活動で約0.065 km³ にも達する多量の高温熱水（350℃）を放出したと推定されている．その流量（フラックス）はブラックスモーカー1000本分に相当する（Baker *et al.*, 1987）．

鉱床の形成には莫大なエネルギーが必要である．エネルギーの痕跡が硫化沈殿物として残っている．昔の海底拡大軸だったと考えられるキプロスのトルードスオフィオライトにおける中規模の鉱床は300万tクラスで，ガラパゴス海嶺，エキスプローラー海嶺，東太平洋海膨北緯13度（EPR 13）の鉱量は約300-600万t（Malahoff, 1992；Scott, 1986；Francis, 1985）である．300万tの黄鉄鉱を主体とした鉱床の場合，約40％の鉄が含まれ，熱水中の鉄濃度は1000 ppmと仮定し，熱水に含まれる鉄の90％が鉱床に沈殿したとすると，必要な熱量（Q）を次式から求めることができる．

$$Q(\mathrm{cal}) = 350 \times (300 \times 10^4 \times 10^6 \times 0.4)/(1000 \times 10^{-6})/0.9$$
$$= 4.7 \times 10^{17} \,(\mathrm{cal}) = 2.0 \times 10^{18} \,(\mathrm{J}) \qquad (式10\text{-}1)$$

これは約30個分のメガプルームの熱量に相当しており，鉱床の形成には莫大な熱エネルギーが必要であることがわかる．トルードスオフィオライトでの鉱床は約2 km間隔で存在しており，大規模な熱水活動は連続的でなく，間欠的であったことが示唆される．

10.3　熱水変質岩と二次鉱物

オフィオライトからの情報によると，拡大軸周辺にはさまざまなサイズのマグマ溜りが存在し，その温度はシート状岩脈の下部では約400℃（Nehlig and Juteare, 1988），マグマ溜りの天井で約950℃と推定されている．この間の地温勾配は，100℃ m^{-1} を超えることはないものの，平均しても約5℃ m^{-1} にも達する位大きいと計算されている．

一方，マグマ溜りが固結した後の若い地殻での温度は，枕状溶岩層最上部では数℃〜数十℃の変質温度を示す．深くなるに従い温度は上昇し，枕状溶岩層下部およびシート状岩脈層では変質鉱物は緑泥石，正長石，石英が多く，緑簾石が出現すると変質温度は200℃位まで上昇する．シート状岩脈層下部そしてトーナル岩では，これらの鉱物に加えてアクチノ閃石が出現し，アク

チノ閃石緑色片岩相（300℃以上）の鉱物組み合わせを示す．それより下のハンレイ岩層では，ホルンブレンドが出現して角閃岩相の鉱物組み合わせを示し，流体包有物の分析より変質温度は 400-700℃ であったと推定されている．このような高温状態では水は超臨界状態になり，熱水は 1 相で存在するよりも，より塩濃度が高い塩水と低い熱水との 2 相に分離した方が熱力学的に安定となる（Delaney et al., 1987；Kelly and Delaney, 1987；Gregory and Taylor, 1981；Stakes and Vanko, 1986；Vanko, 1986）．熱水の下部への浸透は，オマーンオフィオライトでは Sr 同位体によりモホ面直上まで達していたと推定された（Kawahata et al., 2001）．

海嶺拡大軸付近の熱水地帯では約 350-380℃ の初期熱水が噴出しているが，これは海底下で緑色片岩相に相当する変質岩と反応していたことを意味しており，深さに直すと海底下 2 km あたり，すなわちシート状岩脈群下部に対応する．

10.4 熱水の形成

10.4.1 岩石-海水の相互作用

熱水の特徴と岩石-海水の相互作用を解析するために，海洋地殻岩と海水（人工海水を含む）を反応させた一連の室内実験が，温度 25-500℃，圧力 1-1000 bar，水/岩石比* 1-125，継続時間 14-602 日間の諸条件のもとで行われてきた．

高温における玄武岩と海水との反応で最も顕著な特徴は，Mg が海水中から除去され，スメクタイト，緑泥石，アクチノ閃石，滑石（talc）などの固相に移動することである（図 10-3）．Mg が二次鉱物に入ると，鉱物中で（OH^-）基ができるため，海水中に H^+ が増加し，pH が下がる（Bishoff and Dickson, 1975）．水/岩石比が高くなると，海水中の Mg の寄与が大きくなる．水/岩石比が 50 を超えると，固相が Mg を吸収できる量を超え，溶

---

* 水/岩石比： 本書では，ある組成の熱水を作るにあたって必要な海水と新鮮な岩石の比率を表す．しかし，この言葉は，場合によっては通過した熱水の総量と岩石の比を表すこともある．

液中に一部の Mg が残り、pH は低い状態が保持される（Seyfried and Mottl, 1982；Mottl and Seyfried, 1980）．重金属の溶出は pH により大きく影響を受けるので、水/岩石比が高い方が溶出されやすい．

海水中には約 10 mM L^{-1} の Ca イオン、約 28 mM L^{-1} の硫酸イオンが含まれており、一般に 150℃以上になると硬石膏（$CaSO_4$）を沈殿する．岩石-海水の熱水反応が進行すると、岩石から Ca イオンが溶出し、より多くの硬石膏が生成する．硫酸イオンは岩石中の Fe^{2+} によって還元されて硫化物になることもあるが、350℃以下では反応速度は遅い（Shanks et al., 1981；Mottl et al., 1979）．

海水と熱水の組成が異なるということは、その変化した分は変質岩の化学組成の変化で補われたことを意味する．海底から得られた緑色片岩相岩は大きく2つに分類される（Humphris and Thompson, 1978）：①緑泥石に富む鉱物組み合わせ（chlorite-rich assemblage）と、②緑簾石に富む鉱物組み合わせ（epidote-rich assemblage）．前者は原岩と比べて Mg が増加し、Ca が減少する．海水中には Mg は約 0.13 wt.％しか含まれないので（表3-1）、岩石はかなりの量の比較的新鮮な海水と反応したはずである．逆に、後者では、Ca と Mg 含有量に変化があまりないことから、海水よりも Ca/Mg が高い溶液、すなわち反応の進行した熱水と反応したものと推定できる．

10.4.2 高温熱水の化学組成

現在までに発見された高温熱水（300℃以上）の中から、代表的な熱水の化学組成をまとめたものが表10-2である．典型的な中央海嶺型の特徴を簡単に整理すると、①海水は溶存酸素を多く含み酸化的であるのに対し、熱水は還元的である．②海水の pH は 8 とやや アルカリ性なのに対し、熱水は酸性である．③ Mg^{2+} と SO_4^{2-} はほぼ完全に熱水から除去されている．④ Fe, Zn, Cu は、海水中にはほとんど含まれない（10 nmol kg^{-1} 以下）が、熱水中には最大でそれぞれ 10^4 μmol kg^{-1}、10^3 μmol kg^{-1}、150 μmol kg^{-1} 含まれる．⑤ Mn についても同様に、熱水中には海水よりも 4-5 桁多く濃集している．⑥熱水中の Ca^{2+} は、海水中のそれの数倍の濃度を示している．なお、表に示した以外にも以下の性質がある．⑦ケイ酸は海水では 6 ppm し

表 10-2　海水と熱水の化学組成（Tivey, 2007）

	中央海嶺	背弧	堆積物	海水
T (℃)	≤405	278-334	100-315	2
pH (25℃)	2.8-4.5	<1-5.0	5.1-5.9	8
Cl, mmol kg^{-1}	30.5-1245	255-790	412-668	545
Na, mmol kg^{-1}	10.6-983	210-590	315-560	464
Ca, mmol kg^{-1}	4.02-109	6.5-89	160-257	10.2
K, mmol kg^{-1}	1.17-58.7	10.5-79	13.5-49.2	10.1
Ba, μmol kg^{-1}	1.64-18.6	5.9-100	>12	0.14
H$_2$S, mmol kg^{-1}	0-19.5	1.3-13.1	1.10-5.98	—
H$_2$, mmol kg^{-1}	0.0005-38	0.035-0.5	—	—
CO$_2$, mmol kg^{-1}	3.56-39.9	14.4-200	—	2.36
CH$_4$, mmol kg^{-1}	0.007-2.58	.005-.06	—	—
NH$_3$, mmol kg^{-1}	<0.65	—	5.6-15.6	—
Fe, μmol kg^{-1}	7-18700	13-2500	0-180	—
Mn, μmol kg^{-1}	59-3300	12-7100	10-236	—
Cu, μmol kg^{-1}	0-150	.003-34	<0.02-1.1	—
Zn, μmol kg^{-1}	0-780	7.6-3000	0.1-40.0	—
Pb, μmol kg^{-1}	0.183-0.1630	0.036-3.900	<0.02-0.652	—
Co, μmol kg^{-1}	0.02-1.43	—	<0.005	—
Cd, μmol kg^{-1}	0-0.910	—	<0.01-0.046	—
Ni, μmol kg^{-1}	—	—	—	—
SO$_4$, mmol kg^{-1}	0	0	0	28
Mg, mmol kg^{-1}	0	0	0	53

か含まれないが，高温熱水では1000 ppm以上含まれる．⑧熱水のδ^{34}S値は3.46-3.7‰で，海水よりも玄武岩の値に近い．⑨熱水中の^{87}Sr/^{86}Sr比は0.7030-0.7041で，狭い範囲を示す．⑩高温熱水のδ^{18}O値は約1.5‰で，海水（0‰）と玄武岩（5.8‰）の間の値となっている．このような通常の高温熱水は低い水/岩石比（1-5）で反応したことを示しており，中央海嶺の場所が異なっていても，熱水の基本的性質はかなり類似している．

10.4.3　熱水組成の支配因子

熱水や沈殿物の組成に影響を与える因子としては，以下のようなものがある：①海底下の温度，②水深（または圧力），③オリジナルの岩石の組成，④反応する岩石の変質度（新鮮なものか，それともすでに変質したものか），⑤場所によっては堆積物の組成，⑥岩石と熱水の反応は平衡状態に達しているかどうか，⑦相分離を引き起こしているかどうか，⑧異なった液と海底下

で混合しているかどうか．海底面上で通常観察される高温熱水に関しては，前述したような室内実験のみならず，化学平衡計算の結果（Wolery, 1983；Bowers et al., 1988）からも，緑色片岩相の鉱物組み合わせの変質鉱物と熱力学的にほぼ平衡であったことが示されている．

高温熱水の安定性を調べるために，同一地点での観測が何度か行われている．たとえば，東太平洋海膨北緯21度（1979，1981，1985）（Cambell et al., 1988），グァイマス海盆（1982，1985，1988）（Cambell et al., 1988；Gieskes et al., 1988），ファンデフカ海嶺（1984，1987）（Von Damm and Bischoff, 1987；Massoth et al., 1988），アキシャル海山（1986，1987，1988）（Massoth et al., 1989）では熱水の温度・組成などは安定していた．一方，東太平洋海膨南緯14-18度では，熱水の活動が地下の火山・地震活動と密接にリンクしていることが明らかにされた（Urabe et al., 1995）．

10.4.4 海底下での熱水循環系

なぜ，高温熱水の化学組成は安定なのであろうか？ この問題を熱水循環

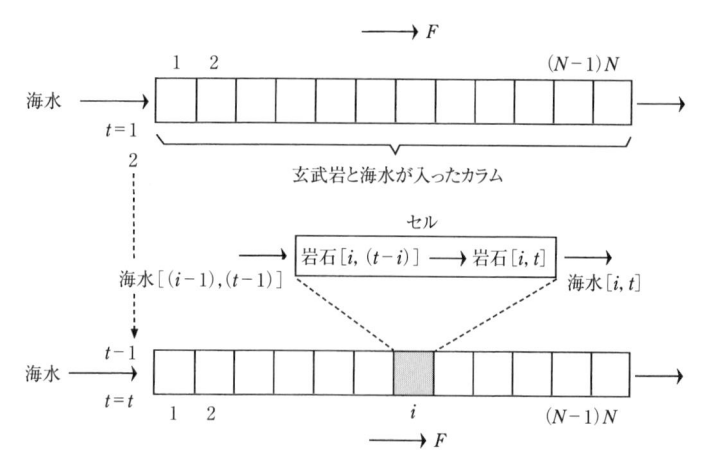

図10-6 等温で一方向の流れを仮定して，元素あるいは同位体組成の変化を計算するための理想モデル（Kawahata et al., 2001）
　初期条件として，はじめに1からN番目のセルには，未変質の玄武岩と海水が入っている．溶液は，時間が1ユニット過ぎるに従い，次のセルに移動し，岩石と反応して平衡に達する．

系を一次元のカラムで置き換えて考えたモデルで紹介しよう．このモデルでは，岩石カラム中を溶液が反応しながら移動していく．岩石と溶液は各々のセル中で平衡に達し，溶液のみが隣のセルに移動するものとする（図10-6）．これをSrの同位体比でトレースしたものが図10-7である．この結果

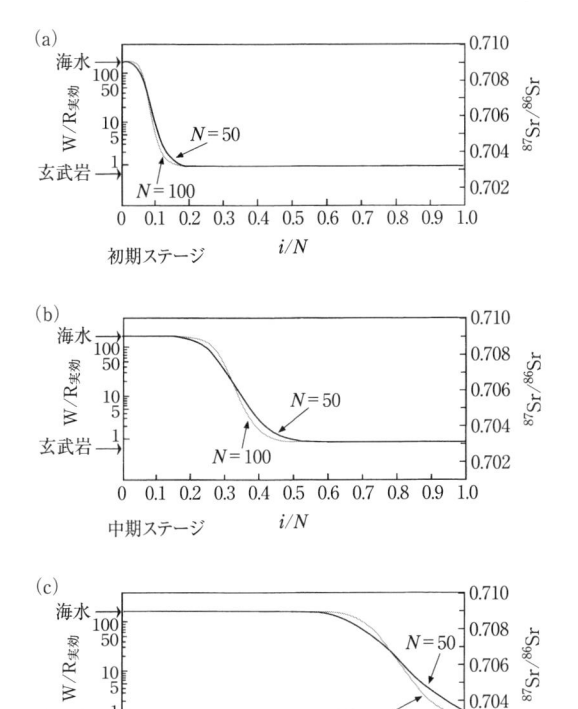

図10-7 理想一方向のフローモデルによって得られたSrの同位体交換結果 (Kawahata *et al*., 2001)

W/R 実効は，与えられたSrの組成の熱水を作るために新鮮な海水と岩石がどの位の比率で反応したのかを示す．システムを通過した熱水量 $[W/R]_{FLOW}^{SYS}$ によって，カラム中のSr同位体組成の分布は異なってくる．(a) 初期段階（$[W/R]_{FLOW}^{SYS}=1$；この場合システムと同量の水が通過したことを示す），(b) 中期段階（$[W/R]_{FLOW}^{SYS}=4$），(c) 後期段階（$[W/R]_{FLOW}^{SYS}=10$）．図中の実線と点線は，全セル数（N）が50の場合と100の場合の結果を示す．

は，循環系の初期段階では，岩石の化学組成の変化は流入帯付近で起こるが，流出帯付近での組成変化は小さく，噴出する熱水と同じ組成の熱水が循環系に多く存在することを示している．次に，循環が引き続き活動を続けると，岩石の組成が大きく変化する部分は内部へ進行するが，噴出する熱水の組成は変わらない．時間がさらに経過した場合には，大きく組成を変えた変質岩が流出帯に到達し，流出する熱水の化学組成も以前とは異なったものになってしまう．

次に，循環系を通過する熱水と熱エネルギー量との関係から考察してみよう．約1gのマグマが1200℃から350℃に冷えると，約1gの海水を350℃まで温めることができる．もし，海嶺拡大軸付近でマグマ溜りの厚さが最大で4km，海水は厚さ2kmの上部海洋地殻内を循環し，マグマは拡大軸付近ですべて固結し，冷却されたと仮定すると，通過した熱水量/上部海洋地殻の比は約2.0と計算される．また，上部海洋地殻のうちで変質する岩石の割合を約50％と見積ると，通過した熱水量/実際に反応した上部海洋地殻の比は約4.0となる．このことは，図10-7に示した循環系の進化の中で，中期の段階（図10-7b）で熱水系は熱エネルギー不足より活動を停止することになる（Kawahata *et al.*, 2001）．

10.5 熱水噴出孔周辺の沈殿物

熱水噴出孔周辺の沈殿物は大きく3つに分類できる（図10-8，表10-3）：①ブラックスモーカーに代表される硫化沈殿物，②ホワイトスモーカーに代表されるシリカと硫酸塩鉱物に富む沈殿物，③Mn酸化物などを多く含む酸化沈殿物．

ブラックスモーカーは高温の熱水（通常300℃以上）を噴出し，閃亜鉛鉱（sphalerite），ウルツ鉱（wurtzite），黄鉄鉱（pyrite），硬石膏（anhydrite），黄銅鉱（chalcopyrite）の鉱物が見られる（Haymon and Kastner, 1981；Francheteau *et al.*, 1979）．硫化鉱物を構成する重金属や硫黄はほとんど熱水に由来するが，硬石膏の硫酸は海水に由来する（Kusakabe *et al.*, 1982）．

図 10-8　海嶺拡大軸付近の熱水噴出孔周辺の模式図（Haymon and Macdonald, 1985）

　ホワイトスモーカーの特徴は，比較的温度の低い熱水で（約 200℃），周囲に生物も多い．構成する主な鉱物は，非晶質シリカ，硫黄，重晶石（barite），硬石膏，黄鉄鉱などで，ブラックスモーカーと比べると重金属はほとんど失われている．

　熱水噴出に伴って形成された懸濁物の一部は底層流によって遠くまで運搬され，Mn などは酸化物となり，沈殿して重金属に富む堆積物（metalliferous sediment）を作ることがある．これは遠洋性堆積物（pelagic sediment）と比較して，Al や Ti に乏しく，Mn, Fe, Zn, Cu, Ni, Co, Cr, U, Ag, Hg, As に富んでおり，海嶺の周辺に広く分布している（Bostrom et al., 1971；Sayles and Bischoff, 1973）．

10.6　塩素濃度と相分離

　噴出熱水の塩素濃度は，海水の約 1/3 から約 20 倍とばらつきのあることが報告されている．変質岩中の流体包有物では，10 倍以上の塩素濃度を示すものもある（表 10-4）．塩素イオンは，熱水に含まれる陰イオンの中でも圧倒的に多く，その濃度は，臨界点や密度といった熱水の物理化学的性質に

表 10-3 熱水沈殿物の化学組成（Fe〜CaO は重量%，微量成分は ppm）(川幡, 1986)

	硫化沈殿物						酸化沈殿物
	21°N, 沈殿物小丘	EPR ブラックスモーカー	ファンデフカ海嶺	ガラパゴスリフト	グァイマス海盆	エキスプローラー海嶺	ガラパゴスリフト
(重量%)							
Fe	26.2	4	15.6	44.1	49.4	2.08	0.31
Zn	20.3	1.7	46.9	0.14	2.05	6.9	0.301
Cu	1.3	0.13	0.35	4.98	0.75	0.38	0.099
Pb	0.07	0.06	0.3	<0.07	0.011	0.43	—
S	39.7	4.3	36.8	52.2	31	—	—
SO_3	7.6	49.4	<0.03	<0.03	—	38.3	—
SiO_2	<0.5	2.8	1.5	<0.01	2.35	2.3	1.39
Al_2O_3	0.11	0.04	0.15	<0.06	0.09	—	0.38
MgO	0.07	0.03	0.05	<0.05	1.14	—	3.27
CaO	5.42	35.1	<0.03	<0.03	0.11	25.7	1.67
(ppm)							
Ag	34	9.6	290	<10	<20	99.72	
As	770	13.2	411	125	<20	—	—
Au	0.17	0.025	0.13	0.05		0.45	—
B	<7	<7	40	<7	40	—	
Ba	65	225	19	16	1100	224800	2490
Bi	2	2	<0.2	<10	—	—	
Cd	890	60	490	<32	50	<200	—
Co	2.5	37	24	482	—	—	9
Cr	16	<6	<8	55	—	—	5
Cs	<5.0	<2	<9	<3			
Ga	18	1.5	<20	15			
Ge	<1.5	<1.5	270	<1			
Hg	<1	2	<1				
Mn	91	52	720	140	530	—	51100
Mo	78	2	3	170			—
Ni	5	<1.5		3.1			496
Pd	0.001	0.001	<0.002	<0.002			
Pt	0.002	0.003	<0.005	<0.005			
Sb	13	32	34	1.8			
Sc	0.02	<0.3	<1	<0.3			
Se	172	5	29	100			
Sr	9	3965	<10	<1	50		
Te	2	2	<1	—			
Tl	20	2	10	<5			
U	1.3	<2.0	10	1			
Y	<1.5	2	<2	<2			
W	<2.0	<1.0	<10	<10			
Zr	<3	14	28	<3			

表 10-4 海洋地殻内の高塩分と低塩分の流体を伴う流体包有物の概略と臨界点*（Cp）のデータ（Von Damm, 1990）

場所	NaCl（wt %）	推定温度（℃）	推定圧力（bars）
マセマティシャン海嶺	58	600->700	600-1000
ケーン断裂帯	10	>407	>298.5
	50	700	1000-1200
	1-2	400	1000-1200
トルードスオフィオライト	48(57)	500-525	350-400
	0-2		
海水	3.2	Cp（407	298.5）
蒸留水	0	Cp（374.1	220.4）

* 臨界点；相転移（気相-液相）が起こりうる温度・圧力の限界となる相図上の点．臨界圧力（温度）以下の圧力では，気液境界線をはさんで昇温すると，蒸発して液体から気体に変化する．逆に温度と圧力がともに臨界点以上では，物質は液体とも気体とも異なる特殊な状態である超臨界流体となる．

も大きな影響を与える．その濃度を変化させるメカニズムがいくつか提案されている：①紅海では岩塩層を熱水が通過するためと考えられている．②変質鉱物は（OH^-）基などを持つので，少量の水分が吸収される．モンモリロナイトや緑泥石等が玄武岩ガラスから作られる時には顕著である．③マグマの脱気により，水分や塩分が直接，熱水に供給される．陸上の花崗岩の場合には，この現象はしばしば観察されているが，海嶺の場合には揮発成分が少ないのでこの可能性は低い．④相分離により，塩分の高い溶液と，低い溶液が形成され，高い溶液からハライト（NaCl）が析出し，それが後になって溶出すると高塩分熱水が形成される．通常の熱水系で観察される高塩分の流体を形成するプロセスとして，上記の④の可能性が高いと現在では考えられている（図10-9）．報告されている最も塩分濃度が高い52％の塩水を相分離で作るには，235気圧以上で440℃より高い温度が要求される．

包有物に含まれる起源は，海水およびマグマ水が提案されているが，図10-9を用いて詳細に説明する．図10-9aはケーン断裂帯（Kane fracture zone）の南の大西洋中央海嶺の地形，モホ，拡大軸下のマグマ溜りを表した断面である．断層は海水起源の熱水がマグマ溜りまで浸透していく流路として作用するかもしれない．黒のベタ塗と斜線の四角は，静岩圧と静水圧を仮定した場合の，流体包有物が形成されたときの深度を示している．マグマ

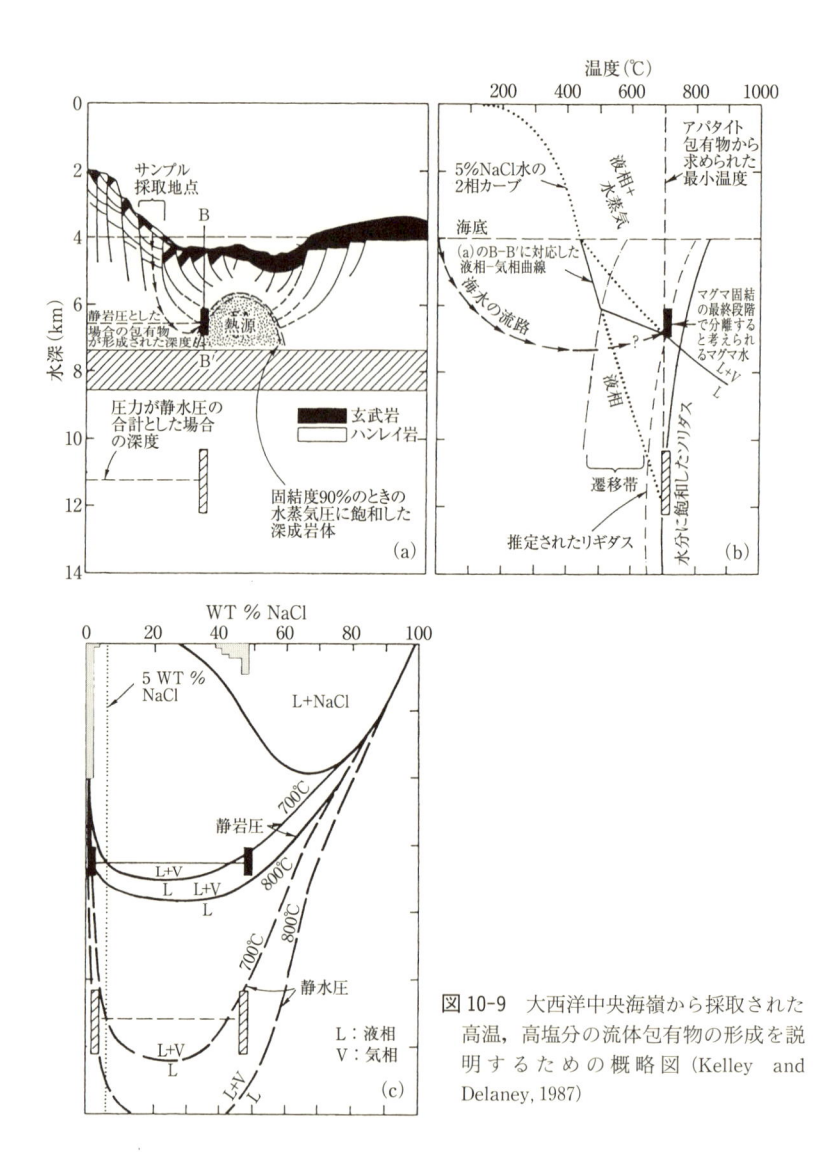

図 10-9　大西洋中央海嶺から採取された高温, 高塩分の流体包有物の形成を説明するための概略図 (Kelley and Delaney, 1987)

は, 静岩圧の下では, 分別結晶作用が 90 % 位進行すると, 水分などの揮発成分に関して飽和してくる. 図 10-9 b は 5 wt. % NaCl-海水と水分に飽和したソリダスの 2 つのケースについての相関関係を表している. 太線で描かれた液相-気相は図 10-9 a 中の B-B′ の線に対応したプロファイルである. 実

線で描かれた「水分に飽和したソリダス」カーブは完全に固結した岩石水分に飽和した固結の最終段階のメルトとの間の境界を圧力-温度の面に投影したものを表している．図10-9cは，圧力-組成の面に温度が異なった場合の2相分離を投影したものを表している．アパタイト中の流体包有物で共存する2つの塩分の分析値を，図cの上部にヒストグラムとして表した．また，静岩圧と静水圧の条件を仮定して，間隙流体が形成された深度を図中に黒四角と斜線の四角で示した．純粋に静水圧の条件下では，気相-塩水流体がトラップされた位置がハンレイ岩層と推定される深さのところにプロットされるので，純粋な静水圧な条件は考えにくい．もし流体の起源が海水だとすると，図bにおいて海水の流路は2相カーブを横切らないと黒い四角の領域に到達できない．もし，このことが起こったら，2層分離によって形成された気相の浮力の力が増大してしまうであろう．これらのことから，マグマ溜りの浅い縁辺部で流体が包有されたと考えるマグマ水起源のモデルの可能性の方が高いと考えられる．

10.7　島弧における熱水系

　中央海嶺の熱水循環系は最も基本的なものであるが，島弧における熱水系はその変形といえる：①反応する岩石の種類が玄武岩ばかりでなく，安山岩や流紋岩などの酸性岩にシフトした岩石となる．これらの岩石は中央海嶺玄武岩と比べると，K，Liなどのアルカリ金属が多いので，熱水の組成もそれを反映したものとなる．②もともとマグマに揮発成分（水分，二酸化炭素など）が多いので，マグマの固結の過程で水分が分離し，マグマ水として海水起源の熱水に混入する場合がある．とくに，このようなマグマ水は高温で重金属に富むことが知られており，過去の大規模な熱水鉱床の形成に寄与したと考えられている．③海溝で沈み込むプレート上の物質，たとえば，石灰岩などが溶出して熱水に混入する可能性がある．④沖縄トラフなどで典型的だが，陸地に近いので表面は年代の新しい堆積物に覆われ，堆積物に含まれる成分が変質して，熱水に寄与する場合がある．⑤島弧熱水系の場合には単発の海底火山などにより熱の供給が行われ，軽石類似物などの浸透性に富ん

だ海底に熱水循環系が発達することがある．ここでは島弧系熱水について2つのトピックスを紹介する．

10.7.1 沖縄トラフ

沖縄トラフでは，フィリピン海プレートが琉球海溝でアジア大陸の下側に沈み込み，その後ろが背弧海盆となり，活発な火成活動が起こっている．伊是名海穴におけるブラックスモーカーからは，温度320℃の熱水が採取され，高温熱水はNH_4^+，K^+，Li^+，CO_2濃度が他の熱水に比べて高いことがわかった．NH_4^+濃度が高いのは，熱水と海底堆積物が反応し，堆積物中に含まれていた有機物が熱分解したこと，またK^+，Li^+濃度が高いのは，島弧に特有の酸性岩が熱水と反応したことが原因であると考えられている．全炭酸は200 mMと通常の2-20 mMと比べて1-2桁ほど高かった．さらに，周辺の海底からは，泡のようなものが湧き出していた．この泡は一つ一つがそれぞれ薄い半透明の膜で覆われており，葡萄の房のような形態をしていた．葡萄の房の正体は液体の二酸化炭素で，房を覆っている薄い膜は二酸化炭素のガスハイドレートであった（Sakai et al., 1990）．

沖縄トラフの鳩間海丘，伊豆・小笠原の水曜海山では，熱水中のタングステン（W）濃度が，中央海嶺高濃度の0.21 ppmと比較して，それぞれ15，123 ppmと高かった（Kishida et al., 2004）．これは，W含有量が中央海嶺玄武岩（MORB）では0.028 ppm，島弧の代表的な岩石である安山岩（標準岩石JA3）では8.07 ppmと高いことに原因があると考えられる（Li, 2000；Imai et al., 1995）．また，パプアニューギニア沖のマヌス海盆では，100℃前後の低温でpH 2の強酸性熱水が発見された．これは島弧系でSO_2に富む火山ガスが熱水に大量に溶け込んだためとされている（Gamo et al., 1997）．

10.7.2 黒鉱型鉱床

黒鉱鉱床は日本を代表する鉱床で，中新世のグリーンタフの西黒沢階および女川階の岩石中に広く分布している．このような有用金属元素に富む火山性塊状硫化物を形成するための地質・テクトニクス条件がそなわった場所が伊豆・小笠原弧であるとの先駆的研究が藤岡（1983）によりなされている．

現在の海底では1997年に東京の南400 kmにある明神海丘カルデラにおいて，金や銀に富んだ大規模な黒鉱型の硫化物鉱床（サンライズ鉱床を命名）が発見された（Iizasa et al., 1999）．陸上の509カ所の火山性塊状硫化物鉱床を調べると，これらの貴金属に富んだ鉱床の半分以上はプレート収束域の珪長質岩石を伴っていた（Mosier et al., 1983）．このことは，島弧系のマグマの組成およびその固結プロセスが，金属の濃集にとって大きな役割を果してきたことを示唆している．

　火山性塊状硫化物鉱床の代表的なタイプには，黒鉱型・キプロス型・別子型が広く知られているが，母岩の火山岩を酸性（流紋岩〜石英安山岩），中性（安山岩），塩基性（玄武岩）に分類した場合，黒鉱型鉱床は酸性火山岩に，キプロス型鉱床は拡大系の玄武岩に伴われている．別子型は，鉱床を特徴づける塩基性火山岩から海底拡大系あるいは海山の火成活動の産物であり，プレートの移動とともに大陸に付加され，広域変成作用を受けたものと推測されている．

10.8　冷湧水循環系

　深海底には，熱水とは成因の異なる，海底下よりしみ出るように湧き出す水が存在し，冷湧水（cold seep）と呼ばれている．冷湧水の温度は深海底の水温よりわずかに高い程度（0.5-1℃）であったものの，通常硫化水素やメタンなどが含まれ還元的なため，これに付随する生態系では，科や属のレベルでは海底熱水系と共通したシロウリガイ類やチューブワーム類などが見られる．これらの底生生物群は，体内に化学合成細菌を共生させている．

　冷湧水に付随する生態系は，さまざまなテクトニクスの場から報告されている（太田, 1987；増澤, 1991）：①プレート沈み込み帯（収束型プレート境界）（北米オレゴン沖の沈み込み帯，大西洋中部のバルバドス付加体，日本地周辺の南海トラフおよび日本海溝，千島海溝など），②高濃度の硫化水素を含む高塩分水がしみ出している場所（フロリダ沖の海底崖やルイジアナ沖の地形的くぼ地），③炭化水素や原油がしみ出す場所（ルイジアナ沖の傾斜部や南カリフォルニア沖），④二酸化炭素やメタンなどの気体が活発に湧き

出している場所(北海,デンマーク北東部のカテガットなど),⑤有機物に富んだ堆積物が大地震により露出したと推測されている場所(ローレンシア扇状地など).

この中でプレートの沈み込み帯は西太平洋の縁辺海沿いに1万km以上にわたって普遍的に存在している.プレートの沈み込み帯では,しばしば堆積物が沈み込めず大陸側に付加する.その場合,圧縮されて,堆積物に含まれていた間隙水が搾り出され,断層面にそって海底面に達し,それが冷湧水となる.堆積物内部では,粘土鉱物,火山灰,有機物などと液相が反応して間隙水の組成が変化していくが,断層の種類や深さによっても水の組成が違っているのではないかと考えられている.

冷湧水活動と巨大地震との関係が指摘されているのが,三陸沖の日本海溝(北緯40度24.9分,東経144度32.7分)で,1994年10月15日頃に底層水でFe, Mnの濃度異常が観測された.これらの元素は中深層水では通常低い値を示すが,ここでは海底直上70mで,Mnでは10倍以上,Feでは100倍以上の濃度異常が観測された.この周辺海域では,10月4日に北海道東方沖地震(M8.1)が,12月29日に三陸はるか沖地震(M7.5)が発生しており,大規模な地震の直前あるいは直後に間隙水が搾り出されて,断層面から底層水中に放出された可能性が高い(中山,1997;Nakayama et al., 2002).

冷湧水の起源については,①広義の間隙水(堆積物中の間隙水,断層帯の水など),②メタンハイドレートの溶融水,③岩塩からの溶出水,④陸水(地下水を含む)が挙げられる.溶液は還元的環境で安定な硫化水素やメタンなどを含んでいることから,①の寄与が最も大きいと考えられる.

10.9 熱水・冷湧水活動による地球環境および地上・地下生物圏への影響

熱水・冷湧水循環システムが海洋において果たす重要な役割の一つに地上・地下生物圏への影響がある.

表 10-5 熱水の流量と河川からの流量との比較 (Liebes, 1992)

成分	インプット		ロス	
	河川より	熱水より	堆積物へ	熱水へ
Mg^{2+}	5.3×10^{12}	0	?	8×10^{12}
Ca^{2+}	12×10^{12}	3.5×10^{12}	?	0
Ba^{2+}	10×10^9	2.4×10^9	?	0
Li^+	1.4×10^{10}	16×10^{10}	?	0
K^+	1.9×10^{12}	1.2×10^{12}	?	0
Rb^+	0.4×10^9	2.4×10^9	?	0
SO_4^{2-}	4×10^{12}	0	?	4×10^{12}
F^-	16×10^{10}	0	?	1.1×10^{10}
Si	6×10^{12}	3×10^{12}	?	0
P	$\sim 3 \times 10^{12}$	$< 0.1 \times 10^{10}$	3×10^{10}	$< 0.1 \times 10^{10}$
ΣCO_2	$\sim 2 \times 10^{13}$	$\sim 0.1 \times 10^{13}$	2×10^{13}	0

すべてのフラックスの単位は mol yr^{-1}．？はフラックスの規模が知られていない．

10.9.1 熱水活動による海洋の物質循環への影響

　熱水活動による物質フラックスは，海水の化学組成にも影響を与えていることが，近年の海洋化学の研究によって明らかになってきている．海水の組成は，河川からの元素の流入，大気中の粉塵からの元素の流入，堆積粒子として沈積する元素の除去に大いに影響されるが，中央海嶺の熱水活動も，多くの主要・副成分について熱水活動の寄与が指摘されている．この種の元素は，Si, Ca, Li, K, Mg, SO$_4$, ^{3}He, Mn, Fe である (Corliss et al., 1979 ; Edmond et al., 1979 a, b, 1982 ; Lupton and Craig, 1981 ; Von Damm et al., 1985 a, b ; Philpotts et al., 1987 ; Von Damm and Bischoff, 1987). 河川からの流入フラックスと熱水によるフラックスを比較したのが表 10-5 である．この表の中で，インプット (input) は正のフラックスで，熱水中の濃度の方が海水より高く，その差に相当する分は岩石より供給されることを，逆に，ロス (loss) はこれらの元素が岩石に吸収されることを意味している．とくに Mg については，海底熱水系は除去として機能しており，熱水活動の盛衰は顕生代の間に海水の Mg/Ca 比の大きな変動に寄与してきて，生物鉱化作用にも大きな影響を与えたと示唆されている（図 10-10）．

　しかし一方で，熱水活動によるフラックスの役割は過大評価されてきた傾向がある．それは熱水が海水と混合していくと，粒子状物質などを作って沈

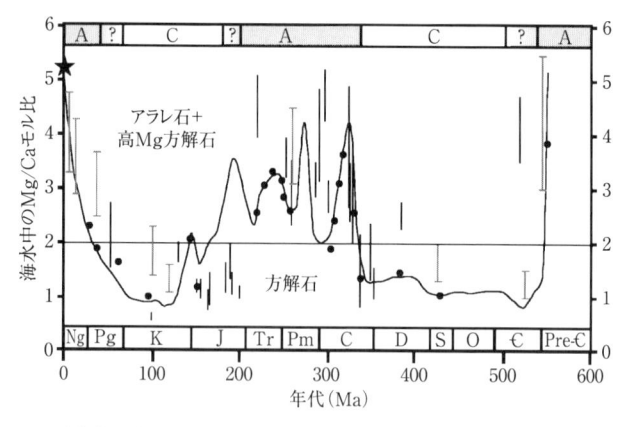

図 10-10　顕生代の海水中の Mg/Ca 比の変遷（Ries, 2004）
　　縦線は，流体包有物や刺皮動物の殻から求めた値．年代（Ng：新第三紀，Pg：古第三紀，K：白亜紀，J：ジュラ紀，Tr：三畳紀，Pm：ペルム紀，C：石炭紀，D：デボン紀，S：シルル紀，O：オルドビス紀，€：カンブリア紀，Pre-€：先カンブリア時代）．A：海洋でのアラレ石の形成が卓越する期間，C：海洋での方解石の形成が卓越する期間．●海洋の岩塩中の Br から求めた Mg/Ca 比，★：現代の Mg/Ca 比．

殿し，海水から除去されるためで，鉄などに顕著である．鉄は熱水噴出孔付近では，黄鉄鉱や黄銅鉱等の硫化物として沈殿する．しかし，一部はプルーム中に供給され，時間の経過とともに酸化され，微粒子サイズの鉄酸化-水酸化物を作り，やがて沈殿する．熱水活動が活発な熱水地帯周辺では，大きな（直径 6-10 μm）粒子が卓越するが，その他の地域ではほとんどが 2 μm 以下の粒径のものが多い（Walker and Baker, 1988）．とくに，熱水地帯の粒子中には微生物が濃縮しており，直径 1 μm 位の鉄等を凝集した一種のコロニーを作っている（Cowen et al., 1986）．

　熱水活動による表層生物圏への影響としては，リンとシリカを挙げることができる．リンは鉄酸化物-水酸化物に吸着され，海水から除去されているらしく（Berner, 1973），海嶺付近の重金属に富む堆積物では，裾野地域の堆積物の約 40 倍の速さで沈積している（Froelich et al., 1977）．この除去量は，海洋における地球的規模でのリンの循環で約 13 % の除去流量を担っており，海嶺熱水系の物質フラックスが，大局的に海洋表層の生物活動にも重要な働

きをしていることになる．また，海嶺地域の熱水によるシリカのフラックスは河川の約30％を担っており，オパール生物殻の生物活動を影で支えている．

10.9.2 熱水・冷湧水噴出帯の生態系

熱水・冷湧水活動は，メタンや硫化水素などの還元性物質を酸化的環境である海底にむけて定常的に供給する．この還元性物質の持つ化学エネルギーを利用できる微生物が，熱水・冷湧水噴出帯に発達する生態系を支える一次生産者となっており，化学合成生態系と名付けられた．

(1) 熱水噴出帯の生態系

化学合成細菌を基幹とする生態系の特異性は，特異な生物群と高い生息密度である．熱水噴出孔の近傍数mにはイガイ科の黄褐色をした大型二枚貝 *Bathymodiolus thermohilis*，シロウリ属（オトヒメハマグリ科）の巨大な二枚貝（*Calyptogena magnifica*），巨大管棲蠕虫（giant worm）が密集している．次に，噴出孔から10m程度では，水温は周辺底層水温より1℃程度高く，カンザシゴカイ科の多毛類，蔓脚類（フジツボ，ミョウガガイの仲間）の *Neopepas zecinae* や群体性のクダクラゲ *Thermopalia taraxaca* が見られる．さらに離れると，十脚異尾類（広義のヤドカリ類）の Munidopsis（シンカイコシオリエビ）や *Bythograea thermydron* というカニ，*Alvinocaris lusca* といったエビ類などの甲殻類が棲息する（太田，1987）．このように熱水噴出孔を中心として同心円状に異なった生物群が存在する．底生生物の現存量（湿重量）は，2500-3500 m深度という大洋底では，高くても1 g m^{-2}と推定されているが，局所的ながら熱水噴出孔周辺では *Riftia* あるいは *Calyptogena magnifica* だけで湿重量は15 kg m^{-2}と，3-4桁高い値となっている．

熱水噴出孔の直上水中では，懸濁態ATP（アデノシン三リン酸）濃度やリポ多糖など，微生物活動に関係した成分の濃度が非常に高くなっていることが，いくつかの熱水域で報告されている．さらに深層水中に熱水プルームとして広がった後でも，CH_4，Mn^{2+}などの還元性物質を利用することで一般の海水よりもずっと高い微生物活動が保たれていることも明らかにされて

いる．

水深1000-3000 mの一般深海域での底生生物のバイオマスの湿重量は0.01-100 g m^{-2}であるのに対して，東太平洋海膨でのそれは2-8.5 kg m^{-2}と一般海域の100-10万倍である（Rowe, 1983）．熱水プルーム中には沢山の微生物が存在しており，その細胞密度は10^{4-5} cells mL^{-1}レベルで，周辺海水中の10-100倍の微生物が存在し，その密度以上の値も海底から約200-300 mの高さまで観察された．熱水プルーム中のC：N：Pは，表層からの沈降粒子の値である300：33：1より，レッドフィールド比106：16：1に近いものであることが明らかとなってきた．懸濁態有機炭素を基にした熱水活動に伴う有機物生産量は，光合成に基づく一次生産の約0.1-1％という数字が報告されている（丸山，1999）．

(2) 冷湧水噴出帯の生態系

相模湾初島沖では，シロウリガイ群集が見出されている．この地域では底層水でのメタン濃度が周囲の海水と比べて3-4桁高く（Gamo et al., 1988），その^{14}C濃度が低いことから，古い有機物より生成したメタンと考えられている．そして，シロウリガイ直下の深さ20-40 cmでは，メタンを還元剤として，間隙水中の硫酸を微生物が硫酸還元して硫化水素を活発に生産している（Masuzawa et al., 1992）．シロウリガイは硫化水素を脚より取り込み，エラに共生する化学合成細菌に供給する．この化学合成細菌が，硫化水素を酸化して得られるエネルギーを利用して有機物を作り，シロウリガイはこれを食べて生きている（Masuzawa et al., 1995）．底生生物群の量的側面では，高い生物量密度（湿重量で10 kg m^{-2}）で，通常の深海底における生物量密度より3-4桁ほど高くなっている．

この観察事項は化学合成細菌が一次生産者ということで熱水系の地下生物圏と一見共通しているように思われるが，海洋表層生物起源の有機物から形成されたメタンを還元剤として利用しているので，究極的には太陽エネルギーに依存していると言える．

南海トラフやオレゴン沖の沈み込み帯の冷湧水系では，炭酸塩沈殿物やチムニーが広範囲に観察されている．しかし，生きているシロウリガイ群集内ではこのような炭酸塩沈積物は乏しい．微生物の硫酸還元では有機物かメタ

ンが使用され，炭酸塩が生成するプロセスは以下の化学式で記述できる．

$$(CH_2O)_2(NH_3)_x(H_3PO_4)_y + SO_4^{2-} \rightarrow 2HCO_3^- + H_2S + xNH_3 + yH_3PO_4$$
(式10-2)

$$CH_4 + SO_4^{2-} \rightarrow CO_3^{2-} + H_2S + H_2O \quad (式10\text{-}3)$$

$$Ca^{2+} + CO_3^{2-} \rightarrow CaCO_3 \quad (式10\text{-}4)$$

通常の海水では炭酸緩衝系が系の pH を決めているが，H_2S が共存した場合には，H_2S ($pK_{s1'}=6.7$) の方が HCO_3^- ($pK_{c2'}=9.1$) より酸として強いために pH は下がってしまう．還元された硫酸イオン濃度が 6 mmol kg^{-1} 以上の場合，生成した硫化水素の残存率が 100％ の時は pH=6.9 で，残存率が 20％，0％ と下がると，逆に pH=7.9，8.3 と上昇する（Ben-Yaakov, 1973）．すなわち，生成した H_2S が除去されて初めて炭酸塩の沈殿が起こる．

(3) 熱水・冷湧水噴出帯の地下生物圏

地球の生物圏は，これまで私たちが親しんだ地上生物圏ばかりでないことが近年わかってきた．ここでいう地上生物圏とは，陸上では土壌より上の光合成に基礎をおく生物圏で，海洋では海洋表層以上の光合成に基礎をおく生物圏である．

地下生物圏のバイオマスはまだよくわかっていないが，ある推定によれば地下 5 km までで約 $2×10^{14}$ t にものぼるという推定もあり（Gold, 1992），地上生物圏の全バイオマス（$1.0×10^{12}$ t）より大きい可能性も指摘されている．また，地下生物圏に存在している原核生物のバイオマスは，地球上における全原核生物のバイオマスの約 92％ にも上るという推測もある（Whitman et al., 1998）．

地下生物圏の制限因子は，①高温，②高圧，③酸化還元，④pH，⑤空隙率/透水性，⑥水分活性，⑦エネルギー用栄養源（無機物，有機物）である．現在のところ既知の微生物の生育上限は 120°C であるので，地温勾配が陸上で 25-30°C km^{-1}，海洋で 15°C km^{-1} であることを考慮すると，大陸で深さ 4-5 km，海洋で約 8 km までは生育可能である．圧力上昇率は静水圧で 100 気圧 kg^{-1}，岩盤で 250 気圧 kg^{-1} なので，既知の生育上限圧力を 2000 気圧とすると，地下 10 km であっても可能と計算される．それゆえ，地下生物圏の生育可能な範囲はかなり大きいと見積もる研究者もいる．実際にどの位

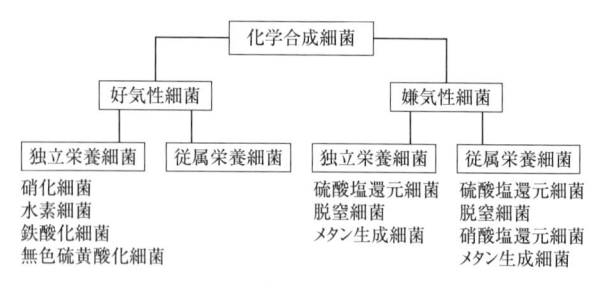

```
                    ┌─── 化学合成細菌 ───┐
              ┌─ 好気性細菌 ─┐    ┌─ 嫌気性細菌 ─┐
         独立栄養細菌  従属栄養細菌  独立栄養細菌   従属栄養細菌
         硝化細菌                  硫酸塩還元菌   硫酸塩還元菌
         水素細菌                  脱窒菌         脱窒菌
         鉄酸化細菌                メタン生成菌   硝酸塩還元菌
         無色硫黄酸化細菌                          メタン生成菌
```

図 10-11　化学合成細菌のグループ

の微生物が存在しているのか，といったことについては，花崗岩の地下水中に全菌数として約 10^5 cells mL^{-1}，硫酸還元菌として最高密度で約 10^3 cells mL^{-1} との検出報告がある．

　地下生物圏の生態系は化学合成細菌に基礎をおくとされているが，これは好気性細菌と嫌気性細菌に分類でき，各々は独立栄養細菌と従属栄養細菌に分けられる（図 10-11）．いくつかの代表的なものについて化学式で書くと以下のようになる：

　　　還元性無機物（または有機物）$+ O_2 \rightarrow CO_2 + H_2O$　　（式 10-5）
　　　還元性無機物（または有機物）$+ NO_3 \rightarrow CO_2 + N_2$　　（式 10-6）
　　　還元性無機物（または有機物）$+ Mn(IV) \rightarrow CO_2 + Mn(II)$
　　　　　　　　　　　　　　　　　　　　　　　　　　　　　　（式 10-7）
　　　還元性無機物（または有機物）$+ Fe(III) \rightarrow CO_2 + Fe(II)$
　　　　　　　　　　　　　　　　　　　　　　　　　　　　　　（式 10-8）
　　　還元性無機物（または有機物）$+ SO_2 \rightarrow CO_2 + H_2S$　（式 10-9）

これら式 10-6〜10-9 は，遊離した分子状酸素を用いない酸化反応である．
　硫酸還元菌の場合だと，主に水素，酢酸，乳酸などの基質を，SO_4^{2-} を酸化剤として酸化し，H_2S と CO_2 を生成する．

　　水素　　$4H_2 + H_2SO_4 \rightarrow 4H_2O + H_2S$　　　　　　　　（式 10-10）
　　酢酸　　$CH_3COOH + H_2SO_4 \rightarrow 2H_2O + H_2S + 2CO_2$　（式 10-11）
　　乳酸　　$2CH_3CHOHCOOH + 3H_2SO_4 \rightarrow 6H_2O + 3H_2S + 6CO_2$
　　　　　　　　　　　　　　　　　　　　　　　　　　　　　　（式 10-12）

このような反応は，地球に初期生命が誕生した当時にも起こっていたであろ

うとされ,生成物の H_2S は硫黄酸化細菌のエネルギー代謝物質にもなる.

また,脱室反応では,硝酸イオンが酸化剤として使われる.

$$C_6H_{12}O_6 + 12NO_3^- \rightarrow 12NO_2^- + 6H_2O + 6CO_2 \quad (式10\text{-}13)$$

さらに地下深部には,鉄還元細菌,酢酸生成菌などの活動があり,地下の微生物活動のみで完結した生態系を作ることができる.

$$FeS_2 + 12Fe^{3+} + 8H_2O \rightarrow 12Fe^{2+} + 2SO_4^{2-} + 16H^+ \quad (式10\text{-}14)$$

$$2Fe^{3+} + H_2 \rightarrow 2Fe^{2+} + 2H^+ \quad (式10\text{-}15)$$

$$4CH_3OH + 2CO_2 \rightarrow 3CH_3COOH + 2H_2O \quad (式10\text{-}16)$$

地下生物圏での菌類の分布は,現場の環境に存在する有機物,Fe,S等の濃度に強く影響されているようである.たとえば,鉄関連細菌(鉄酸化細菌もしくは鉄還元細菌)が比較的多く検出された深度は,ちょうど鉄の化学種の酸化還元境界($Fe^{2+}/Fe(OH)_3$,FeS_2/Fe^{2+},$FeS_2/FeCO_3$)に相当していた.このことは,相の境界付近では,他の環境よりも鉄の利用が効率的にできるためと考えられる.

中央海嶺下の熱水循環系における地下生物圏が,実際にどの位のところまで広がっているのかについてはよくわかっていない.海底の堆積物と海水とを10日間反応させ,生体構成有機物として最も重要なアミノ酸の安定性について調べた室内実験によれば,固相中と液相中のアミノ酸の分解量は,温度上昇とともに増加し,200°C以上の温度では安定に存在できないことがわかった(Ito *et al.*, 2006;Yamaoka *et al.*, 2007).このことは,海底熱水系内の200°C以上の温度では,生分子が安定に存在し続けることは非常に難しいことを示しており,微生物学からの情報と整合的である.アクチノ閃石が出現する緑色片岩相の変質温度は300°C以上であるので,地下生物圏の範囲は,アクチノ閃石が二次鉱物として出現する深度以浅までということになる.将来的には,地球深部探査船「ちきゅう」等により海底下を掘削して,ハンレイ岩相を貫き直接マントルまで現場の岩石を採取すると,地殻と地下生物圏との関わりが明らかになると期待される.

文献

Abe, O., Matsumoto, E. and Isdale, P. (1998) In : Coral Climatology by Annual Bonds ; Proceedings of Third International Marine Science Symposium. Matsumoto, E. (ed.), Japan Marine Science Foundation, Tokyo, 8-14.
Aharon, P. (1991) Coral Reefs, 10, 71-90.
Alibert, C. and McCulloch, M. T. (1997) Paleoceanogr., 12, 345-363.
Allegre, C. J., Poirier, J. P. and Hofmann, A. W. (1995) Earth Planet. Sci. Lett., 134, 515-526.
Amakawa, H., Alibo, D. S. and Nozaki, Y. (2004a) Geochem. J., 38, 493-504.
Amakawa, H., Nozaki, Y., Alibo, D. S., Zhang, J., Fukugawa, K. and Nagai, H. (2004b) Geochim. Cosmochim. Acta, 68, 715-727.
Anderson, O. R., Nigrini, C., Boltovskoy, D., Takahashi, K. and Swanberg, N. R. (2002) In : The Second Illustrated Guide to the Protozoa. Lee, J. J., Leedale, G. F. and Bradbury, P. (eds.), Society of Protozoologists, Lawrence, KS. 994-1022.
Anderson, R. F., Fleisher, M. Q. and LeHuray, A. P. (1989) Geochim. Cosmochim. Acta, 53, 2215-2224.
Andrews, J., Brimblecombe, P., Jickells, T., Liss, P. and Reid, B. (2003) An Introduction to Environmental Chemistry. Blackwell, 320 pp. （アンドリューズほか (2005) 地球環境化学入門改訂版．渡辺正訳，シュプリンガー・フェアラーク東京, 307 pp.）
Asanuma, I. (2006) In : Global Climate Change and Response of Carbon Cycle in the Equatorial Pacific and Indian Oceans and Adjacent Landmasses. Kawahata, H. and Awaya, Y. (eds.), Elsevier Oceanography Series 73, Elsevier, Amsterdam, 89-106.
Ashman, M. R. and Puri, G. (2002) Essential Soil Science ; A Clear and Concise Introduction to Soil Science. Blackwell, 198 pp.
Atkinson, M. J. and Smith, S. V. (1983) Limnol. Oceanogr., 28, 568-574.
Awaya, Y., Tsuyuki, S., Kodani, E. and Takao, G. (2004) In : Global Environmental Change in the Ocean and on Land. Shiyomi, M., Kawahata, H., Koizumi, H., Tsuda, A. and Awaya, Y. (eds.), TERRAPUB, Tokyo, 95-108.
Awaya, Y., Kodani, E. and Zhuang, D. (2006) In : Global Climate Change and Response of Carbon Cycle in the Equatorial Pacific and Indian Oceans and Adjacent Landmasses. Kawahata, H. and Awaya, Y. (eds.), Elsevier Oceanography Series 73, Elsevier, Amsterdam, 361-382.
Baker, E. T., Lavell, J. W. and Massoth, G. J. (1985) Nature, 316, 342-344.
Baker, E. T. and Massoth, G. J. (1987) Earth Planet. Sci. Lett., 85, 59-73.
Baker, E. T., Massoth, G. J. and Feely, A. (1987) Nature, 329, 149-151.
Banakar, V. K., Nair, R. R., Tarkian, M. and Haake, B. (1993) Mar. Geol., 110, 393-

402.
Barnola, J. M., Raynaud, D., Neftel, A. and Oeschger, H. (1983) Nature, 303, 410–413.
Barnola, J. M., Raynaud, D., Korotkevich, Y. S. and Lorius, C. (1987) Nature, 329, 408–414.
Beck, J. W., Edwards, R. L., Ito, E., Taylor, F. W., Recy, J., Rougerie, F., Joannot, P. and Henin, C. (1992) Science, 257, 644–647.
Beck, J. W. (1994) Science, 264, 891.
Benninger, L. K. and Dodge, R. E. (1986) Geochim. Cosmochim. Acta, 50, 2785–2797.
Ben-Yaakov, S. (1973) Limnol. Oceanogr., 18, 86–94.
Berger, W. H. (1970) Geol. Soc. Amer. Bull., 81, 1385–1402.
Berger, W. H. and Keir, R. (1984) In : Climate Processes and Climate Sensitivity. Hansen, J. E. and Takahashi, T. (eds.), Geophys. Monogr., 29, AGU, Washington, D. C., 337–351.
Berger, W. H., Fischer, K., Lai, C. and Wu, G. (1987) Ocean Productivity and Organic Carbon Flux. Part 1. Overview and maps of primary production and export production. University of California, San Diego, SIO Reference 87–30.
Berger, W. H., Smetacek, V. S. and Wefer, G. (1989) In : Productivity of the Ocean ; Present and Past. Berger, W. H., Smetacek, V. S. and Wefer, G. (eds.), John Wiley and Sons, Chichester, 1–34.
Berner, R. A. (1973) Earth Planet. Sci. Lett., 12, 425–433.
Berner, R. A. (1980) Early Diagenesis ; A Theoretical Approach. Princeton University Press, 241 pp.
Bienfang, P. K., Harrison, P. J. and Quarmby, L. M. (1982) Mar. Biol., 67, 295–302.
Bijma, J., Faber, Jr., W. W. and Hemleben, C. (1990) J. Foraminiferal Res., 20, 95–116.
Bijma, H., Spero, H. J. and Lea, D. W. (1999) In : Use of Proxies in Paleoceanography : Examples from the South Atlantic. Fischer, G. and Wefer, G. (eds.), Springer-Verlag, Berlin, 489–512.
Biscaye, P. E. and Eirreim, S. T. (1977) Mar. Geol., 23, 155–172.
Bischoff, J. L. and Dickson, F. W. (1975) Earth Planet. Sci. Lett., 25, 385–397.
Bishop, J. K. B. (1988) In : Productivity of the Ocean ; Present and Past. Berger, W. H., Smetacek, V. S. and Wefer, G. (eds.), John Wiley and Sons, 117–137.
Böhm, F., Joachimski, M. M., Dullo, W.-C., Eisenhauer, A., Lehnert, H., Reitner, J. and Wörheide, G. (2000) Geochim. Cosmochim. Acta, 64, 1695–1703.
Bolin, B. (1983) SCOPE 21. Bolin, B. and Cook, R. B. (eds.), John Wiley and Sons, 532.
Bostrom, K., Farguharson, B. and Eyl, W. (1971) Chem. Geol., 10, 189–203.
Boto, K. and Isdale, P. (1985) Nature, 315, 396–398.
Bowers, T. S., Von Damm, K. L. and Edmond, J. M. (1985) Geochim. Cosmochim. Acta, 49, 2239–2252.
Bowers, T. S., Campbell, A. C., Measures, C. I., Spivack, A. J., Khadem, M. and Edmond, J. M. (1988) J. Geophys. Res., 93, 4522–4536.
Boyd, P. W., Law, C. S., Wong, C. S., Nojiri, Y., Tsuda, A., Levasseur, M., Takeda, S., Rivkin, R., Harrison, P. J., Strzepek, R., Gower, J., McKay, R. M., Abraham, E.,

Arychuk, M., Barwell-Clarke, J., Crawford, W., Crawford, D., Hale, M., Harada, K., Johnson, K., Kiyosawa, H., Kudo, I., Marchetti, A., Miller, W., Needoba, J., Nishioka, J., Ogawa, H., Page, J., Robert, M., Saito, H., Sastri, A., Sherry, N., Soutar, T., Sutherland, N., Taira, Y., Whitney, F., Wong, S.-K. E. and Yoshimura, T. (2004) Nature, 428, 549-553.

Boyle, E. A. (1983) J. Geophys. Res., 88, 7667-7680.

Boyle, E. A. (1988a) Nature, 331, 55-56.

Boyle, E. A. (1988b) J. Geophys. Res., 93, 15701-15714.

Boyle, E. A. (1988c) Paleoceanogr., 3, 471-489.

Boyle, E. A. (1992) Annual Rev. Earth Planet. Sciences, 20, 245-287.

Broecker, W. S. and Takahashi, T. (1978) Deep-Sea Res., 25, 65-95.

Broecker, W. S. and Peng, T.-H. (1982) Tracers in the Sea. Lamont-Doherty Geological Observatory of Columbia University, Palisades, NY, 690 pp.

Brongersma-Sanders, H. (1983) In : Coastal Upwelling, Its Sedimentary Record, Part A. Suess, E. and Thiede, J. (eds.), Plenum, New York, 421-437.

Cambell, A. C., Bowers, T. S., Measures, C. I., Falkner, K. K., Khadem, M. and Edmond, J. K. (1988) J. Geophys. Res., 93, 4537-4549.

Chan, L. H., Edmond, J. M., Stallard, R. F., Broecker, W. S., Chung, Y., Weiss, R. F. and Ku, T. L. (1976) Earth Planet. Sci. Lett., 32, 258-267.

Charles, C. D., Hunter, D. E. and Fairbanks, R. G. (1997) Science, 277, 925-928.

Chave, K. E. (1954) J. Geol., 62, 266-283.

Chester, R. and Stoner, J. H. (1972) Nature, 240, 552-553.

Chester, R. (2003) Marine Chemistry. Blackwell Science, 506 pp.

Chivas, A. R., De Deckker, P., Cali, J. A., Chapman, A., Kiss, E. and Shelley, J. M. (1993) In : Climate Change in Continental Isotopic Records. Swart, P. K. *et al.* (eds.), AGU, 113-122.

CLIMAP Project Members (1976) Science, 191, 1131-1137.

Cole, J. E. and Fairbanks, R. G. (1990) Paleoceanogr., 5, 669-683.

Colley, S., Thomson, J. and Toole, J. (1989) Geochim. Cosmochim. Acta, 53, 1223-1234.

Conte, M. H., Volkman, J. K. and Eglinton, G. (1994) In : The Haptophyte Algae. Green, J. C. and Leadbeater, B. S. C. (eds.), Clarendon Press, Oxford, 351-377.

Corliss, J. B., Dymond, J., Gordon, L. I., Edmond, J. M., Von Herzen, R. P., Ballard, R. D., Green, K., Williams, D., Bainbridge, A., Crane, K. and Van Andel, T. H. (1979) Science, 203, 1073-1083.

Cowen, J. P., Masoth, G. J. and Baker, E. T. (1986) Nature, 322, 169-171.

Cox, P. A. (1995) The Elements on Earth. Oxford University Press, 287 pp.

Craig, H. (1961) Science, 133, 1702-1703.

Craig, H. (1965) In : Stable Isotopes in Oceanographic Studies and Paleotemperatures. Tongiorgi, E. (ed.), Consiglio Nazionale delle Ricerche, Spoleto, Italy, 161-182.

Cronan, D. S. (1980) Underwater Minerals. Academic Press, London, 362 pp.

Dansgaard, W. (1964) Tellus, 16, 436-468.

De Deckker, P., Chivas, A. and Shelley, M. (1999) Palaeogeogr. Palaeoclimatol.

Palaeoecol., 148, 105-116.
Degens, E. T. (1979) In : The Global Carbon Cycle. SCOPE 13, Bolin, B., Degens, E. T., Kempe, S. and Kenter, P. (eds.), John Wiley and Sons, Chichester, 54-79.
Delaney, J. R., Mogk, D. W. and Mottl, M. J. (1987) J. Geophys. Res., 92, 9175-9192.
Delaney, M. L., Bé, A. W. H. and Boyle, E. A. (1985) Geochim. Cosmochim. Acta, 49, 1327-1341.
De Mandolia, B. R. (1981) In : Coastal Upwelling. Richards, F. A. (ed.), AGU, 348-356.
DeMaster, D. J. (1981) Geochim. Cosmochim. Acta, 45, 1715-1732.
Deuser, W. G. (1975) In : Chemical Oceanography III. Riley, J. P. and Skirrow, G. (eds.), Academic Press, p.3.
Dickens, G. R. and Owen, R. M. (1994) Paleoceanogr., 9, 169-181.
Druffel, E. M. (1981) Geophys. Res. Lett., 8, 59-62.
Druffel, E. R. M. and Griffin, S. (1993) J. Geophys. Res., 98, 20246-20259.
Duce, R. A., Unni, C. K., Ray, B. J., Prospero, J. M. and Merrill, J. T. (1980) Science, 209, 1522-1524.
Duce, R. A., Arimoto, R., Ray, B. J., Unni, C. K. and Harder, P. J. (1983) J. Geophys. Res., 88, 5321-5342.
Duce, R. A., Liss, P. S., Merrill, J. T., Atlas, E. L., Buat-Menard, P., Hicks, B. B., Miler, J. M., Prospero, J. M., Arimoto, R., Church, T. M., Elis, W., Galloway, J. N., Hansen, L., Jickells, T. D., Knap, A. H., Reinhardt, K. H., Schneier, B., Aoudine, A., Tokos, J. J., Tsunogai, S., Wollat, R. and Zhou, M. (1991) Global Biogeochem. Cycles, 5, 193-259.
Dunbar, R. B., Wellington, G. M., Colgan, N. W. and Glynn, P. W. (1994) Paleoceanogr., 9, 291-315.
Duplessy, J. C., Blanc, P. L. and Bé, A. W. H. (1981) Science, 213, 1247-1250.
Dymond, J., Suess, E. and Lyle, M. (1992) Paleoceanogr., 7, 163-181.
East Pacific Rise Study Group (1981) Science, 213, 31-40.
Edmond, J. M., Measures, C., McDuff, R. E., Chan, L. H., Collier, R., Grant, B., Gordon, L. I. and Corliss, J. B. (1979a) Earth Planet. Sci. Lett., 46, 1-18.
Edmond, J. M., Measures, C., Mgnum, B., Grant, B. and Sclater, F. R. (1979b) Earth Planet. Sci. Lett., 46, 19-30.
Edmond, J. M., Von Damm, K. L., McDuff, R. E. and Measures, C. I. (1982) Nature, 297, 187-191.
Eisenhauer, A., Goegen, K., Pernicka, E. and Mangini, A. (1992) Earth Planet. Sci. Lett., 109, 25-36.
Emsley, J. (1998) The Elements. 3rd ed., Clarendon Press, Oxford, 292 pp.
Epstein, S. and Mayeda, T. (1953) Geochim. Cosmochim. Acta, 4, 213.
Eppley, R. and Peterson, B. J. (1979) Nature, 282, 677-680.
Eppley, R. (1989) In : Productivity of the Ocean ; Present and Past. Berger, W. H., Smetacek, V. S. and Wefer, G. (eds.), John Wiley and Sons, Chichester, 85-97.
Epstein, S. and Mayeda, T. (1953) Geochim. Cosmochim. Acta, 4, 213-224.
Erez, J. and Luz, B. (1983) Geochim. Cosmochim. Acta, 47, 1025-1031.

Erez, J., Almogi-Labin, A. and Avraham, S. (1991) Paleoceanogr., 6, 295-306.
Fairbanks, R. G. and Dodge, R. E. (1979) Geochim. Cosmochim. Acta, 43, 1009-1020.
Fairbanks, R. G., Sverdlove, M. S., Free, R., Wiebe, P. H. and Bé, A. W. H. (1982) Nature, 298, 841-844.
Fairbanks, R. G., Evans, M. N., Fubenstone, J. L., Mortlock, R. A., Broad, K., Moore, M. D. and Charles, C. D. (1997) Coral Reefs, 16, 93-100.
Fallon, S. J., McCulloch, M. T. and Alibert, C. (2003) Coral Reefs, 22, 389-404.
Farrell, J. W. and Prell, W. L. (1989) Paleoceanogr., 4, 447-466.
Fischer, G., Futterer, D., Gersonde, R., Honjo, S., Ostermann, D. and Wefer, G. (1988) Nature, 335, 426-428.
Fitt, W. K., Brown, B. E., Warner, M. E. and Dunne, R. P. (2001) Coral Reefs, 20, 51-65.
Francheteau, J. and other 14 scientific members (1979) Nature, 277, 523-528.
Francis, T. J. G. (1985) Mar. Geophys. Res., 7, 419-438.
Francois, R., Honjo, S., Manganini, S. J. and Ravizza, G. E. (1995) Global Biogeochem. Cycles, 9, 289-303.
Freiwald, A. and Roberts, J. M. (2005) Cold-water Corals and Ecosystems. Springer, Berlin, 1243 pp.
Friedman, G. M. and Sanders, J. E. (1978) Principles of Sedimentology. John Wiley and Sons, p. 527.
Friedman, I. and O'Neil, J. R. (1977) U. S. Geol. Survey Prof. Paper, 440-K.K.
Froelich, P. N., Bender, M. L. and Heath, G. R. (1977) Earth Planet. Sci. Lett., 34, 351-359.
Froelich, P. N. and Andrea, M. O. (1981) Science, 213, 205-207.
Froelich, P. N., Mortlock, R. A. and Shemesh, A. (1989) Global Biogeochem. Cycles, 3, 79-88.
Froelich, P. N., Blanc, V., Mortlock, R. A., Chillrud, S. N., Dunstan, W., Udomkit, A. and Peng, T. H. (1992) Paleoceanogr., 7, 739-767.
藤永太一郎監修・宗林由樹・一色健司編 (2005) 海と湖の化学―微量元素で探る. 京都大学学術出版会, 560 pp.
藤岡換太郎 (1983) 鉱山地質特別号, 11, 55-68.
風呂田利夫 (2005) 月刊海洋, 37, 791-796.
Gagan, M. K., Chivas, A. R. and Isdale, P. J. (1994) Earth Planet. Sci. Lett., 121, 549-558.
Gamo, T., Ishibashi, J., Shitashima, K., Kinoshita, M. Watanabe, M., Nakayama, E., Sohrin, Y., Kim, E. S., Masuzawa, T. and Fujioka, K. (1988) Geochem. J., 22, 215-230.
Gamo, T., Okamura, K., Charlou, J.-L., Urabe, T., Auzesnde, J.-M., Ishibashi, J., Shittashima, K. and Chiba, H. (1997) Geology, 25, 139-142.
Gardner, W. D., Souchard, J. B. and Hollister, C. D. (1985) Mar. Geol., 65, 199-242.
Garrels, R. M. and Christ, C. L. (1965) Solutions, Minerals and Equilibria. Freeman, Cooper and Co., San Francisco, 450 pp.

Gieskes, J. M., Simoneit, B. R. T., Brown, T., Shaw, T., Wang, Y.-C. and Magenheim, A. (1988) Can. Mineral, 26, 589-602.

Gingele, F. and Dahmke, A. (1994) Paleoceanogr., 9, 151-168.

Gold, T. (1992) Proc. Natl. Acad. Sci., USA, 89, 6045-6049.

Goody, R. M. and Yung, Y. L. (1995) Atmospheric Radiation : Theoretical Basis. Oxford University Press, 544 pp.

Gregory, R. T. and Taylor, H. P. (1981) J. Geophys. Res., 86, 2737-2755.

Griffin, J. J., Windom, H. and Goldberg, E. D. (1968) Deep-Sea Res., 15, 433-459.

Gross, M. G. (1982) Oceanography : A View of the Earth. 3rd ed., Prentice Hall, NJ, p. 99.

Grossman, E. L. and Ku, T. L. (1986) Chem. Geol., 59, 59-74.

Grousset, F. E., Ginoux, P., Bory, A. and Biscaye, P. E. (2003) Geophys. Res. Lett., 30, Art. No. 1277.

Guilderson, T. P., Schrag, D. P., Kashgarian, M. and Southon, J. (1998) J. Geophys. Res., 103, 24641-24650.

Guptha, M. V. S., Curry, W. B., Ittekkot, V. and Muralinath, A. S. (1997) J. Foraminiferal Res., 27, 5-19.

Gupta, L. P. and Kawahata, H. (2003a) Mar. Fresh. Res., 54, 259-270.

Gupta, L. P. and Kawahata, H. (2003b) Tellus B, 55, 445-455.

Haake, B., Ittekkot, V., Rixen, T., Ramaswamy, V., Nair, R. R. and Curry, W. B. (1993) Deep-Sea Res., 40, 1323-1344.

Halbach, P. and Manhheim, F. T. (1984) Marine Mining, 4, 319-336.

Harada, H., Ahagon, N., Uchida, M. and Murayama, M. (2004) Geochem. Geophys. Geosys., 5, 1-16.

Harada, N., Ahagon, N., Sakamoto, T., Uchida, M., Ikehara, M. and Shibata, Y. (2006) Global and Planetary Change, 53, 29-46.

Hay, B. J., Honjo, S., Kempe, V., Ittekkot, V., Degens, E. T., Konuk, T. and Izdar, E. (1993) Deep-Sea Res., 37, 911-928.

Haymon, R. M. and Kastner, M. (1981) Earth Planet. Sci. Lett., 53, 363-381.

Haymon, R. M. and Macdonald, K. C. (1985) Amer. Scientist, 73, 445.

Hayes, J. D. and Pitman, III. (1973) Nature, 246, 18-22.

Heiss, G. A. (1994) GEOMAR Report, 32, 1-141.

Hemleben, Ch., Spindler, M. and Anderson, O. R. (1989) Modern Planktonic Foraminifera. Springer-Verlag, New York, 363 pp.

Hemming, N. G. and Hanson, G. N. (1992) Geochim. Cosmochim. Acta, 56, 537-543.

Henrichs, S. M. and Farrington, J. W. (1987) Geochim. Cosmochim. Acta, 51, 1-15.

Hoefs, J. (2004) Stable Isotope Geochemistry. 4th ed., Springer-Verlag, Berlin, 201 pp.

Holland, H. D. (1978) The Chemistry of the Atmosphere and Oceans. John Wiley and Sons, New York, 351 pp. (ホランド (1979) 大気・河川・海洋の化学―環境科学特論. 山県 登訳, 産業図書, 318 pp.)

Holland, H. D. (1981) In : The Sea, vol.7. Emiliani (eds.), John Wiley and Sons, New York, 763-800.

Honjo, S. (1976) Mar. Micropaleontol., 1, 65-79.
Honjo, S. and Erez, J. (1978) Earth Planet. Sci. Lett., 40, 287-300.
Honjo, S., Manganini, S. J. and Cole, J. J. (1982a) Deep-Sea Res., 29, 609-625.
Honjo, S., Manganini, S. and Poppe, L. J. (1982b) Mar. Geol., 50, 199-220.
Honjo, S., Manganini, S. J., Karowe, A. and Woodward, B. L. (1987) Nordic Seas Sedimentation Data File Vol.1, Woods Hole Tech. Rep., 8717.
Honjo, S. and Manganini, S. J. (1993) Deep-Sea Res. II, 40, 587-607.
Honjo, S., Dymond, J., Collier, R. and Manganini, S. J. (1995) Deep-Sea Res. II, 42, 831-870.
Honjo, S. (1996) In：Particle Flux in the Ocean. Ittekkot, V., Schafer, P., Honjo, S. and Depetris, P. J. (eds.), John Wiley and Sons, 91-154.
Horibe, Y. and Oba, T. (1972) Fossils（化石）, 23/24, 69-79.
House, M. R. (1988) In：Cephalopods；Present and Past. Wiedmann, J. and Kullumann, J. (eds.), Schweizerbat'sche Verlag, Stuttgart, 1-16.
Humphris, S. E. and Thompson, G. (1978) Geochim. Cosmochim. Acta, 42, 107-125.
一国雅巳 (1978) 現代鉱床学の基礎. 立見辰雄編，東京大学出版会，119-126.
Iizasa, K., Fiske, R. S., Ishizuka, O., Yuasa, M., Hashimoto, J., Ishibashi, J., Naka, J., Horii, Y., Fujiwara, Y., Imai, A. and Koyama, S. (1999) Science, 283, 975-977.
Ijiri, A., Wang, L., Oba, T. Kawahata, H., Huang, C. Y. and Huang, C. Y. (2005) Palaeogeogr. Palaeoclimatol. Palaeoecol., 219, 239-261.
池谷仙之・阿部勝巳（1996）太古の海の記憶—オストラコーダの自然史．東京大学出版会，237 pp.
Imai, N., Terashima, S., Itoh, S. and Ando, A. (1995) Geostandards Newsletter, 19, 135-213.
Ingram, B. L., Hein, J. R. and Farmer, G. L. (1990) Geochim. Cosmochim. Acta, 54, 1709-1721.
Inoue, M., Nohara, M., Okai, T., Suzuki, A. and Kawahata, H. (2004a) Geostandards and Geoanalytical Res., 28, 411-416.
Inoue, M., Suzuki, A., Nohara, M., Kan, H., Edward, A. and Kawahata, H. (2004b) Environmental Pollution, 129, 399-407.
Inoue, M., Hata, A., Suzuki, A., Nohara, M., Sikazono, N., Wyss, Y., Hantro, W. S., Donghuai, S. and Kawahata, H. (2006) Environmental Pollution, 144, 1045-1052.
Inoue, M., Suzuki, A., Nohara, M., Hibino, K. and Kawahata, H. (2007) Geophys. Res. Lett., 34, 12, L 12611.
IPCC "Climate Change" (1995) IPCC Second Assessment；Climate Change 1995, Cambridge University Press.
IPCC "Climate Change" (2001) The Scientific Basis. Contribution of Working Group 1 to the Third Assessment Report of the Intergovernmental Panel on Climate Change. Cambridge University Press.
IPCC "Climate Change" (2007) Working Group I Report The Physical Science Basis. Contribution of Working Group 1 to the Forth Assessment Report of the Intergovernmental Panel on Climate Change (http://www.ipcc.ch/ipccreports/ar4-wg1.htm).

Isdale, P. J. (1984) Nature, 310, 578-579.
Isdale, P. J., Stewart, B. J., Tickle, K. S. and Lough, J. M. (1998) Holocene, 8, 1-8.
Ishii, M., Saito, S., Tokieda, T., Kawano, T., Matsumoto, K. and Inoue, H. Y. (2004) In：Global Environmental Change in the Ocean and on Land. Shiyomi, M., Kawahata, H., Koizumi, H., Tsuda, A. and Awaya, Y. (eds.), TERRAPUB, Tokyo, 59-94.
Ishiwatari, R., Houtatsu, M. and Okada, H. (2001) Org. Geochem., 32, 57-67.
Ito, M., Gupta, L. P., Masuda, H. and Kawahata, H. (2006) Org. Geochem., 37, 177-188.
Ittekkot, V. (1991) EOS, 72, 527-530.
Ittekkot, V., Nair, R. R., Honjo, V., Ramaswamy, V., Bartsch, M., Manganini, S. and Desai, B. N. (1991) Nature, 351, 385-387.
Janecek, T. and Rea, D. K. (1985) Quat. Res., 24, 150-163.
Jeandel, C., Dupre, B., Lebaron, G., Monnin, C. and Minster, J. F. (1996) Deep-Sea Res., 43, 1-31.
Jenkins, W. J., Edmond, J. M. and Corliss, J. B. (1978) Nature, 272, 156-158.
Jickells, T., An, Z. S., Andersen, K. K., Baker, A. R., Bergametti, G., Brookes, N., Cao, J. J., Boyd, P. W., Duce, R. A., Hunter, K. A., Kawahata, H., Kubilay, N., LaRoche, J., Liss, P. S., Mahowald, N., Prospero, J. M., Ridgwekkm, A. J., Tegen, I. and Torres, R. (2005) Science, 308, 67-71.
Joachimski, M. M., Simon, L., van Geldern, R. and Lecuyer, C. (2005) Geochim. Cosmochim. Acta, 69, 4035-4044.
Johnson, K. S. (2001) Global Biogeochem. Cycles, 15, 61-63.
Kampschulte, A., Bruckschen, P. and Strauss, H. (2001) Chem. Geol., 175, 149-173.
金澤孝文（1997）リン―謎の元素は機能の宝庫．研成社，142 pp.
Kashiyama, Y., Ogawa, N. O., Chikaraishi, Y., Nomoto, S., Tada, R., Kitazato, H. and Ohkouchi, N. (2007) Geochim. Cosmochim. Acta, 71, A466-A466.
川幡穂高（1986）鉱山地質，36, 377-398.
Kawahata, H., Suzuki, A. and Goto, K. (1997) Coral Reefs, 16, 261-266.
川幡穂高（1998）地質学論集，49, 185-198.
Kawahata, H., Suzuki, A. and Ohta, H. (1998a) Geochem. J., 32, 125-133.
Kawahata, H., Yamamuro, M. and Ohta, H. (1998b) Oceanologica Acta, 21, 521-532.
Kawahata, H. and Ohta, H. (2000) Mar. Fresh. Res., 51, 113-126.
Kawahata, H., Okamoto, T., Matsumoto, E. and Ujiie, H. (2000a) Quat. Sci. Rev., 19, 1279-1291.
Kawahata, H., Yukino, I. and Suzuki, A. (2000b) Coral Reefs, 19, 172-178.
Kawahata, H., Suzuki, A., Ayukai, T. and Goto, K. (2000c) Mar. Chem., 72, 257-272.
Kawahata, H., Suzuki, A. and Ohta, H. (2000d) Deep-Sea Res. I, 47, 2061-2091.
Kawahata, H., Nohara, M. Ishizuka, H., Hasebe, S. and Chiba, H. (2001) J. Geophys. Res., 106, 11083-11099.
Kawahata, H. (2002) Deep-Sea Res. II, 49, 5647-5664.
Kawahata, H., Nishimura, A. and Gagan, M. K. (2002) Deep-Sea Res. II, 49, 2783-2800.
Kawahata, H. and Gupta, L. P. (2003) J. Oceanogr., 59, 663-670.
Kawahata, H. (2006) In：Global Climate Change and Response of Carbon Cycle in the

Equatorial Pacific and Indian Oceans and Adjacent Landmasses. Kawahata, H. and Awaya, Y. (eds.), Elsevier Oceanography Series 73, Elsevier, Amsterdam, 107-133.
Kawahata, H., Inoue, M., Nohara, M. and Suzuki, A. (2006) J. Oceanogr., 62, 405-412.
Kayanne, H., Suzuki, A. and Saito, H. (1995) Science, 269, 214-216.
Kelley, D. S. and Delaney, J. R. (1987) Earth Planet. Sci. Lett., 83, 53-66.
Kempe, S. (1979) In：The Global Carbon Cycle. SCOPE 13, Bolin, B., Degens, E. T., Kempe, S. and Kenter, P. (eds.), John Wiley and Sons, Clichester, 343-377.
Kishida, K., Sohrin, Y., Okamura, K. and Ishibashi, J. (2004) Earth Planet. Sci. Lett., 222, 819-827.
北野 康（1990）炭酸塩堆積物の地球化学―生物の生存環境の形成と発展．東海大学出版会，412 pp.
Klein, R., Loya, Y., Isdale, P. J. and Susic, M. (1990) Nature, 345, 145-147.
Kleypas, J. A., Feely, R. A., Fabry, V. J., Langdon, C., Sabine, C. L. and Robbins, L. L. (2006) Impacts of Ocean Acidification on Coral Reefs and Other Marine Calcifiers；A Guide for Future Research, report of a workshop held 18-20 April 2005, St. Petersburg, FL, 88 pp.
Koblentz-Mishke, O. J., Volkovinsky, V. V. and Kabanova, J. G. (1970) In：Scientific Exploration of the South Pacific. Wooster, W. S. (ed.), National Academy of Sciences, Washington, D. C., 183-193.
Kohfeld, K. E. (1998) Geochemistry and ecology of polar planktonic foraminifera, and application to paleoceanographic reconstructions. Ph.D thesis, Columbia University, Palisades, NY, 102 p.
Koike, I., Hara, S., Terauchi, K. and Kogure, K. (1990) Nature, 345, 242-244.
Kroopnick, P. M. (1985) Deep-Sea Res., 32, 57-84.
Ku, T. L. (1979) In：Marine Manganese Deposits. Glasby, G. P. (ed.), Elsevier, New York, 249-267.
Ku, T. L., Kusakabe, M., Measures, C. I., Southon, J. R., Cusimano, G., Vogel, J. S., Melson, D. E. and Nakaya, S. (1990) Deep-Sea Res., 37, 795-808.
Kunioka, D., Shirai, K., Takahata, N., Sano, Y., Toyofuku, T. and Ujiie, Y. (2006) Geochem. Geophys. Geosys., 7, Q 12 P 20.
Kurosaki, Y. and Mikami, M. (2004) Geophys. Res. Lett., 30, No.L 03106.
Kusakabe, M., Chiba, H. and Ohmoto, H. (1982) Geochem. J., 16, 89-95.
Lai, D. (1977) Science, 198, 997-1009.
Lea, D. W. and Boyle, E. (1989) Nature, 338, 751-753.
Lea, D. W., Shen, G. T. and Boyle, E. A. (1989) Nature, 340, 373-376.
Lea, D. W. (1993) Global Biogeochem. Cycle, 7, 695-710.
Leder, J. J., Swart, P. K., Szmant, A. and Dodge, R. E. (1996) Geochim. Cosmochim. Acta, 60, 2857-2870.
LeGrande, A. N. and Schmidt, G. A. (2006) Geophys. Res. Lett., 33, L12604.
Leinen, M., Cwienk, D., Heath, G. R., Biscaye, P. E., Kolla, V., Thiede, J. and Dauphin, J. P. (1980) Geology, 14, 199-203.
Leinen, M. and Heath, D. G. (1981) Palaeogeogr. Palaeoclimatol. Palaeoecol., 36, 1-21.

Levitus, S. (1994) World Ocean Atlas 1994. U.S. Department of Commerce, Washington, D.C.

Li, Y. H. A. (2000) A Compendium of Geochemistry. Princeton University Press, 440 pp.

Liebes, S. M. (1992) An Introduction to Marine Biochemistry. John Wiley and Sons, 734 pp.

Linn, L. J., Delaney, M. L. and Druffel, E. R. M. (1990) Geochim. Cosmochim. Acta, 54, 387-394.

Linsley, B. K., Dunbar, R. B. and Wellington, G. M. (1994) J. Geophys. Res., 99, 9977-9994.

Listsym, A. P. (1967) Internat. Geol. Rev., 9, 63-652.

Lohmann, G. P. (1995) Paleoceanogr., 10, 445-457.

Lomborg, B. (2001) The Skeptical Environmentalist ; Measuring the Real State of the World. Cambridge University Press, 540 pp. (ロンボルグ (2003) 環境危機をあおってはいけない―地球環境のホントの実態. 山形浩生訳, 文芸春秋社, 671 pp.)

Lupton, J. E. and Craig, H. (1981) Science, 214, 13-18.

Macdonald, K. C., Becker, K., Spiess, F. N. and Ballard, R. D. (1980) Earth Planet. Sci. Lett., 48, 1-7.

Malahoff, A. (1992) Mar. Tech. Soc. J., 16, 39-45.

Malone, T. C. (1980) In : The Physiological Ecology of Phytoplankton. Morris, I. (ed.), Blackwell, Oxford, 433-463.

Mangini, A., Eisenhauer, A. and Walter, P. (1990) In : The Relevance of Manganese in the Ocean for the Climatic Cycles in the Quaternary. Springer-Verlag, Berlin, 267-289.

Martin, J. H. and Gordon, R. M. (1988) Deep-Sea Res. I, 35, 177-196.

Martin, J. H., Goron, M., Fitzwater, S. and Broenkow, W. W. (1989) Deep-Sea Res. I, 36, 649-680.

Martin, J. H. (1990) Paleoceanogr., 5, 1-13.

Martin, J. H., Gordon, R. M. and Fitzwater, S. E. (1990) Nature, 345, 156-158.

Martin, J. M. and Whitfield, M. (1983) In : Trace Elements in Sea Water. Wong, C. S., Boyle, E., Bruland, K. W., Burton, J. D. and Goldberg, E. D. (eds.), Plenum, New York, 265-296.

丸山明彦 (1999) 海嶺の熱水活動と地下生物圏. 月刊海洋号外 19, 170-179.

Mashiotta, T. A., Lea, D. W. and Spero, H. J. (1996) Earth Planet. Sci. Lett., 170, 417-432.

Mason, B. (1966) Principles of Geochemistry. 3rd ed., John Wiley and Sons, 329 pp. (メイスン (1970) 一般地球化学. 松井義人・一国雅沢訳, 岩波書店, 400 pp.)

Massoth, G. J., Baker, E. T., Feely, R. A., Lupton, J. E., Butterfield, D. A. and McDuff, R. E. (1988) EOS, AGU, 69, 1497.

Massoth, G. J., Butterfield, D. A., Lupton, J. E., McDuff, R. E., Liley, M. D. and Jonasson, I. R. (1989) Nature, 340, 702-705.

Masuzawa, T. and Kitano, Y. (1984) Geochem. J., 18, 167-172.

Masuzawa, T., Noriki, S., Kurosaki, T., Tsunogai, S. and Koyama, M. (1989) Mar. Chem., 27, 61-78.
増澤敏行 (1991) 化石, 60, 32-40.
Masuzawa, T., Handa, N., Kitagawa, H. and Kusakabe, M. (1992) Earth Planet. Sci. Lett., 110, 39-50.
Masuzawa, T., Kitagawa, H., Nakatsuka, T., Handa, N. and Nakamura, T. (1995) Radiocarbon, 37, 617-627.
Matsumoto, K. (2007) J. Geophys. Res., 112, C 09004, doi:10.1029/2007 JC 004095.
松本 良・奥田義久・青木 豊 (1994) メタンハイドレート―21世紀の巨大天然ガス資源. 日経サイエンス社, 253 pp.
松本 良 (1996) 科学, 66, 600-604.
McConnaughey, T. (1989a) Geochim. Cosmochim. Acta, 53, 151-162.
McConnaughey, T. (1989b) Geochim. Cosmochim. Acta, 53, 163-171.
McConnaughey, T. A., Burdett, J., Whelan, J. F. and Paull, C. K. (1997) Geochim. Cosmochim. Acta, 61, 611-622.
McCrea, J. M. (1950) J. Chem. Phys., 18, 849-857.
McCulloch, M. T., Gagan, M. K., Mortimer, G. E., Chivas, A. R. and Isdale, P. J. (1994) Geochim. Cosmochim. Acta, 12, 2747-2754.
McCulloch, M. T., Tudhope, A. W., Esat, T. M., Mortimer, G. E., Chappell, J., Pillans, B., Chivas, A. R. and Omura, A. (1999) Science, 283, 202-204.
McCulloch, M., Fallon, S., Wyndham, T., Hendy, E., Lough, J. and Barnes, D. (2003) Nature, 421, 727-730.
Millero, F. J. (1996) Chemical Oceanography. CRC Press, New York, 469 pp.
Milliman, J. D. and Meada, R. H. (1983) J. Geology, 91, 1-21.
Milliman, J. D. (1991) In : Ocean Margin Processes in Global Change. Mantoura, R. F. C., Martin, J. M. and Wollast, R. (eds.), John Wiley and Sons, 69-89.
Min, G. R., Edwards, R. L., Taylor, F. W., Recy, J., Gallup, C. D. and Beck, J. W. (1995) Geochim. Cosmochim. Acta, 59, 2025-2042.
Minoshima, K., Kawahata, H. and Ikehara, K. (2007) Palaeogeogr. Palaeoclimatol. Palaeoecol., 254, 430-447.
Mitsuguchi, T., Matsumoto, E., Abe, O., Uchida, T. and Isdale, P. J. (1996) Science, 274, 961-963.
Mitsuguchi, T., Kitagawa, H., Matsumoto, E., Shibata, Y., Yoneda, M., Kobayashi, T., Uchida, T. and Ahagon, N. (2004) Nuclear Instr. Methods. B, 223, 455-459.
Mizota, C. and Matsuhisa, Y. (1985) Oil Science Plant Nutrition, 31, 369-382.
溝田智俊・井上克弘 (1988) 粘土科学, 28, 38-54.
Morel, F. M. M. and Price, N. M. (2003) Science, 300, 944-946.
Morel, F. M. M., Milligan, A. J., Saito, M. A. (2003) In : The Oceans and Marine Geochemistry. Elderfiled, H. (ed.), Treatise on Geochemistry, Elsevier, Oxford, 113-143.
Moriya, K., Nishi, H., Kawahata, H., Tanabe, K. and Takayanagi, Y. (2003) Geology, 31, 167-170.

Mosier, D. L., Singer, D. A. and Salem, B. B. (1983) USGS Open File Rep., 83089, 77 p.

Mottl, M. J., Holland, H. D. and Corr, R. F. (1979) Geochim. Cosmochim. Acta, 43, 869-884.

Mottl, M. J. and Seyfried, W. E. (1980) In：Seafloor Spreading Centers；Hydrothermal Systems. Rona, P. A. and Lowell, R. P. (eds.), Dowden, Hutchinson and Ross, 424.

Müller, P. J. and Suess, E. (1979) Deep-Sea Res., 26A, 1347-1362.

Müller, P. J., Kirst, G., Rhuland, G., von Storch, I. and Rosell-Melé, A. (1998) Geochim. Cosmochim. Acta, 62, 1757-1772.

Murray, R. W., Linen, M. and Isern, A. R. (1993) Paleoceanogr., 8, 651-670.

名古屋大学大気水圏科学研究所（1991）黄砂．古今書院，327 pp．

Nair, R. R., Ittekkot, V., Manganini, S., Ramaswamy, V., Haake, B., Degens, E. T., Desai, B. N. and Honjo, S. (1989) Nature, 338, 749-751.

Nakano, T., Yokoo, Y., Nishikawa, M. and Koyanagi, H. (2004) Atmospheric Environments, 38, 3061-3067.

Nakano, T., Nishikawa, M., Mori, I., Shin, K., Hosono, T. and Yokoo, Y. (2005) Atmospheric Environments, 39, 5568-5575.

中野孝教（2006）シルクロードの水と緑はどこへ消えたか？．日高敏隆・中尾正義編，昭和堂，129-161．

Nakashima, N., Furuta, N., Suzuki, A., Kawahata, H. and Shikazono, N. (2008) Paleobiology, in press.

中山英一郎（1997）海洋科学技術研究，10，33-37．

Nakayama, E., Maruo, M., Obata, H., Isshiki, K., Okamura, K., Gamo, T., Kimoto, H., Kimoto, T. and Kuratani, H. (2002) In：Marine Environment；The Past, Present and Future. Chen, C. A. (ed.), The Fuwen Press, 345-355.

Narita, H., Sato, M., Tsunogai, S., Murayama, M., Ikehara, M., Nakatsuka, T., Wakatsuchi, M., Harada, N. and Ujiie, Y. (2002) Geophys. Res. Lett., 29(15), Art. No.1732.

Neftel, A., Oeschger, H., Schwander, J., Stauffer, B. and Zumbrunn, R. (1982) Nature, 295, 220-223.

Nehlig, P. and Juteare, T. (1988) Tectonophys., 151, 199-221.

Niebler, H.-S., Hubberten, H.-W. and Gersonde, R. (1999) In：Use of Proxies in Paleoceanography：Examples from the South Atlantic. Fischer, G and Wefer, G. (eds.), Springer-Verlag, Berlin, 165-189.

Nigrini, C. A. and Moore, Jr. T. C. (1979) A Guide to Modern Radiolaria. Cushman Foundation for Foraminiferal Res., Spec. Pub., 16, 1-342.

西澤　敏編（1989）生物海洋学―低次食段階論．恒星社厚生閣，236 pp．

野崎義行（1995）月刊海洋，号外 8，5-12．

Nürnberg, D. (1995) J. Foraminiferal Res., 25, 350-368.

Nürnberg, D., Bijima, J. and Hemleben, C. (1996) Geochim. Cosmochim. Acta, 60, 803-814.

Oba, T. (1988) In : Proceedings of the First International Conference on Asian Marine Geology. Wang, P., Lao, Q. and He, Q. (eds.), Ocean Press, Beijing, 169-180.

Ohkouchi, N., Kawamura, K., Kawahata, H. and Okada, H. (1999) Global Biogeochem. Cycles, 13, 695-704.

Ohkouchi, N., Toyoda, M., Yokoyama, Y., Miura, H., Chikaraishi, Y., Tokuyama, H. and Kitazato, H. (2006) Geochim. Cosmochim. Acta, 70, A453-A453.

Ohkushi, K., Thomas, E. and Kawahata, H. (2000) Mar. Micropaleontol., 38, 119-147.

太田 秀 (1987) 科学, 57, 308-316.

Okada, H. and Honjo, S. (1973) Deep-Sea Res., 20, 355-374.

Okai, T., Suzuki, A., Kawahata, H., Terashima, S. and Imai, N. (2002) Geostandard Newsletter, 26, 95-99.

岡本孝則・松本英二・川幡穂高 (2002) 第四紀研究, 41, 35-44.

Omata, T., Suzuki, A., Kawahata, H. and Okamoto, M. (2005) Geochim. Cosmochim. Acta, 69, 3007-3016.

Omata, T., Suzuki, K. and Kawahata, H. (2006) In : Proceedings of the 10th International Coral Reef Symposium, 557-566.

O'Neil, J. R., Clayton, R. N. and Mayeda, T. K. (1969) J. Chem. Phys., 51, 5547-5558.

Passow, U. and Peinert, R. (1993) Deep-Sea Res. II, 40, 573-585.

Pätzold, J. (1986) Reports, Geol.-Palaont. Inst. Univ. Kiel, No.12.

Pedersen, T. F., Pickering, M., Vogel, J. S., Southon, J. N. and Nelson, D. E. (1988) Paleoceanogr., 3, 157-168.

Peinert, R., von Budungen, B. and Smetacek, V. S. (1989) In : Productivity of the Ocean ; Present and Past. Berger, W. H., Smetacek, V. S. and Wefer, G. (eds.), John Wiley and Sons, Chichester, 35-48.

Petit, J. R., Jouzel, J., Raynaud, D., Barkov, N. I., Barnola, J. M., Basile, I., Bender, M., Chappellaz, J., Davis, M., Delaygue, G., Delmotte, M., Kotlyakov, V. M., Legrand, M., Lipenkov, V. Y., Lorius, C., Pepin, L., Ritz, C., Saltzman, E. and Stievenard, M. (1999) Nature, 399, 429-436.

Philpotts, J. A., Aruscavage, P. J. and Von Damm, K. L. (1987) J. Geophys. Res., 92(B11), 11327-11333.

Prahl, F. G., Muehlhausen, L. A. and Zahnle, D. L. (1988) Geochim. Cosmochim. Acta, 52, 2303-2310.

Prospero, J. M., Glaccum, R. A. and Nees, R. T. (1981) Nature, 289, 570-572.

Prospero, J. M., Ginoux, P., Torres, O., Nicholson, S. E. and Gill, T. E. (2002) Rev. Geophys., 40, 1002.

Puechmaille, C. (1994) Chem. Geol., 116, 147-152.

Quinn, T. M., Taylor, F. W. and Crowley, T. J. (1993) Quat. Sci. Rev., 12, 407-418.

Rea, D. K. and Janecek, T. R. (1981) Palaeogeogr. Palaeoclimatol. Palaeoecol., 36, 55-67.

Rea, D. K., Leinen, M. and Janecek, T. R. (1985) Science, 227, 721-725.

Rea, D. K. (1994) Rev. Geophys., 32, 159-195.

Redfield, A. C., Ketchum, B. H. and Richards, F. A. (1963) In : The Sea, Vol. 2. Hill,

M. N. (ed.), John Wiley and Sons, New York, 26-77.

Ries, J. B. (2004) Geology, 32, 981-984.

Romanek, C. S., Grossman, E. L. and Morse, J. W. (1992) Geochim. Cosmochim. Acta, 56, 419-430.

Romankevich, E. A. (1984) Geochemistry of Organic Matter in the Ocean. Springer-Verlag, Berlin, 334 pp.

Rothlisberger, R., Bigler, M., Wolff, E. W., Joos, F., Monnin, E. and Hutterli, M. A. (2004) Geophys. Res. Lett., 31, Art. No.L16207.

Rowe, G. T. (1983) The Sea, Vol. 8, 97-121.

Rudnick, R. L. (2005) The Crust. Elsevier, 683 pp.

斎藤文紀・池原　研 (1992) 地質ニュース, 452, 59-64.

Sakai, H., Gamo, T., Kim, E.-S., Tsutsumi, M., Tanaka, T., Ishibashi, J., Wakita, H., Yamano, M. and Oomori, T. (1990) Science, 248, 1093-1096.

酒井　均・松久幸敬 (1996) 安定同位体地球化学. 東京大学出版会, 403 pp.

Sanyal, A., Hemming, N. G., Broecker, W. S. and Hanson, G. N. (1997) Global Biogeochem. Cycles, 11, 125-133.

Sarnthein, M., Winn, K., Duplessy, J.-C. and Fontugne, M. R. (1988) Paleoceanogr., 3, 361-399.

Sawada, K. and Handa, N. (1998) Nature, 392, 592-595.

Sawada, K. (1999) Poster presented at Alkenone Workshop 1999.

Sayles, F. L. and Bischoff, J. L. (1973) Earth Planet. Sci. Lett., 19, 330-336.

Schlesinger, W. H. (1991) Biogeochemistry : An Analysis of Global Change. Academic Press, San Diego.

Schmitz, B. (1987) Mar. Geol., 76, 195-206.

Schmitz, W. J. (1995) Rev. Geophysics, 33, 151-173.

Scott, S. D. (1986) Proc. NATO Advanced Res. Workshop, 1-21.

Segl, M., Mangini, A., Bonati, G., Hofmann, H. J., Nessi, M., Suter, M., Woelfli, W., Friedrich, G., Pluger, W. L., Wiechowski, A. and Beer, J. (1984) Nature, 309, 540-543.

Sessions, A. L., Burgoyne, T. W., Schimmelmann, A. and Hayes, J. M. (1999) Org. Geochem., 30, 1193-1200.

Seyfried, W. E. and Mottl, M. J. (1982) Geochim. Cosmochim. Acta, 46, 985-1002.

Shanks, W. C., Bischoff, J. L. and Rosenbauer, R. J. (1981) Geochim. Cosmochim. Acta, 45, 1977-1995.

Shemesh, A., Mortlock, R. A., Smith, R. J. and Froelich, P. N. (1988) Mar. Chem., 25, 305-323.

Shen, G. T., Boyle, E. A. and Lea, D. W. (1987) Nature, 328, 794-796.

Shen, G. T. and Boyle, E. A. (1988) Chem. Geol., 67, 47-62.

Shen, G. T., Campbell, T. M., Dunbar, R. B., Wellington, G. M., Colgan, M. W. and Glynn, P. W. (1991) Coral Reefs, 10, 91-100.

Shields, G. A., Carden, G. A. F., Veizer, J., Meidla, T., Rong, J. Y. and Li, R. Y. (2003) Geochim. Cosmochim. Acta, 67, 2005-2025.

鹿園直建 (1997) 地球システムの化学―環境・資源の解析と予測. 東京大学出版会, 319

pp.

Shimmield, G. B. (1992) Geol. Soc. Spec. Pub., London, 64, 29-46.
Siegenthaler, U. and Sarmiento, J. L. (1993) Nature, 365, 119-125.
Sinclair, D. J., Kinsley, L. P. J. and McCulloch, M. T. (1998) Geochim. Cosmochim. Acta, 62, 1889-1901.
Smayda, T. J. (1970) Oceanogr. Mar. Biol., 8, 353-414.
Smetacek, V. S. (1985) Mar. Biol., 84, 239-251.
Smith, S. V., Buddemeier, R. W., Redalje, R. C. and Houck, J. E. (1979) Science, 204, 404-407.
Spero, H. J. and Williams, D. F. (1988) Nature, 335, 717-719.
Spero, H. J. and Lea, D. W. (1993) Mar. Micropaleontol., 22, 221-234.
Spero, H. J. and Lea, D. W. (1996) Mar. Micropaleontol., 28, 231-246.
Spero, H. J., Bijima, J., Lee, D. W. and Bemis, B. E. (1997) Nature, 390, 497-500.
Spindler, M., Hemleben, Ch., Salomons, J. B. and Smit, L. P. (1984) J. Foraminiferal Res., 14, 237-249.
Spiro, T. G. and Stigliani, W. M. (1995) Chemistry of the Environment. Prentice-Hall, New Jersey. (岩田元彦・竹下英一訳 (2000) 地球環境の化学. 学会出版センター, 330 pp.)
Stakes, D. and Vanko, D. A. (1986) Earth Planet. Sci. Lett., 79, 75-92.
Stigliani, W. M. (1988) Environmental Monitoring and Assessment, 10, 245-307.
Stumm, W. and Morgan, J. J. (1981) Aquatic Chemistry. John Wiley and Sons, New York, 1038 pp.
須藤俊男 (1974) 粘土鉱物学. 岩波書店, 498 pp.
Suess, E. (1980) Nature, 288, 260-263.
Sundquist, E. T. (1985) In : Natural Variation in Carbon Dioxide and the Carbon Cycle ; Archean to Present. Sundquist, E. T. and Broecker, W. S. (eds.), Geophys. Monogr., 32, AGU, Washington, D.C., 5-59.
鈴木　淳 (1994) 地質調査所月報, 45, 573-623.
Suzuki, A., Nakamori, T. and Kayanne, H. (1995) Sediment Geol., 99, 259-280.
Suzuki, A., Kawahata, H. and Goto, K. (1997) In : Proceedings of the 8th International Coral Reef Symposium, 971-976.
Suzuki, A. (1998) J. Oceanogr., 54, 1-7.
Suzuki, A., Yukino, I. and Kawahata, H. (1999) Geochem. J., 33, 419-428.
Suzuki, A., Kawahata, H., Tanimoto, Y., Tsukamoto, H., Gupta, L. P. and Yukino, I. (2000) Geochem. J., 34, 321-329.
Suzuki, A., Kawahata, H., Ayukai, T. and Goto, K. (2001a) Geophys. Res. Lett., 28, 1243-1246.
Suzuki, A., Gagan, M. K., Deckker, P. D., Omura, A., Yukino, I. and Kawahata, H. (2001b) Geophys. Res. Lett., 28, 3685-3688.
Suzuki, A. and Kawahata, H. (2003) Tellus B, 55, 428-444.
Suzuki, A., Gagan, M. K., Fabricius, K., Isdale, P. J., Yukino, I. and Kawahata, H. (2003) Coral Reefs, 22, 357-369.

鈴木啓三（1980）水および水溶液．共立全書，298 pp.
鈴木啓三（2004）水の話・十講―その科学と環境問題．化学同人，218 pp.
Svensmark, H. (2007) Astronomy & Geophysics, 48(1), 18-24.
Sverdrup, H. U., Johnson, M. W. and Fleming, R. H. (1941) The Oceans. Prentice Hall, Englewood Cliffs, p.66.
Swart, P. K. (1983) Earth Sci. Rev., 18, 51-80.
Takahashi, K. (1986) Deep-Sea Res., 33, 1225-1251.
Takahashi, K. (1991) In：Radiolaria；Flux, Ecology, and Taxonomy in the Pacific and Atlantic. Honjo, S. (ed.), Ocean Biocoenosis Series No. 3, Woods Hole Oceanographic Institution Press, 1-303.
高橋孝三・Anderson, O. R. (1997) 日本産海洋プランクトン検索図説．千原光雄・村野正昭編，東海大学出版会，347-372．
Takahashi, K. and Anderson, O. R. (2002) In：The Second Illustrated Guide to the Protozoa. Lee, J. J., Leedale, G. F. and Bradbury, P. (eds.), Society of Protozoologists, Lawrence, 981-994.
Takahashi, T. (1989) Oceanus, 32, 22-29.
高野秀昭（1997）日本産海洋プランクトン検索図説．千原光雄・村野正昭編，東海大学出版会，169-260．
玉尾晧平（2007）周期表．教育社，155 pp．
棚部一成（1998）古生物の総説・分類．速水　格・森　啓編，朝倉書店，114-130．
Tarutani, T., Clayton, R. N. and Mayeda, T. K. (1969) Geochim. Cosmochim. Acta, 33, 987-996.
巽　好幸（1995）沈み込み帯のマグマ学―全マントルダイナミクスに向けて．東京大学出版会，200 pp．
Taylor, S. R. (1967) Geochim. Cosmochim. Acta, 28, 1273-1385.
Tegen, I., Werner, M., Harrison, S. P. and Kohfeld, K. E. (2004) Geophys. Res. Lett., 31, L05105.
The Dead Sea Research Center (2008) Natural Resources (http://www.deadsea-health.org/)
Tivey, M. K. (2007) Oceanogr., 20, 50-65.
鳥羽良明編著（1996）大気・海洋の相互作用．東京大学出版会，336 pp．
Toggweiler, J. R. and Trumbore, S. (1985) Earth Planet. Sci. Lett., 74, 306-314.
Toggweiler, J. R., Dixon, K. and Broecker, W. S. (1991) J. Geophys. Res., 96, 20467-20497.
Tsuda, A., Takeda, S, Saito, H., Nishioka, J., Nojiri, Y., Kudo, I., Kiyosawa, H., Shiomoto, A., Imai, K., Ono, T., Shimamoto, A., Tsumune, D., Yoshimura, T., Aono, T., Hinuma, A., Kinugasa, M., Suzuki, K., Sohrin, Y., Noiri, Y., Tani, H., Deguchi, Y., Tsurushima, N., Ogawa, H., Fukami, K., Kuma, K. and Saino, T. (2003) Science, 300, 958-961.
Tudhope, A. W., Shimmield, G. B., Chilcott, C. P., Jebb, M., Fallick, A. E. and Dalgleish, A. N. (1995) Earth Planet. Sci. Lett., 136, 575-590.
Tudhope, A. W., Lea, D. W., Shimmield, G. B., Chilcott, C. P. and Head, S. (1996)

Palaios, 11, 347-361.
Tudhope, A. W., Chilcott, C. P., McCulloch, M. T., Cook, E. R., Chappell, J., Ellam, R. M., Lea, D. W., Lough, J. M. and Shimmield, G. B. (2001) Science, 291, 1511-1517.
Uematsu, M., Duce, R. A., Prospero, J. M., Chen, L., Merrill, J. T. and McDonald, R. L. (1983) J. Geophys. Res., 88, 5343-5352.
氏家 宏 (1994) 地質ニュース, 475, 6-12.
Urabe, T., Baker, E. T., Ishibashi, J., Feely, R. A. F., Marumo, K., Massoth, G., Yamasaki, T., Aoki, M., Gendron, J., Greene, R., Kaiho, Y., Kisimoto, K., Lebon, G., Matsumoto, T., Nakamura, K., Nishizawa, A., Okano, O., Paradis, G., Roe, K., Shibata, T., Tennant, D., Vance, T., Walker, S. L., Yabuki, Y. and Ytow, N. (1995) Science, 269, 1092-1095.
浦辺徹郎 (2007) Japan Geoscience Letter, 4, 6-7.
Usui, A. (1979a) Nature, 279, 411-413.
Usui, A. (1979b) In : Marine Geology and Oceanography of the Pacific Manganese Nodule Province. Bishoff, J. L. and Piper, D. Z. (eds.), Plenum Press, New York, 651-679.
臼井 朗・西村 昭 (1984) 地質ニュース, 355, 2-5.
Usui, A., Nishimura, A. and Mita, N. (1993) Mar. Geol., 114, 133-153.
臼井 朗 (1995) 地質ニュース, 493, 30-41.
臼井 朗 (1998) 地質ニュース, 529, 21-30.
上田誠也 (1989) プレート・テクトニクス. 岩波書店, 268 pp.
Vaganay, S. R., Juillet-Leclerc, A., Jaubert, J. and Gattuso, J. P. (2001) Palaeogeogr. Palaeoclimatol. Palaeoecol., 175, 393-404.
van Andel, T. H., Heath, G. R. and Moore, T. C. (1975) GSA Memoir, 143, 40.
Vanko, D. A. (1986) Amer. Mineral., 71, 1-59.
Veizer, J., Ala, D., Azmy, K., Bruckschen, P., Buhl, D., Bruhn, F., Carden, G. A. F., Diener, A., Ebneth, S., Godderis, Y., Jasper, T., Korte, C., Pawellek, F., Podlaha, O. G. and Strauss, H. (1999) Chem. Geol., 161, 59-88.
Veron, J. E. N. (1995) Corals in Space and Time ; The Biogeography and Evolution of the Scleractinia. Cornell University Press, 321 pp.
Veron, J. E. N. (2000) Corals of the World, 1. Australian Institute of Marine Science, 463 pp.
Von Breymann, M. T., Emeis, K.-C. and Camerlenghi, A. (1990) In : Proceedings of the Ocean Drilling Program, Suess, E., von Huehe, R. et al. (eds.), Science Results, 112, College Station, Texas, 491-504.
Von Damm, K. L., Edmond, J. M., Measures, C. I., Walden, B. and Weiss, R. F. (1985a) Geochim. Cosmochim. Acta, 49, 2197-2220.
Von Damm, K. L., Edmond, J. M. and Grant, B. (1985b) Geochim. Cosmochim. Acta, 49, 2,221-2,237.
Von Damm, K. L. and Bischoff, J. L. (1987) J. Geophys. Res., 92, 11334-11346.
Von Damm, K. L. (1990) Ann. Rev. Eanth Planet., 18, 173-204.
和田浩爾 (1992) 科学する真珠養殖. 日本真珠振興会, 213 pp.

和田浩爾（1994）続・科学する真珠養殖．真珠新聞社，115 pp.
和田浩爾（1999）真珠の科学―真珠のできる仕組みと見分けかた．真珠新聞社，336 pp.
Walker, S. L. and Baker, E. T. (1988) Mar. Geol., 78, 217-226.
Watanabe, T. and Oba, T. (1999) J. Geophys. Res., 104, 20667-20674.
Weber, J. N. and Woodhead, P. M. J. (1972) J. Geophys. Res., 77, 463-473.
Weber, J. N. (1973) Geochim. Cosmochim. Acta, 37, 2173-2190.
Wefer, G., Fischer, G., Futterer, D. and Gersonde, R. (1988) Deep-Sea Res., 35, 891-898.
Wefer, G. and Berger, W. H. (1991) Mar. Geol., 100, 207-248.
Wefer, G. and Fischer, G. (1991) Mar. Chem., 35, 597-613.
Wellington, G. M., Dunbar, R. B. and Merlen, G. (1996) Paleoceanogr., 11, 467-480.
Wells, M. L. and Goldberg, E. D. (1991) Nature, 353, 342-344.199
Whitman, W. B., Coleman, D. C. and Wiebe, W. J. (1998) Proc. Natl. Acad. Sci., USA, 95, 6578-6583.
Wiesner, M. G., Cheng, L., Wong, H. K., Wang, Y. and Chen, W. (1996) In：Particle Flux in the Ocean. Ittekkot, V., Schafer, P., Honjo, S. and Depetris, P. J. (eds.), SCOPE 57, John Wiley and Sons, 293-313.
Windom, H. L. (1975) J. Sediment. Petrol., 45, 520-529.
Wolery, T. J. and Sleep, N. H. (1976) J. Geol., 84, 249-275.
Wolery, T. J. (1983) Rep. UCRL-53414, Lawrence Livermore Natl. Lab., Calif.
Xu, L., Reddy, C. M., Farrington, J. W., Frysinger, G. S., Gaines, R. B., Johnson, C. G., Nelson, R. K. and Eglinton, T. I. (2001) Org. Geochem., 32, 633-645.
山口潤一郎（2007）元素の基本と仕組み．秀和システム，319 pp.
山本和幸・井龍康文・山田　努（2006）地球化学，40，287-300．
Yamamoto, M., Tanaka, N. and Tsunogai, S. (2001). J. Geophys. Res., 106, 31075-31084.
Yamaoka, K., Kawahata, H., Gupta, L. P., Ito, M. and Masuda, H. (2007) Org. Geochem., 38, 1897-1909.
Yokouchi, K., Tsuda, A., Kuwata, A., Kasai, H., Ichikawa, T., Hirota, Y., Adachi, K., Asanuma, I. and Ishida, H. (2006) In：Global Climate Change and Response of Carbon Cycle in the Equatorial Pacific and Indian Oceans and Adjacent Landmasses. Kawahata, H. and Awaya, Y. (eds.), Elsevier Oceanography Series, 73, Elsevier, Amsterdam, 65-88.
Zhang, J., Quay, P. D. and Wibur, D. O. (1995) Geochim. Cosmochim. Acta, 59, 107-114.
Zhuang, G. S., Yu, Z, Duce, R. A. and Brown, P. R. (1992) Nature, 355, 537-539.

索引

ア行

青潮　68
赤潮　68
亜寒帯循環　174
アクチノ閃石　222
アジアモンスーン　175
亜熱帯循環　79,111,173
アパタイト　191,204
アボガドロ定数　27
アミノ酸　166
アラビア海　175,203
アラレ石　37,44,86,130,147
アルカリ金属　15
アルカリ度　197,212
アルカリ土類金属　15
アルカリポンプ　198
アルケノン　149
　——水温計　71,81
アルベド　73,77
アルミニウム　151
アルミノケイ酸塩　90,93,107
安山岩　233
安定同位体比　42
アンモノイド類　138
イオン強度　30
イオン結合　24
石垣島　98
一次生産　13,98,110,147,160
　——/呼吸量比　141
移動流量　105
イライト　184
ウェッデル海　11,178
宇宙起源物質　154
ウラン　151
栄養塩　62,98,114,207
エクスポート生産　111,160
エルニーニョ　86,107
　——・南方振動（ENSO）　86,177
塩化ナトリウム　56
沿岸域　112
沿岸水　97,98
炎色反応　15,21
円石藻　44,81,120,130,149,155
塩素濃度　229
エンタルピー　25
エントロピー　25
塩分　10,58,60,66,70
黄鉄鉱　168,228,238
黄銅鉱　238
沖縄トラフ　216,234
オパール殻　125
オフィオライト　222
オラーコジン　216
温室効果　4,7,74,170
　——気体　124
温度　73
　——-塩分図　62
　——勾配　73,197
　——躍層　10,61,84

カ行

貝形虫　136
海山　216
海水　4,9,57,217
海成起源物質　154,188
海底擬似反射面（BSR）　170
海底熱水活動　216
海底風化　186
海氷　178
外洋域　113
海洋深層　155
海洋中層　155
海洋表層　154
海洋無酸素事変（OAE）　211
解離定数　39
海嶺拡大軸　216
カオリナイト　93,184
化学合成細菌　239
化学ポテンシャル　26

角閃岩　223
河口域　96, 97, 113
花崗岩　5, 242
火山灰　181
可視光線　74
ガスハイドレート　169, 234
化石燃料　103, 110, 170
河川　94
　　──水　95, 97, 107
褐虫藻　131, 141
活量　28, 145
　　──係数　28, 30, 33
カドミウム　212
カルコゲン　22
カロチノイド　117
岩塩　67, 95, 188
間隙水　165
環礁　142
緩衝作用　41
緩衝溶液　41
完新世　4, 198
間接指標　87
含有量　28
希ガス　23
貴金属　23, 235
季節風　175
北大西洋　9, 175
　　──深層水　64
北太平洋　9, 175
ギブス自由エネルギー　25
キプロス型鉱床　235
キャベリング効果　61
凝集体　127
暁新世/始新世境界　171
共生藻　78
共有結合　24
裾礁　142
巨大地震　236
金属　22
　　──結合　24
クラウジウス・クラペイロンの式　27
クリオネ　131
グレートバリアリーフ　142
黒鉱型鉱床　234
黒潮　12

　　──続流域　171
クロリニティ　58
クロロフィル　117
蛍光性物質　135
ケイ酸　206, 214
ケイ質殻　124
珪藻　120, 124, 161
　　──軟泥　193
月齢再生産　79
ゲルマニウム　214
嫌気性細菌　242
顕生代　237
懸濁物質　97
玄武岩　5, 217
高緯度域　13, 112
降雨　70, 100
高栄養塩低生物生産（HNLC）　123
高温熱水　217, 224
交換速度　107
好気性細菌　242
好気性条件　167
光合成　110, 117, 140
硬骨海綿　136
黄砂　101
硬石膏　67, 224, 228
黄土　103
高マグネシウム方解石　130
呼吸　114, 139
固相　4, 29
コッコリス　146, 155
ゴビ砂漠　99, 102
コロイド　153
　　──状鉄　122, 189
混合層　85

サ行

最終氷期最盛期（LGM）　85, 170, 197
再生産　110
細粒懸濁物　156
砂漠化　3, 101
砂漠地帯　100
サハラ砂漠　99
酸化還元電位　34, 167
産業革命　103
サンゴ　44, 131, 140

――骨格　49, 71, 86, 131
――礁　40, 131
サンゴモ類　137
酸性雨　3, 38
酸性度　198
酸素極小層　193
酸素原子　55
酸素同位体比　43, 44, 70, 86, 134
散乱　76
シアノバクテリア　203
死海　66
地震波速度　6, 217
シート状岩脈　217, 222
シート状溶岩　217
縞状鉄鉱層　164
四面体サイト　90
シャコガイ　44, 89, 136
周期表　21
重金属　189, 207, 229
重晶石　150, 192
従属栄養　166
――細菌　242
重炭酸イオン　40, 48, 93, 94
純一次生産　110
硝酸　85, 202
――イオン　167
――還元　167
蒸発　70
――岩　66, 188
植物プランクトン　110
食物連鎖　69
シール効果　163
シロウリガイ　240
真珠　138
――層　44
新生産　110, 160
深層循環　10, 198
深層水　11
森林破壊　101
人類活動　3, 195
水温　10, 60
水塊　65
水圏　4, 8, 195
水蒸気　8, 75
水素結合　25, 55

水柱　59, 114
水和　57
スエス効果　104
スカベンジング　59, 154, 209
ステファン・ボルツマンの法則　74
ストークスの式　155
スメクタイト　187
スモーカー　220
静岩圧　231
生元素　195
静水圧　231
成層圏　8, 181
成長速度　49, 189
生物学的効果　49
生物攪乱　164
生物起源オパール　148, 154, 156, 161, 207, 214
生物起源炭酸塩　38, 44, 70, 81
生物起源物質　154, 183
生物圏　4, 13, 195
生物地球化学循環　4, 8, 206
生物ポンプ　110, 173, 197
生理学的効果　78
石英　90, 107, 184
赤外線　74
石質成分　154, 182
赤色粘土　184, 193
石灰化　49, 129, 139
石灰岩　94
――土壌　99
石灰質軟泥　193
石膏　67, 188
閃亜鉛鉱　228
全アルカリ度　40, 142
遷移元素　21
全炭酸　40, 142
船底塗料　134
全粒子束　156, 171
相分離　231
続成過程　166, 192
続成作用　78, 166

タ行

大気　4, 76, 196
――圏　4, 8, 195

──の窓　75
代謝的同位体効果　51
帯磁率　109
堆積速度　148, 189
堆積物　97, 183, 233
堆積粒子　183
太陽エネルギー　73
第四紀　197
大陸斜面　116
大陸棚　113, 116
対流圏　8, 74
大粒懸濁物　156
タクラマカン砂漠　102
脱室　200, 243
炭酸イオン　40
炭酸塩　37, 48, 145, 154, 156, 198
　　──殻　78, 129
　　──補償深度（CCD）　146, 199
炭酸カルシウム　40, 66, 161
炭酸水素イオン→重炭酸イオン
淡水　9
炭素循環　142, 195
炭素同位体比　47, 134, 141, 148
炭素リザーバー　165, 195
短波放射　74
地下水　206
地下生物圏　236, 241
地球温暖化　3, 170
地球表層環境システム　4
地圏　4, 5, 195
窒素　114, 200
　　──固定細菌　200
　　──循環　200
　　──同位体　202
中央海嶺　6, 216
超塩基性岩　217
沈降速度　155, 162
沈降粒子　156, 162, 171
定圧モル比熱　26
低緯度域　12
底生生物　239
底生有孔虫　213
鉄　101, 121
　　──還元　167
　　──酸化物　167

電解質水溶液　57
電気伝導度　58
銅　120
同位体分別　45
等温度線　10
東京湾　68
動的同位体効果　43
等密度線　10
独立栄養細菌　242
土壌　93, 195
ドーナー・ホスキンス分配　34
トリウム　152

ナ行

南極海底層水　64
南極周極流　198
二酸化硫黄　39
二酸化炭素　4, 75, 98, 103
日射量　134
熱塩循環　11, 61, 198
熱水循環系　216
熱フラックス　219
熱容量　8
熱流量　219
ネルンスト分配　33
粘土　183
　　──鉱物　92, 183, 184

ハ行

バイオマーカー　149
バイオマス　13, 240
背弧海盆　7, 216, 234
白亜紀　210
八面体サイト　90
白化現象　132
ハプト藻　81, 130
バリウム　150, 212
ハロゲン　22
半金属　22, 23
繁殖速度　126
反応速度　25
　　──論的同位体効果　49, 134
反応熱　26
ハンレイ岩層　217
非可逆的化学反応　43

東太平洋海膨　216
ピコプランクトン　110, 123
必須微量栄養塩　210
ピナツボ火山　181
ヒマラヤ　177
氷期　168
　──・間氷期　4, 197
標準状態　26
標準生成自由エネルギー　26
氷床　44, 71, 197
表層循環系　12
表層堆積物　162, 165
微量元素　120, 134, 209
ファンデルワールス結合　24
フィーカルペレット　157
風化　92, 184
風成塵　99, 107, 122, 172, 184
フガシティー　31
不活性ガス　23
沸点　55
不飽和度　81
浮遊性有孔虫　78, 149, 161
フラックス　111, 156, 222
ブラックスモーカー　220
フランボイダルパイライト　168
ブルーミング　115
ブルーム　127, 160
プルーム　220
分配係数　33
糞粒　157
平均滞留時間　59, 95
平衡定数　28, 39
閉鎖系　25
別子型鉱床　235
ベリリウム　59
ベンガル湾　176
偏西風　12, 172, 184
ヘンリーの法則　29
貿易風　12, 115
方解石　37, 44, 86, 130, 146, 156
放散虫　125, 161
　──軟泥　193
放射性核種　14, 47
放射性炭素　116
放射平衡　74

ホウ素　214
飽和指数　37
飽和度　145
飽和濃度　129
堡礁　142
補償深度　114
ホットスポット　216
ポテンシャル密度　10
ポリプ　131, 140
ポルフィリン　149
ホルンブレンド　223
ホワイトスモーカー　228

マ行

マグネシウム　79
マグマ溜り　222
枕状溶岩　217
マンガン還元　167
マンガンクラスト　188
マンガン酸化物　167, 189
マンガン団塊　154, 188
水　8, 43, 55
　──/岩石比　223
密度　60, 156
無限希釈　30
無酸素事変　164, 211
メガプルーム　221
メタン　235
　──ハイドレート　169
　──発酵　167
モホ面　5, 217
モリブデン　151
モンスーン　115, 175
モンモリロナイト　184

ヤ行

躍層　116
有機炭素　110, 156, 160
　──/全窒素比　148
　──/炭酸カルシウム炭素比　161
有機物　110, 154, 156
有光層　114, 154, 156
有孔虫　44, 71, 78, 129, 146, 214
湧昇　115, 175, 197
　──帯　113

索引──267

融点 55
溶解度 145,199
　　——積 33,37,145,204
溶存酸素 62,167,210
　　——極小層 124,210
溶存炭素 165
溶存二酸化炭素 40
溶存物質 153
溶存有機物濃度 95
翼足類 131,146

ラ行, ワ

ラグーン 142
ラニーニャ 107,177
陸域 90,195
陸源水 99
陸源物質 184
陸水 236
リザーバー 59,103
リソクライン 146,198
硫化水素 68,235
硫化物 217
粒径 155,183
硫酸イオン 167
硫酸還元 167
粒子状物質 153,208
粒子束 111,160
流体包有物 70,223
緑泥石 184,222
緑簾石 222
リン 114,203

——灰石 191,204
——鉱石 188,191
——酸 203
——循環 204
臨界点 231
レアメタル 23
冷水域 112
冷湧水 216,235
レッドフィールド比 98,114,205
腕足動物 137

アルファベット

C3植物 47
C4植物 47
CAM植物 47
CCD 146,199
CLIMAP 197
CTD 221
DMS 124
ENSO 86,177
HNLC 123
IPCC 75,110
K/T境界 214
LGM 85,170,197
Mg/Ca比 79,89,137
OAE 211
PDB 42,45
pH 34,37,214,223
psu 58
SMOW 42,45
Sr/Ca比 87,137

口絵 2　From Jickells, T. D. et al., SCIENCE 308：67-71 (2005). Reprinted with permission from AAAS.

図 2-6, 7-1　Reprinted from Mar. Geol., 100, Wefer & Berger, 207-248 (1991)；65, Gardner et al., 199-242 (1985) with permission from Elsevier.

図 2-7, 2-8, 4-4, 4-6, 7-6, 9-11　Reprinted from Geochim. Cosmochim. Acta, 53, McConnaughey, 151-162 (1989)；61, McConnaughey et al., 611-622 (1997)；60, Nürnberg et al., 803-814 (1996)；62, Müller et al., 1757-1772 (1998)；51, Henrichs & Farrington, 1-15 (1987)；56, Hemming & Hanson, 537-543 (1992) with permission from Elsevier.

図 5-6　With kind permission from Springer Science+Business Media：Coral Reefs, 19, 2000, Kawahata et al., 172-178, Fig.3

図 5-10　Reprinted from Quat. Sci. Rev., 19, Kawahata et al., 1279-1291 (2000) with permission from Elsevier.

図 6-8, 7-11　Reprinted from Global Climate Change and Response of Carbon Cycle in the Equatorial Pacific and Indian Oceans (2006) Awaya et al., 361-382；Kawahata, 107-133 with permission from Elsevier.

図 6-9, 8-2　Reprinted from Deep-Sea Res., 36, Martin et al., 649-680 (1989)；15, Griffin et al., 433-459 (1968) with permission from Elsevier.

図 6-12　Reprinted from Chem. Geol., 67, Shen & Boyle, 47-62 (1988) with permission from Elsevier.

図 6-15, 6-16, 9-7　Reprinted from Mar. Chem., 72, Kawahata et al., 257-272 (2000)；27, Masuzawa et al., 61-78 (1989) with permission from Elsevier.

図 7-2　Reprinted from Mar. Micropaleontol., 1, Honjo, 65-79 (1976) with permission from Elsevier.

図 7-3　Reprinted from Oceanologica Acta, 21, Kawahata et al., 521-532 (1998) with permission from Elsevier.

図 7-7　With kind permission from Springer Science+Business Media：Environmental Monitoring and Assessment, 10, 1988, Stigliani, W. M., 245-307.

図 7-5　Berner, R. A.；Early Diagenesis. © 1980 Princeton University Press Reprinted by permission of Princeton University Press.

図 7-12, 7-15, 9-1, 10-5　Reprinted by permission from Macmillan Publishers Ltd：Nature, 351, Ittekkot et al. (1991)；335, Fischer et al. (1988)；365, Siegenthaler & Sarmiento (1993)；329, Baker et al. (1987).

図 10-5, 10-9　Reprinted from Earth Planet. Sci. Lett., 85, Baker & Massoth, 59-73 (1987)；83, Kelley & Delaney, 53-66 (1987) with permission from Elsevier.

著者略歴

川幡穂高（かわはた ほだか）

1955 年	横浜市に生まれる
1978 年	東京大学理学部化学科卒業
1984 年	東京大学大学院理学系研究科博士課程地質学専攻修了
	工業技術院地質調査所，トロント大学，東北大学大学院連携講座，（独）産業技術総合研究所などを経て
2005 年	東京大学海洋研究所教授
現　在	東京大学大学院新領域創成科学研究科／海洋研究所教授，理学博士
著　書	『海の自然史』（ファン・アンデル著・共訳，1994 年，築地書館） Global Environmental Change in the Ocean and on Land (Shiyomi, M., Kawahata, H., Koizumi, H., Tsuda, A. and Awaya, Y., eds., 2004, TERRAPUB) Global Climate Change and Response of Carbon Cycle in the Equatorial Pacific and Indian Oceans and Adjacent Landmasses (Kawahata, H. and Awaya, Y., eds., 2006, Elsevier)

海洋地球環境学―生物地球化学循環から読む

2008 年 11 月 21 日　初版発行

検印廃止

著　者　川幡穂高

発行所　財団法人　東京大学出版会

代表者　岡本和夫

113-8654　東京都文京区本郷 7-3-1
電話 03-3811-8814　FAX 03-3812-6958
振替 00160-6-59964

印刷所　新日本印刷株式会社
製本所　有限会社永澤製本所

© 2008 Hodaka Kawahata
ISBN 978-4-13-060752-0 Printed in Japan

Ⓡ＜日本複写権センター委託出版物＞
本書の全部または一部を無断で複写複製（コピー）することは，著作権法上での例外を除き，禁じられています．本書からの複写を希望される場合は，日本複写権センター（03-3401-2382）にご連絡ください．

日本第四紀学会・町田　洋・岩田修二・小野　昭編
地球史が語る近未来の環境　　　　　　　　　4/6判274頁 / 2400円

東京大学地球惑星システム科学講座編
進化する地球惑星システム　　　　　　　　　4/6判256頁 / 2500円

鹿園直建
地球システム科学入門　　　　　　　　　　　A5判248頁 / 2800円

鹿園直建
地球システムの化学　環境・資源の解析と予測　A5判320頁 / 5400円

川上紳一
縞々学　リズムから地球史に迫る　　　　　　4/6判290頁 / 3000円

池谷仙之・北里　洋
地球生物学　地球と生命の進化　　　　　　　A5判240頁 / 3000円

酒井　均・松久幸敬
安定同位体地球化学　　　　　　　　　　　　A5判420頁 / 6500円

日本海洋学会編
海と地球環境　海洋学の最前線　　　　　　　A5判440頁 / 4800円

ここに表示された価格は本体価格です．ご購入の際には消費税が加算されますのでご諒承ください．

■元素周期表
Periodic Table

	1	2	3	4	5	6	7	8	9
	1 **H**								
	3 **Li**	4 **Be**							
	11 **Na**	12 **Mg**							
	19 **K**	20 **Ca**	21 **Sc**	22 **Ti**	23 **V**	24 **Cr**	25 **Mn**	26 **Fe**	27 **Co**
	37 **Rb**	38 **Sr**	39 **Y**	40 **Zr**	41 **Nb**	42 **Mo**	43 **Tc**	44 **Ru**	45 **Rh**
	55 **Cs**	56 **Ba**	57-71 *	72 **Hf**	73 **Ta**	74 **W**	75 **Re**	76 **Os**	77 **Ir**
	87 **Fr**	88 **Ra**	89-103 #	104 **Rf**	105 **Db**	106 **Sg**	107 **Bh**	108 **Hs**	109 **Mt**

* ランタノイド *Lantanide series*

57	58	59	60	61	62
La	**Ce**	**Pr**	**Nd**	**Pm**	**Sm**

\# アクチノイド *Actinide series*

89	90	91	92	93	94
Ac	**Th**	**Pa**	**U**	**Np**	**Pu**